INTEGRATION DESIGN RESEARCH OF TECHNOLOGY AND CULTURE
IN THE OLYMPIC VILLAGE OF BEIJING WINTER OLYMPICS

北京冬奥会奥运村
科技与文化融合设计研究

邹 锋 主编

中国建筑工业出版社

图书在版编目（CIP）数据

北京冬奥会奥运村科技与文化融合设计研究 =
INTEGRATION DESIGN RESEARCH OF TECHNOLOGY AND
CULTURE IN THE OLYMPIC VILLAGE OF BEIJING WINTER
OLYMPICS / 邹锋主编. -- 北京：中国建筑工业出版社，
2024. 7. -- ISBN 978-7-112-29972-0

Ⅰ．TU245.4

中国国家版本馆CIP数据核字第20240ZH897号

责任编辑：柏铭泽　陈　桦　徐　冉
书籍设计：锋尚设计
责任校对：张　颖

北京冬奥会奥运村科技与文化融合设计研究
INTEGRATION DESIGN RESEARCH OF TECHNOLOGY AND CULTURE
IN THE OLYMPIC VILLAGE OF BEIJING WINTER OLYMPICS
邹　锋　主编

*

中国建筑工业出版社出版、发行（北京海淀三里河路9号）
各地新华书店、建筑书店经销
北京锋尚制版有限公司制版
天津裕同印刷有限公司印刷

*

开本：965毫米×1270毫米　1/16　印张：16¼　字数：609千字
2024年8月第一版　　2024年8月第一次印刷
定价：**249.00**元
ISBN 978-7-112-29972-0
（42777）

编委会名单

主　编：邹　锋

副主编：胡　鸿　张海涛

编　委：（按姓氏笔画排序）

王　丹　王文毅　王国彬　史　蕊　吕　鑫　刘永孜　刘凯威

李　健　李　娟　李　冕　李　颖　李志强　杨忠军　吴伟和

何　忠　张　娟　张　翀　张　雯　张爱莉　枣　林　金　鑫

赵健磊　胡安华　姜　维　徐　爽　盛　静　韩宇翃

组织编写单位：北京工业大学

前　言

　　《北京冬奥会奥运村科技与文化融合设计研究》是北京工业大学艺术设计学院师生响应习近平总书记"北京冬奥会是我国重要历史节点的重大标志性活动，是展现国家形象、促进国家发展、振奋民族精神的重要契机"[1]指示的一项学术与实践成果。

　　北京工业大学艺术设计学院受北京2022年冬奥会和冬残奥会组织委员会（以下简称北京冬奥组委）奥运村部所托，开展了此次冬奥村（冬残奥村）科技与文化深度融合总体规划课题研究。整个研究服务于北京冬奥会，是对三个赛区的冬奥村（冬残奥村）（以下简称冬奥村）——北京村、延庆村和张家口村的设计规划。本研究能够更好地构建文化形象的传播模式，在塑造国家和城市形象的同时，促进世界多元文化交流与互鉴。研究首次以冬奥会的三个冬奥村整体形象为研究核心，创造性和综合性地将视觉导示、展示设计、环境空间、文化活动、科技应用和奥运服务作为国家和城市形象塑造、设计与传播的媒介体系，提出科技与文化融合的具体路径，并尝试以总体规划和导则的形式统筹、推进北京冬奥组委各职能部门的具体工作。在项目立项之初，研究即提出冬奥村"科技与文化融合"的四个具体场景和四个融合的思路：其一，在环境中的融合。在塑造形象景观的同时展现科技成果，突出科技冬奥的特色，向世界展示中国形象和冬奥村的独特魅力。其二，在活动中的融合。将科技手段应用于文化活动，提升冬奥村的文化氛围，并给予规定和限制，形成冬奥村区域设计和运行的专门规范。其三，在服务中的融合。针对冬奥村多个层面的服务功能，将各项常规工作提升到文化传播的境界，形成承载着科技和文化的全新品质的表达。其四，在传播中的融合。利用先进科技手段和不同载体，结合静态和动态的文化，丰富传播的内容与样式，提高传播效果。

　　由于冬奥村建设工程浩大，运营任务紧迫，加之冬奥会期间全球新冠肺炎疫情的风险对整个研究和规划工作都提出了不小的挑战。为此，北京工业大学艺术设计学院集合了环境设计、工业设计、产品设计、视觉传达设计等一流学科和数字媒体艺术、广告学等特色专业的精锐力量，发挥北京工业大学与工业和信息化部文化发展中心合建的中国服务设计发展研究中心在服务设计理论与应用研究方面之所长，形成以艺术设计学院院长、中国服务设计发展研究中心主任邹锋教授带队、中青年骨干教师为主、研究生为辅的项目团队。团队采取"边踏勘、边研究、边指导"的方式，多次深入奥运村现场，并与北京冬奥会奥运村部密切沟通，快速高效地推进和实现了项目立项之初的目标。

　　在规划和导则之外，艺术设计学院的师生还参与了冬奥会和冬奥村的设计任务，包括雕塑系、数字媒体艺术系和工业设计系共同创意设计的冬奥村休战墙（壁画）和颁奖广场的部分公共艺术，以及由主题环境设计研究中心主持设计的北京市冬奥会与冬残奥会展示中心1号厅。这些设计作品将古老东方文化特有的美学韵味和文化魅力与奥林匹克精神和现代科学技术有机结合，向世界传达了中国构建人类命运共同体的美好愿望，受到国际奥林匹克委员会官员和众多国际运动员的赞誉。

　　在上述工作基础上，我们将所有工作成果集结为《北京冬奥会奥运村科技与文化融合设计研究》一书。全书由"导则篇""研究篇""设计篇"三篇组成，各篇内部由分项研究和设计实战的案例组成。

1　新华社. 中共中央办公厅　国务院办公厅印发《关于以2022年北京冬奥会为契机大力发展冰雪运动的意见》[OL]. 中国政府网，2019-03-31.

第1篇"导则篇"呈现了团队设计制订的《北京2022年冬奥会和冬残奥会冬奥村（冬残奥村）科技与文化深度融合规划设计导则》，不仅开创了为奥运村专门提供设计导则的先河，还适用于未来奥运会以及其他国际和地方性大型活动和赛事，为场所设计提供一般性的指导和建议。"导则篇"由六个分项内容组成。其中，何忠教授、胡安华副教授负责视觉导示规划，枣林副教授团队负责展示设计规划，韩宇翃教授和吕鑫博士负责环境空间规划，刘永孜副教授和盛静博士承担文化活动规划，胡鸿教授、刘凯威副教授、张娟博士和金鑫博士承担服务形象规划，吴伟和教授、王丹副教授和李颖工程师承担科技呈现规划。

第2篇"研究篇"围绕科技与文化融合的形象设计问题展开跨学科的学术探索，希望为中国本土理论发展作出贡献。与导则篇的内容相呼应，研究议题和内容既是我们制订导则的理论基础，也是在实践过程中对中国问题和中国方法的总结和理论化尝试。"研究篇"由胡鸿、张雯、李志强、徐爽、吕鑫、薛洋静、杨忠军、张爱莉、刘永孜、盛静、邹锋、赵建磊、刘凯威、卢灿、秦川、张娟、王丹、吴伟和等师生，分别就视觉传达、展陈策划、环境空间、文化活动、冬奥服务、科技文化与国家和城市形象塑造间的关系问题进行了深入探讨，从而开阔学术视野，呈现了奥运会的历史维度、全球与地方关系的维度、比较研究维度和文化科技交叉融合的维度。

第3篇"设计篇"重点呈现学院的专家型设计师和艺术家参与和贡献"双奥之城"北京的设计实践，是"导则篇"和"研究篇"的进一步落地应用，包括何忠的海报设计，枣林团队的空间展示设计，王国彬团队的主题叙事设计，邹锋团队的休战墙壁画等公共艺术设计。其中，休战墙壁画项目动员了学院一批年轻的、跨专业的艺术与设计力量，包括赵健磊、张翀、姜维、李冕、李健、王文毅等，通过3D打印技术和虚拟仿真技术为中国传统文化和奥运公共艺术注入新能量。在设计项目之外，李颖、吴伟和就数字媒体艺术教学服务冬奥，宋凯凡、杨忠军、张爱莉就艺科融合营造冬奥村文化氛围，金鑫的冬奥娱乐服务设计，进一步补充了具体案例。

在项目策划、图书出版过程中，感谢胡鸿教授所做的具体协调和组织工作，以及吕鑫和史蕊两位老师对本书初版的编辑工作。感谢李娟处长对项目的建议与指导工作。感谢张海涛处长、张爱莉教授、杨忠军副教授，不仅积极参与项目研究工作，还作为冬奥会官员服务冬奥村的组织工作。

此外，还要特别感谢曾辉、曲延瑞、贾荣建三位专家提供的宝贵意见。

从立项到本书的编写完稿历经两年多的时间，在此期间新思想、新知识、新设计、新技术不断涌现，本书涉及的内容难免有疏漏，亦难以对最新近的学科发展作更全面的梳理和拓展，希望借此书启发和凝聚更广泛的思考和讨论，也请读者提出批评指正。

北京工业大学艺术设计学院院长

北京 2022 年冬奥会和冬残奥会组织委员会

冬奥组委奥运村函〔2021〕82 号

北京冬奥组委奥运村部关于
鼓励开展冬奥村（冬残奥村）科技与文化
深度融合研究工作的函

北京工业大学：

　　冬奥村（冬残奥村）是冬奥会和冬残奥会举办期间运动员及随队官员的家，赛时将为运动员及随队官员提供优质的餐饮、住宿、后勤保障服务和形式多样的科技与文化展示体验活动。

　　为统筹做好冬奥村（冬残奥村）科技与文化建设工作，更好塑造 2022 北京冬奥会冬奥村（冬残奥村）的独特文化形象，同时为大型国际赛事留下宝贵遗产，我部鼓励相关单位聚焦科技成果展示、文化氛围营造、服务质量提升和传播体系完善等内容，开展冬奥村（冬残奥村）科技与文化深度融合研究。

　　贵校环境艺术、视觉传达等学科实力雄厚，近年来在服务国家重大活动和项目，服务北京和全国经济文化建设中发挥着积极作用。望贵校发挥人才和科研优势，积极开展相关研究并给予研究团队支持，于 7 月底前撰写科技与文化深度融合规划设计导则初版，9 月底前提交最终版。

　　专此函达，大力支持为盼！

北京冬奥组委奥运村部
2021 年 5 月 18 日
（联系人：郭晓婷；电话：66682562）

目录 Contents

第1篇
北京冬奥村（冬残奥村）科技与文化融合形象规划导则

第1章　北京冬奥会冬奥村形象导则总论

1.1　绪论

1. 背景

奥林匹克运动会被公认是全球范围规模最大的综合性体育盛会。奥林匹克运动会同时也是一种文化现象，其历史跨越了100多年，在发展之初就在国际奥林匹克委员会（以下简称国际奥委会）领导下，由全球范围的跨文化和教育机构组成的网络支持，奥林匹克主义被定义为一种"生命哲学"。

现代奥林匹克运动会的创始人顾拜旦倡导在"在运动员、艺术家和观众之间"建立紧密的联盟。在奥林匹克运动会发展早期（1912—1948年），举办运动赛事的同时，还举办建筑、文学、音乐、绘画和雕塑竞赛。如今，国际奥委会和奥林匹克运动会与众多合作伙伴密切合作，共同在奥运会期间和各届奥运会之间组织艺术和文化活动。随着媒体技术的进步与发展，奥林匹克运动会呈现为全球文化景观，也是举办国和举办城市展现地方文化与个性的机会。进入21世纪，奥林匹克运动会面临新的挑战——如何吸引更多不同生活方式的观众，尤其是年轻一代；如何吸收新兴的体育项目和媒介形式；如何将科技发明服务于奥林匹克运动会；以及在全球化危机中，奥林匹克大家庭如何更团结，共同面对危机。

在奥林匹克运动会的历史中，奥林匹克村（以下简称奥运村）一直承担着不可或缺的角色。1924年在巴黎举办的第8届夏季奥运会上建立了最早的奥运村。1932年7月30日至8月14日，美国洛杉矶第10届夏季奥运会专门为运动员建造了一个由550幢木制小屋组成的住宿区，奥运村内设有游戏厅、餐馆、商店和图书馆等生活娱乐辅助设施。由此"奥林匹克村"被写进了《奥林匹克宪章》，成为奥林匹克运动会的组成部分。根据《奥林匹克宪章》规定，在奥运村中，必须有餐厅、医院、商店，以及文化娱乐中心作为运动会的辅助设施。

作为仅次于运动场馆的场所和设施，奥运村为运动员和随队官员提供居住、餐饮服务和配套商业服务，以及整体运行服务和保障工作，是各种文化背景的运动员临时的"家"。奥运村的角色和功能也随着奥运会不断扩大的影响力和出现的新要求而发生变化，发展出更多元且相互关联的功能：①促进跨文化交流，形成友好和团结氛围；②在轻松友好的氛围中表达和深化奥林匹克宗旨与格言；③创造和展示主办国和主办城市的文化个性与形象；④文化与新兴科技融合服务奥林匹克运动会和所有运动员、观众与相关利益方。然而，由于以往大众媒体的商业运营特征，奥运村一直少有机会展示其重要价值。随着社交媒体文化和年轻运动员与观众的崛起，奥运村里的生活构成新的关注点，这也使得奥运村成为各种文化交互与展示的重要舞台。鉴于此，在筹办北京2022年冬奥会和冬残奥会之际，我们提出冬奥村（冬残奥村）科技与文化深度融合形象（图1-1）的总体规划方案，以导则形式为奥运村的组织、设计和实施，以及相关部门的工作提供综合性和指导性意见。

2. 北京2022年冬奥村（冬残奥村）的愿景与目标

基于高质量完成国际奥委会举办冬奥会（冬残奥会）提出的各项倡议和目标（表1-1），实现国家和北京市及张家口市承办冬奥会（冬残奥会）"纯洁的冰雪，激情的约会"愿景，项目组围绕京津冀协调发展战略和北京城市功能定位，将奥林匹克文化、冰雪文化与各地区特色文化相融合，从而塑造北京2022年冬奥村（冬残奥村）的国家形象。

北京2022年冬奥村（冬残奥村）目标　　　　　　　　　　　　　　　表1-1

目标1	营造浓厚的冬奥节日氛围，弘扬奥林匹克精神，传播北京冬奥会理念
目标2	全面展示本国优秀传统文化和城市文化，促进世界多元文化交流互鉴
目标3	将冬奥遗产融入城市和地方未来发展与文化改革发展大局，推动冰雪旅游发展
目标4	以科技和文化融合为手段，将中国文化精神与国际设计语言有机结合，提升三个冬奥村（冬残奥村）的文化氛围

图1-1 冬奥村（冬残奥村）（图片来源：北京2022年冬奥会和冬残奥会组织委员会奥运村部，提供）

3. 北京2022年冬奥村（冬残奥村）的形象

北京2022年冬奥村（冬残奥村）由北京村、延庆村和张家口村（以下简称三村）组成，三村形象要严格按照《北京2022年冬奥会和冬残奥会色彩系统和核心图形设计方案》执行，通过实施科技与文化融合的形象规范，使三村一致，展现出统一的国家形象。此外，在三村一致的前提下，由自然景观与人文景观双重元素构成的三村形象设计，应充分考虑三村冬奥会后的用途，一村一貌，并与整个城市和地方文化相协调（表1-2）。

北京村位于北京奥林匹克公园核心区朝阳区奥体文化商务园区11号地块，共有20栋住宅。冬奥村形象规划将《冰嬉图》等传统文化素材运用到园林景观设计中，将更多的中国非物质文化遗产融入现代设计转化的作品中，展示在冬奥村的每一个角落，以体现中国传统文化的鲜活性。

北京2022年冬奥村（冬残奥村）一村一貌形象分析　　　　　　　　　　　　　表1-2

冬奥村（冬残奥村）	北京村（北京文化）	延庆村（小海陀山脚下）	张家口村（崇礼太子城）
文化资源与元素	文化古都；人文景观（中轴线，胡同、燕京八景等）；自然景观；传统文化和艺术样式；国际化大都市的古典艺术、体育文化、流行文化和时尚文化等	农村—城镇；草原文化—农耕文化；康西长城文化；八达岭长城文化；自然—北方山脉，小海陀山为北京市第二高峰（海拔2199m）；山村遗址（清代村落小庄科村）等	200万年以上的历史，长城文化（"长城博物馆"）；陆路商埠，避暑胜地；自然景观；多民族；太子城遗址（金朝行宫）与文物；26个少数民族；城市冰雪运动等
未来用途	北京市高级人才公寓	山村式建筑布局和北京四合院/休闲度假酒店	以冰雪运动为中心的旅游小镇
地方形象特征与关键词	国际大都市和艺术性的风格与审美，东西方文化，传统文化与现代文化并立融合；四个中心，中国象征，双奥之城，大都市文化，古都古韵	山村民俗文化，长城文化，清代山村遗址，高海拔自然风光—山景，高山滑雪；山村，自然，绿色	乡村民俗文化，长城文化，金朝宫殿遗址，国际化的滑雪运动与旅游；乡村，长城，遗址，多民族，冰雪运动

延庆村位于小海陀山下，采用低层、高密度的"山村"式建筑布局，半开放式建筑庭院依山而建，是四合院建筑风格。在形象规划方面突出体现绿色冬奥的特点，以保留原生树木的生态环境来展现该冬奥村的特点，以小微绿地和创意花植来丰富冬奥村的室内外空间。

张家口村所在地崇礼太子城，在考古发掘中，发现有"尚食局"字样的瓷碗底和印刻有"内""宫"字样的建筑构件。规划建议充分体现太子城历史文化背景，在地面景观上展现金代古城遗址的形象。

三村的规划应符合赛后利用的计划内容，例如北京村赛后将作为北京市人才公租房，又如张家口村太子城，是以冰雪为中心的旅游小镇，充分体现冬奥村的可持续发展和文化旅游价值。

1.2 总则

1.2.1 导则的宗旨与基本功能

1. 导则的宗旨

本导则主要为北京2022年冬奥会的冬奥村（冬残奥村）而制定，提供了应用实践的设计思路与原则。

本导则在充分理解和遵守国际奥委会的各项政策与规则的前提下，考虑北京2022年冬奥会举办国中国及其城市北京、张家口的规划与发展要求，特别关注文化和科技融合的设计策略，以有效地实现北京冬奥会的个性形象，并将冬奥村（冬残奥村）及未来的功能置于城市发展的框架下。

这些原则同样适用于奥运会其他举办国和举办城市，并对举办其他国际和地方性大型活动和赛事所需相关场所的设计提供一般性的指导和建议。

2. 导则的基本功能

导则透过视觉与展示设计、环境与景观设计，以及文化活动与服务的整体性原则，通过文化与科技融合的路径，以奥林匹克文化、冰雪文化与地方特色文化共同塑造、展现奥林匹克精神和主办国与地方形象。

科技与文化融合的多媒体展示方式在冬奥村（冬残奥村）中广泛应用，视觉传达模式从平面系统向多维系统发展，以导示景观系统、展示景观系统和人文景观系统三个系统，形成了冬奥村（冬残奥村）形象景观的多维系统模式，展现中国北京提供冬奥会和冬奥村（冬残奥村）卓越服务所需的高水平设计能力与科技创新能力。

冬奥村（冬残奥村）的形象规划设计模式和原则，是对中国城市更新设计管理模式的有效测试和有益尝试，推动冬奥会及冬奥村（冬残奥村）的形象探索成为当代中国城市更新和文旅融合创新的理念和方法之一；强调材料选择、技术应用、维护与可持续发展方面需要关注的设计事项，提供最佳的实践设计原则，确保在整个冬奥村（冬残奥村）实施高质量的设计方法，并作为城市设计的示范。规划冬奥村（冬残奥村）的无障碍设计，在交通流线设计、道路建材选择、室内家具布局使用、无障碍智慧服务平台等方面采用通用设计思维方式，符合残障人士和正常人的共同需要。形象景观的设计管理已经形成综合性、交叉的、多元化的设计运行模式，良好的运行模式、规划原则、管理方法是确保景观成功的重要因素。

1.2.2 冬奥村（冬残奥村）科技文化融合总体形象规划目标

规划目标可分为总目标和子目标两类，总目标即一个总体思路，是对奥运村科技文化融合形象规划预期达到的理想状态的整体描述；子目标是在总目标指导下的具体要求，即对实现上述理想状态的设计手段的描述，即与将来形象的联系。子目标下是具体的导则条款，即实现设计目标的特殊要求和详细规定。

1. 导则条款

冬奥村（冬残奥村）科技文化融合总体形象不是细化到建筑、景观设计的每一部分，仅是通过控制要素（实施的框架性需求），间接地控制形象的设计。导则条款就如何控制某一要素进行具体要求（落地的基本规范），要素的选取可由设计师根据设计意图从要素体系中选取，具体的控制手段由设计师来确定。

2. 导则解释

导则条款为了便于操作及实施，建议用简洁、规则化的语言来描述。但这会带来理解上的困难，因而需要对导则条款的部分内容给予一定的说明。

针对各要素（实施的框架性需求）及各要素下的子要素（落地的基本规范），按照指令性规定和指导性建议分类予以解释，并利用图表等，附以文字示意。此外对于个别条款，也可提出进一步研究的建议或指导。

1.2.3 冬奥村（冬残奥村）科技与文化融合总体形象规划导则框架（表1-3）

冬奥村（冬残奥村）科技文化融合总体形象的基本内容以视觉导示规划为基础、先进科技呈现为手段，由科技文化形象在传播中的融合、科技文化形象在环境中的融合、科技文化形象在活动中的融合、科技文化形象在服务中的融合四部分构成。导则分

冬奥村（冬残奥村）科技与文化融合总体形象规划导则框架　　　　　　　　　　　　表1-3

	基本内容		内容分项		控制元素	
科技与文化融合总体形象导则	1	视觉导示基础	1	视觉导示规划分项	控制元素A1	展示设计子要素
						室内空间子要素
						文化活动子要素
						服务形象子要素
	2	科技文化形象在传播中的融合	2	展示设计规划分项	1	控制元素A1	子要素A1-1
					2		子要素A1-2
					3	控制元素A2	子要素A2-1
					4		子要素A2-2
	3	科技文化形象在环境中的融合	3	环境空间规划分项	1	控制元素A1	子要素A1-1
					2		子要素A1-2
					3	控制元素A2	子要素A2-1
					4		子要素A2-2
	4	科技文化形象在活动中的融合	4	文化活动规划分项	1	控制元素A1	子要素A1-1
					2		子要素A1-2
					3	控制元素A2	子要素A2-1
					4		子要素A2-2
	5	科技文化形象在服务中的融合	5	服务形象规划分项	1	控制元素A1	子要素A1-1
					2		子要素A1-2
					3	控制元素A2	子要素A2-1
					4		子要素A2-2
	6	科技呈现手段	6	科技呈现规划分项	控制元素A1	展示设计子要素
						室内空间子要素
						文化活动子要素
						服务形象子要素

为视觉导示规划、展示设计规划、环境空间规划、文化活动规划、服务形象规划、科技呈现规划六个分项，其中视觉导示、技术呈现分别对展示设计、环境空间、文化活动和服务形象提供视觉形象基础和呈现形象手段的支持。展示设计、环境空间、文化活动和服务形象各分项又分别由构成形象的主要控制要素（实施的框架性需求）构成，控制要素下面又分具体体现形象的子要素（落地的基本规范）。

1.2.4　导则用户与参考文献

1. 导则用户

本导则是负责设计、建造、运营和维护奥运村的部门和人员的工作工具。它还为更广泛的受众提供更一般性的指导和建议，包括设计专业人士、学者、城市管理者、当地社区和私人开发商。

2. 参考文献

本导则涉及的主题较为广泛，与奥运会和北京这类大型复杂的城市所面对的各种设计问题相关。本导则将是对现有各种政策、规划和设计导则的补充，而不是取代现有的标准、要求或指南。与本导则相关的指导性文件如下所示：

（1）《奥林匹克宪章》；

（2）《奥林匹克运动会奥运村指南》；

（3）《奥林匹克运动会医疗服务指南》；

（4）《奥林匹克运动会国家（地区）奥委会服务指南》；

（5）《奥林匹克运动会国家地区奥委会服务指南》；

（6）《北京2022年冬奥会和冬残奥会色彩系统和核心图形设计方案》；

（7）《北京2022年冬奥会和冬残奥会城市文化活动指导意见》；

（8）《北京2022年冬奥会和冬残奥会赛会景观使用规范手册》；

（9）《北京市城市设计导则》；

（10）《北京历史文化街区风貌保护与更新设计导则》；

（11）《北京城市色彩城市设计导则》；

（12）《北京市推进全国文化中心建设中长期规划（2019年—2035年）》。

第2章　北京冬奥会冬奥村形象导则分项规划

2.1　视觉导示规划

2.1.1　视觉导示规划设计总则

冬奥村（冬残奥村）（以下简称冬奥村）科技与文化融合总体形象的基本内容由视觉形象空间展示规划和科技文化活动服务规划两部分构成，视觉形象空间展示规划由视觉导示规划、展示设计规划、环境空间规划等分项构成，科技文化活动服务规划由文化活动规划、服务形象规划、科技呈现规划等分项构成。各分项又分别由构成形象的主要控制要素构成，控制要素下面又分具体体现形象的子要素。

基于冬奥村的特殊性，冬奥北京村视觉导示规划设计总则分为两个部分，如下：

1）完整体现北京村、延庆村和张家口村是"冬奥村"的原则。

2）充分展示北京村、延庆村和张家口村是运动员"北京家""延庆家"和"张家口家"的原则。

2.1.2　视觉导示规划区块分布图

划分出主要的控制元素，按顺序在运行区、居住区、广场图上标出其分布（以北京村为例，见图2-1）。

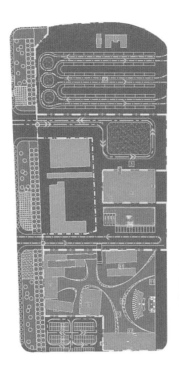

运行区
Operating Area

居住区
Residential Area

广场区
Square Area

图2-1　北京冬奥村区域划分图（图片来源：由北京冬奥组委，[①]提供）

① 北京 2022 年冬奥会和冬残奥会组织委员会，简称北京冬奥组委。

基于视觉导示规划设计总则，特将视觉导示规划区分为空间导示部分和村内文化活动视觉导视部分，两个部分分别对应下面1）、2）两个原则进行规划。

1）完整体现北京村、延庆村和张家口村是"冬奥村"的原则——村空间导示部分（空间导示系统、空间展示系统、室内外环境系统等）。

2）充分展示北京村、延庆村和张家口村是运动员"北京家""延庆家"和"张家口家"的原则——村内文化活动部分（村内活动导示系统、村内活动宣传系统、村内文创礼品系统等）。

2.1.3　视觉导视规划导则方案

1."冬奥村"理念原则规划

完整体现北京村、延庆村和张家口村是"冬奥村"的原则，村空间导示部分包括空间导示系统、空间展示系统、室内外环境系统等。

设计原则：按照功能将北京村（延庆村和张家口村）划分为运行区、居住区、广场区，并分别对应《北京2022年冬奥会和冬残奥会赛会景观使用规范手册》中给定的三个色彩系统。

1）运行区——对应"寓意纯洁冰雪、未来与梦想的蓝白色系"，烘托冬奥气氛。

（1）释义："蓝白色系体现纯洁冰雪、未来与梦想"；

（2）内容：运行区，对应"蓝白色系"；

（3）原则：严格按照《北京2022年冬奥会和冬残奥会赛会景观使用规范手册》进行设计和实施；

（4）示例：核心图形的色系（图2-2）。

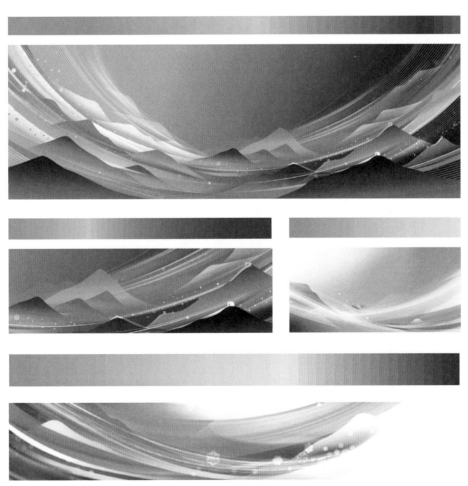

图2-2　运行区色系（图片来源：由北京冬奥组委，提供）

2）居住区——对应"文化和可持续的青绿色系"，整体感觉舒适轻松，体现中国文化。

（1）释义："青绿色系体现文化和可持续"；

（2）内容：居住区，对应"青绿色系"；

（3）原则：严格按照《北京2022年冬奥会和冬残奥会赛会景观使用规范手册》进行设计和实施；

（4）示例：核心图形的色系（图2-3）。

3）广场区——对应"体现运动激情、春节节庆氛围的红金色系"，整体感觉欢快、喜庆，烘托中国年的氛围，彰显中国文化。

（1）释义："红金色系体现运动激情、春节节庆氛围"；

（2）内容：广场区，对应"红金色系"；

（3）原则：严格按照《北京2022年冬奥会和冬残奥会赛会景观使用规范手册》进行设计和实施；

（4）示例：核心图形的色系（图2-4）。

4）应用示例（图2-5～图2-12）

SI系统（Store Identity system），即专卖店形象识别系统，一般包括"专卖店理念、文化及行为识别，专卖店展示系统，专卖店宣传规范"等三个部分。

SI系统的规范设计包含几个最基本的原则：

第一，要与品牌的理念识别（MI）及行为识别（BI）相吻合；

第二，要充分考虑市场定位的适应性；

第三，要兼顾空间及美学、消费心理等多维层面；

第四，要在品牌视觉识别（VI）的基础上延伸应用。

图2-3 居住区色系（图片来源：由北京冬奥组委，提供）

图2-4　广场区色系（图片来源：由北京冬奥组委，提供）

　　SI系统必须与VI系统（Visual Identity system）协调呼应，店内装饰、门头、主色调都应严格延续VI系统的规范，这样才能有效地传达品牌信息，让消费者多角度而统一地了解品牌，从而推动产品的销售。如LOGO的应用，要严格执行VI系统的规范，门头和形象墙需要具备统一性和延续性，辅助图形也要在店内装饰中渗透应用等。

　　2."家"理念原则规划

　　充分展示北京村、延庆村和张家口村是运动员"北京家""延庆家"和"张家口家"的原则——村内文化活动部分（村内活动导示系统、村内活动宣传系统、村内文创礼品系统等）。

　　1）设计内容

　　建立北京村（延庆村和张家口村）独特的"北京家"（"延庆家"和"张家口家"）文化的二级视觉系统。

　　（1）"北京家"（"延庆家"和"张家口家"）独有的吉祥物；

　　（2）"北京家"（"延庆家"和"张家口家"）独有的核心图形。

　　2）设计原则

　　（1）要充分展现北京地区（延庆地区和张家口地区）的人文特点；

图2-5　实景图：导视系统（图片来源：由北京冬奥组委奥运村部，提供）

图2-6 实景图：居住区—园林景观旗帜（图片来源：由北京冬奥组委奥运村部，提供）

图2-7 实景图：居住区—主入口（图片来源：由北京冬奥组委奥运村部，提供）

图2-8 实景图：广场区—主入口（图片来源：由北京冬奥组委奥运村部，提供）

图2-9　实景图：广场区—东入口（图片来源：由北京冬奥组委奥运村部，提供）

图2-10　实景图：广场区—东入口内侧（图片来源：由北京冬奥组委奥运村部，提供）

图2-11　实景图：广场区—主入口内侧（图片来源：由北京冬奥组委奥运村部，提供）

图2-12　实景图：雪景中的休战墙—外围围挡和景观旗帜（图片来源：由北京冬奥组委奥运村部，提供）

（2）要与《北京2022年冬奥会和冬残奥会赛会景观使用规范手册》中的视觉风格相匹配；

（3）北京村视觉系统要与延庆村、张家口村的视觉系统形成系列感。

3）应用原则

（1）村内活动导示系统；

（2）村内活动宣传系统；

（3）村内文创礼品系统；

（4）村内宾馆用品。

2.2 展示设计规划

展示设计是以艺术设计学为依托，围绕空间，在内容、形态、色彩、材料、多媒体、照明、音响、文字插图、影像，以及模型等多方面充分利用新技术、新成果，借以全面调动观众的视觉、听觉、触觉甚至嗅觉和味觉等一切感知能力，形成人与物的互动交流。

文化与科技一直都是社会发展的两个关键部分，它们相互作用，共同发展，时时刻刻对人们的生活产生着影响。从科技角度来说，发达的科技对文化的产生、传播、发展都起着至关重要的作用。科技发展促生的新技术展示手段，其应用与艺术化手段呈现文化两相结合，是为了更好地实现冬奥村展示传播目的。

在冬奥村展示设计规划中应充分体现冬奥村的可持续发展和文化旅游价值。根据三个冬奥村的赛后规划，各自应用场景各有不同。北京村在赛后作为北京市人才公租房项目，张家口村太子城是以"冰雪文化运动"为主题的旅游小镇项目。因此，展示设计规划上很重要的一点原则是可持续应用性，即在选择展示形式及展示道具时，对服务周期、内容更换、环保性应有所侧重。

2.2.1 展示设计规划设计总则

1）主要内容

科技文化与冬奥村公共道路设计的融合、科技文化与公共空间设计的融合、科技文化与环境标识设计的融合，以及科技文化与公共艺术设计的融合。

设计实施中应强调采用先进科技手段。在内容上应注重宣传冬奥会（冬残奥会）（以下简称冬奥会）精神，注重对冰雪运动的宣传，注重宣传富强、民主、文明、和谐的社会主义现代化中国和中华优秀传统文化；在设计与环境的关系中应注重整体性、连续性、可持续性和中国传统文化的鲜活性。

安全、舒适、便捷、美观、循环利用是其基本要素。表现形式、展现内容、面向受众人群是科技文化与冬奥村环境融合设计的基本特征，为了更好地满足人类活动，这些要素常常同时发挥作用，在功能和形态上相互交织。

冬奥村同时服务于冬奥会和冬残奥会，冬奥村的无障碍设计不仅在交通流线、建材选择、室内布局和无障碍智慧服务平台等方面采用通用设计思维方式，在展示设计规划中应充分考虑到符合残障人士和正常人的共同需求。

2）设计原则

科技文化形象在传播中的融合发展，绿色环保的可持续运用，其应用场景兼收并蓄、兼容并包。

2.2.2 展示设计内容要素规划方案

展示内容要素规划两个方向，奥运主题形象及精神内容要素、环境文化融合内容要素。

1. 奥运主题形象及精神内容要素

1）冬奥会标准视觉形象展示。

2）冬奥会吉祥物等扩初图形视觉展示。

3）奥运精神类内容展示。

4）冰雪运动内容展示。

5）各国代表团冬奥形象展示，包括但不限于参赛国国旗等的展示。

6）北京冬奥村独有的吉祥物及独有核心图形展示。

7）相关冬奥会和残奥会等一切内容类展示。

2. 环境文化融合内容要素

1）国家综合国力的内容视觉转化展示。

2）宣传构筑人类命运共同体等国家责任的内容视觉转化展示。

3）中国传统非物质文化遗产转化为现代设计内容作品的展示。

4）城市文化传播类内容的展示，如北京精神、北京古都文脉、首善要素、民俗礼仪等。

5）年节文化的展示。

6）科技文化融合驱动美好生活的内容视觉转化展示。

7）官方合作伙伴和官方赞助商相关奥运内容自身形象传播展示等。

2.2.3 冬奥村展示设计要素

1. 展示设计关键要素

包括展示物、展示场地、具体受众和实施应用时间。

2. 设计点要素

包括展示空间、展示色彩、展示道具、展示照明、展示物陈列。

1）展示空间

包括冬奥村运行区、居住区、广场区、公共道路为主要设计要素。

（1）运行区包括但不限于出入口、停车场、办公服务中心、代表团接待中心、运行区内道路周边等；

（2）居住区包括但不限于出入口、室内外公共活动空间、访客中心、绿化区域、居住区内道路周边等；

（3）广场区包括但不限于室内外公共活动空间、展示中心、绿化区域、广场区内道路周边等。

2）展示色彩

以总则中视觉传达色彩规范为基本依据，运行区——蓝色，居住区——青绿色，广场区——红色。可根据具体空间及展示物进行深化设计和局部差异化设计。

3）展示道具

对展品起到承托、围护、吊挂、张贴、摆靠、隔断，以及指示方向、说明展品及展示内容的陈列道具。包括但不限于道旗、展板、展墙、展架、展台等展示基础设施，以及多媒体综合展示设备、艺术装置类综合展项。

4）展示照明

根据展示空间环境及展示物进行照明规划，包括自然光、室内环境光条件下的展示空间照明设计与气氛塑造，照明方式、照明控制、照明灯具、照明安全等的设计。

5）展示陈列

包括但不限于展示图文展板、照片等静态、动态视觉展示物、商品、陈设品、器物、吉祥物、综合装置及氛围营造等的摆放与呈现方式设计。

2.2.4 运行区展示设计规划

1. 设计原则

现代设计定位，简洁、大气、庄重。

科技文化创意设计应与冬奥村整体通道和出入口设计保持总体功能和风格的一致性，创造整体连续的冬奥村意向，创造街道景观系统的架构性特征。

依据不同运行区、居住区、广场区的街道的不同功能、走向和周边环境，创造街道科技文化创意景观个性。

融合设计应保证舒适、安全，具备多样体验的步行环境。应结合建筑退后范围做整体景观设计，保证公共与半公共乃至私人空间的连贯。

尽可能采用本土、易于管理维护的材料和其他物料，尽可能有利于维护和保育自然生态环境。

采用现代、简洁、舒适、易清洁、易养护的高品质科技文化展示融合设计配套产品。

2. 室外公共环境艺术装置

通过艺术性和功能性的结合，满足展示场所的美化与文化宣传作用。设计时可将其变形或使用抽象雕塑形态表现，是"场地+材料+情感"的综合展示艺术，融入冬奥冰雪文化元素，充分展现北京地区的人文特点。

1）释义：融合冰雪元素形成的北京冬奥独特的设计造型，地标性建筑体。

2）内容：传达的造型语言可采用冬奥会元素和地域文化。

3）原则：设计除了按照《北京2022年冬奥会和冬残奥会赛会景观使用规范手册》进行设计和实施，还应遵循如下。

（1）造型使用的材料尽可能环保、维护清洁简易耐腐蚀；

（2）造型与周围环境融为一体；

（3）造型应兼具教育性、知识性、标识性。

4）完成案例：主题明确，识别性强；材质结构简易耐腐蚀（图2-13、图2-14）。

图2-13 实景图：中心广场—立体景观（图片来源：由北京冬奥组委奥运村部，提供）

3. 室内公共空间展示设计

1）释义：运行区室内设计严格参照《北京市城市设计导则》。科学划分与组织，布置空间功能。

2）内容：运用冬奥、冰雪、运动等元素，形成具有冬奥装饰特点的室内空间。根据使用性质、环境和室内装修标准，打造冬奥魅力的展示场所，满足室内功能使用要求。

3）原则：满足可持续发展原理的设计需要。对资源和绿色能源的使用效率、对健康的影响、对材料的选择等方面进行综合思考，从而使其满足可持续发展的规划目标。

图2-14 实景图：代表团接待中心—广场电箱围挡（图片来源：由北京冬奥组委奥运村部，提供）

4. 文化交流的展示空间

1）释义：以各种形式开展丰富多彩的奥运文化活动，塑造正确的体育精神，营造新时代的民族文化背景。

2）内容：提供文化、体育、教育、科普、信息等服务。弘扬先进文化，支持健康有益的体育文化，建设和谐冬奥，促进精神文明建设。

3）原则：在建设中体现冬奥文化色彩、关注绿色发展、强调人文生活。

4）完成案例：交流空间中冬奥会的中国文化提炼并集中展示（图2-15）。

5. 展示设计中的科技体验

1）释义：通过新颖、独特的多媒体展示方式，以创新模式与手段传播冬奥精神。

图2-15　实景图：冬奥景观与中国文化（图片来源：由北京冬奥组委奥运村部，提供）

2）内容：多媒体、声光电等元素综合运用以传递冬奥信息。化静态为动态，打造多元化、智能化、数字化的智慧冬奥。

3）原则：以"科技呈现规划分项"为准则的条件下，展示内容与多媒体设计相互融合。

2.2.5　居住区展示设计规划

1. 居住区展示系统规划

1）释义：针对不同的分区、道路、景观节点、区位特色再进行特色冬奥造型设计。

2）内容：突出冬奥特色与历史地域文化，进行雕塑设计与景观小品装饰，与居住小区环境和谐统一。

3）原则：展示设计优先满足《北京市城市设计导则》的规定要求，根据小区的建筑环境、地理环境进行规划布局，其次设计与制作应满足易识别性与显著性。

2. 公共空间的智能化展示

1）释义：为公众提供适应时代的居住空间，提供智慧家居、绿色健康的生活方式。

2）内容：在设计上可以运用冬奥为题材的表现形式，在造型墙、材料质感、色调及风格样式保持统一性。

3）原则：坚持以冬奥会设计语言为要素，以安全、以人为本、绿色环保为理念，采用经济实用相结合的室内标准。

2.2.6　广场区展示设计规划

1. 室内公共空间展示设计

1）释义：作为举办文化交流活动的场所，室内公共空间是体现中国传统文化传播的重要平台与窗口。

2）内容：融合冬奥会主题元素的展示空间。

3）原则：根据不同的空间展示功能，进行整体规划设计。

4）完成案例：案例为公共空间中的实际应用，烘托年节气氛，简洁清新（图2-16~图2-18）。

2. 室内文化展示设计

1）释义：通过广场区主题的设立，明确冬奥会与之关系，设置强烈视觉的互动大屏幕，让广场区成为文化输出的重要场所。

2）内容：展陈空间、公共空间、主题雕塑、文化宣传。

3）原则：主题明确，契合冬奥理念，造型形象感强烈。

4）完成案例：案例为北京冬奥村可口可乐休闲中心"汉字"装置文化墙，文化特性突出，色彩选择融合性较强，突出企业标识颜色，同时突出中国红，巧妙地达到展示效果（图2-19）。

图2-16　实景图：广场区—立体景观（图片来源：由北京冬奥组委奥运村部，提供）

图2-17　实景图：广场区室内空间（图片来源：由北京冬奥组委奥运村部，提供）

图2-18　实景图：北京冬奥村可口可乐休闲中心—北极熊形象呼应冬奥氛围

图2-19　实景图：北京冬奥村可口可乐休闲中心"汉字"装置文化墙

2.3　环境空间规划

2.3.1　环境空间规划设计总则

本节对北京冬奥村中各类空间与附属设施的使用规划与控制措施作出了具体规定。包括空间的规划设计总则、三村一致规划、各村特色形象规划、科技与文化氛围整体营造、科技与文化融合要素规划。

北京冬奥村所有室内外空间均应设置主题展览展示区、赞助商展示活动区、冬奥会特许产品专卖区、志愿服务区，并应搭建无障碍设施设备，搭建疫情防控设施、提供餐饮服务、票务信息服务、安保和医疗救护等服务，还可根据各地区历史文化特色，设置其他功能的文化专题空间区域。

北京冬奥村正式运行时间应按照北京冬奥组统一要求运行。所有场所空间中的展示区域应展示北京冬奥组委官方宣传片、冰雪运动知识、冬奥赛事知识、冬残奥知识、地方文化旅游宣传片等内容，或配合广场空间的文化活动使用。室外空间场地交由属地政府组织富有地方特色的文化活动，或由参与建设运行的相关北京冬奥会赞助企业与奥林匹克全球合作伙伴举办宣传推广活动，北京冬奥会赞助企业或奥林匹克全球合作伙伴根据双方合作意愿，由北京冬奥组委具体指导参与建设运营工作。

场所空间中所使用的任何产品和服务，应优先使用或采购北京冬奥会赞助企业与奥林匹克全球合作伙伴的产品和服务，确有特殊原因未使用北京冬奥会赞助企业与奥林匹克全球合作伙伴的产品和服务，或所需产品和服务不在北京冬奥会赞助企业与奥林匹克全球合作伙伴赞助类别内，应对品牌等标识予以遮盖或去除。北京冬奥村科技与文化融合形象准则的具体内容还包括以下几点：

1. 基本规定

所有环境空间应遵守绿色建造，采用系统化集成设计、精益化生产施工、一体化装修的方式，加强新技术推广应用，整体提升建造方式工业化水平。并符合碳达峰与碳中和相关目标，保障无障碍设施齐全，保证环境空间与交通的便利。

2. 设计要求

应优先采用管线分离、一体化装修技术，对建筑围护结构和内外装饰装修构造节点进行精细设计。宜采用标准化构件和部件，使用集成化、模块化建筑部品，提高工程品质，降低运行维护成本。在运行区、居住区、广场区实行统一管理、分区设计。建筑的主要出入口前，应统一留有人员集散场地，且场地的面积和尺度应根据人数及管理部门的要求确定。建筑内应设置人行通道与专用货物运输通道，且不应影响主要人流，运输通道其宽度不应小于4m，宜为7m。运输通道设在地面时，可与消防车道结合设置。建筑内应设置垃圾收集处、装卸载区和运输车辆临时停放处等场地。当设在地面上时，其位置不应影响主要顾客人流和消防扑救，不应占用城市公共区域，并应采取适当的视线遮蔽措施。

3. 材料选用

建筑材料的选用应符合下列规定：

1）应符合国家和地方相关标准规范环保要求。

2）宜优先选用获得绿色建材评价认证标识的建筑材料和产品。

3）宜优先采用高强、高性能材料。

4）宜选择地方性建筑材料和当地推广使用的建筑材料。

4. 材料要求

1）建筑结构材料应优先选用高耐久性混凝土、耐候和耐火结构钢、耐久木材等。

2）外饰面材料、室内装饰装修材料、防水和密封材料等应选用耐久性好、易维护的材料。

3）应合理选用可再循环材料、可再利用材料，宜选用以废弃物为原料生产的利废建材。

4）建筑门窗、幕墙、围栏及其配件的力学性能、热工性能和耐久性等应符合相应产品标准规定，并应满足设计使用年限要求。

5）管材、管线、管件应选用耐腐蚀、抗老化、耐久性能好的材料，活动配件应选用长寿命产品，并应考虑部品之间合理的寿命匹配性。不同使用寿命的部品组合时，构造宜便于分别拆换、更新和升级。

6）建筑装修宜优先采用装配式装修，选用集成厨卫等工业化内装部品。

5. 绿色施工

为满足碳达峰与碳中和目标，应按照环保和相关要求进行实施：

1）应建立完善的绿色建材供应链，采用绿色建筑材料、部品部件等。

2）应编制施工现场建筑垃圾减量方案，实现建筑垃圾源头减量、过程控制、循环利用。

3）宜采用装配化施工工艺，建筑内外装修优先采用装配式装修等干式工法施工工艺及集成厨卫等模块化部品部件，减少现场切割及湿作业。

6. 设计规划

1）采用室内系统化集成设计、精益化生产施工、一体化装修的方式，加强新技术推广应用，整体提升建造方式工业化水平。

2）采用标准化构件，使用集成化模块建筑部品，提高工程品质，降低运行维护成本。

3）宜采用装配化施工工艺，建筑内外装修优先采用装配式装修等干式工法施工工艺及集成厨卫等模块化部品部件，减少现场切割及湿作业。

7. 科技理念

绿色建材、绿色施工、智慧工地、建筑信息模型。

8. 室外景观

1）生态优先　绿色低碳

（1）以生态优先为导向，针对室外景观环境进行高品质的提升；

（2）以绿色低碳为理念，应注重室外环境的可持续发展。

2）多元共融　文化彰显

（1）通过创造开放、包容的景观环境氛围，搭建形成多元文化展示交流的平台；

（2）通过环境景观彰显中国传统文化的魅力，促进国际文化的交融与共享。

3）主次分明　分级分类

（1）根据冬奥村的功能分区，以及运行期的使用情况对冬奥村室外空间分级管控；[①]

---

① 对赛时入口要求形象展示、主题凸显，具有较强的临时性。对运动员赛时日常使用的区域，赛后继续作为居住区使用，要求景观优美，便于使用，强调安全舒适的景观氛围。对于办公区域，要求景观简洁清爽，便于维护。

（2）针对不同的景观类别应采用不同的改造强度与改造策略。

4）人文关怀 美美与共

（1）室外景观的整体塑造上应突出人文关怀的理念，营造安全舒适、宾至如归的景观氛围；

（2）作为展示冬奥会和大国风度的重要窗口，冬奥村应融合各国的优秀文化，肩负起大同之美的重任。

9. 无障碍设计

所有空间场所与交通道路应按现行国家标准《无障碍设计规范》GB 50763的规定设置无障碍设施，并应与城市道路无障碍设施相连接。

10. 疫情常态化规定

应提供固定的疫情防控场所，设置安全警示区，并定时消毒与检查。如运动员或工作人员出现发热、干咳、乏力等症状，应及时隔离至指定场所，应保证足够的隔离空间，以及应对紧急情况的医疗保障空间。

11. 参考标准规范

1）遵循行业标准《商店建筑设计规范》JGJ 48—2014规定。

2）遵循国家标准《建筑内部装修设计防火规范》GB 50222规定。

3）遵循国家标准《建筑设计防火规范》GB 50016规定。

4）遵循国家标准《民用建筑工程室内环境污染控制标准》GB 50325规定。

5）遵循国家标准《民用建筑隔声设计规范》GB 50118规定。

6）遵循国家标准《建筑给水排水设计标准》GB 50015规定。

7）遵循国家标准《安全防范工程技术标准》GB 50348规定。

8）遵循国家标准《无障碍设计规范》GB 50763规定进行无障碍设计。

9）商店建筑电气节能设计应符合现行国家标准《公共建筑节能设计标准》GB 50189、《建筑照明设计标准》GB 50034等规定。

10）理发店、美容店卫生标准遵循国家标准《理发店、美容店卫生标准》GB 9666。

11）摄影服务遵循行业标准《摄影业服务规范 第1部分：摄影服务规范》SB/T 10438.1—2007。

12）遵循行业标准《商业道具通用技术规程》T/CBDA 46—2021规定。

13）人员密集的大型商店建筑的中庭应提高栏杆的高度，当采用玻璃栏板时，应符合现行行业标准《建筑玻璃应用技术规程》JGJ 113—2015的规定。

14）导盲犬遵循国际标准《导盲犬移动性教练》DIN CWA 16520—2013规定，及国家标准《导盲犬》GB/T 36186规定。

15）以《建筑装饰装修工程质量验收标准》GB 50210作为验收标准。

2.3.2 环境空间三村一致规划原则

北京、延庆、张家口三个冬奥村按照运行区、居住区、广场区三部分进行三村一致规划。

1. 运行区环境空间规划方案

1）目的：运行区室内设计的要求和目的，要满足工作人员的精神生活和物质生活要求，从而对工作环境进行物质和精神上的提升，达到使用功能的必需条件和视觉环境的美好享受。

2）内容：运行区室内设计在充分体现商务性的同时，可增强艺术感，设计应从墙面与地面铺装入手。

3）原则：室内设计可以提高空间的生理、心理环境质量。由于空间条件的不同、需求的不同，室内设计的原则要紧随客观条件的不同而变化，在不同空间区域产生不同的设计风格，满足工作人员与使用者对功能和艺术的不同追求，以有限的物质条件创造出无限的精神价值。运行区植物景观应当结合日常的使用和需求，注重植物景观低维护和功能优先，打造简洁明快的绿色环境，营造荫凉舒适的景观氛围。室内植物景观应着力于营造高效、愉悦的环境氛围，为工作人员提供益于身心健康的办公环境。

4）示例：通过大面积色彩表达文化属性，室内设计可以根据功能和场景的不同，进行色彩铺设，在体现商务性的同时，增添文化艺术感，可使用绿植盆栽、绿墙和简洁花艺进行装饰。室外植物因地制宜地按照植物的生长习性进行设计，梳理分类不同时间段的植物生境条件；利用植物景观提升开放空间绿化品质，种植方式以简洁的规则式为主；强调舒适、健康的环境和植物氛围，不使用有明显危害的植物，选择不易产生病虫害的植物，满足使用的安全性。

2. 居住区环境空间规划方案

1）目的：居住区室内设计的要求和目的，要满足运动员的精神生活和物质生活要求，从而对居住环境进行物质和精神上的提升，达到使用功能的必需条件和视觉环境的美好享受。

2）内容：居住区室内设计从氛围营造出发，打造生态与科技融合的形象。

3）原则：冬奥会一般在冬季举办，室外场所的绿植稀缺，在室内设计时可以增加绿植和自然生态的氛围营造。这样可以增强室内舒适度。满足运动员物质生活的同时，增添自然气息，营造轻松、温馨、舒适的氛围。室外利用丰富的植物景观和良好的生态环境营造清新明快、温馨舒适、宾至如归的氛围。

4）示例：低碳生态住宅在满足居住环境的同时，又体现自然的氛围感，传递科技与环保理念。室内设计应充分体现低碳文化理念，宜选用以观花为主的盆栽或简洁的花艺形式，可选具有中国文化特色的小盆景或者小巧可爱的植物，为运动员与随行人员打造一个富有本土特色的日常起居空间。室外植物需分析不同时间段的生境条件，注意生境条件的归类，根据不同的空间环境，选择合适的植物栽植层次和栽植方法；注意植物和室内功能的结合，塑造林下开放的交往空间。

3. 广场区环境空间规划方案

1）目的：广场区室内设计的要求和目的，要满足所有使用者的精神生活和物质生活要求，从而对居住环境、生活环境，乃至工作环境进行物质和精神上的提升，达到使用功能的必需条件和视觉环境的美好享受。

2）内容：经前期调查，室内空间有两点不足，即广场区室内空间灯光、视觉感不足，室内设计建议从灯光、色彩、装饰物等方面进行强对比设计。室外空间可利用起伏的地形条件营造生态自然，绿意绵延的植物景观，注重季相变化与花园场景构建，烘托庄重简洁、通透明亮的氛围。

3）原则：广场区室内设计采用强对比视觉的装饰。

4）示例：室内布局满足商业环境的同时，增强视觉感，从强对比装饰性上突出主题，营造愉悦舒适、富有节日和冬奥的活动气氛，兼顾国际文化交流的开放与包容的环境。室内植物可使用大型或中型挺拔、繁茂的植物进行绿墙、现代花艺、植物组景、组合盆栽的装饰。室外空间应注重空间开合和竖向上的层次感，提供优美的生活环境和良好可持续的生态环境。

2.3.3 环境空间各村特色形象规划原则

环境空间各村特色形象的塑造应遵循科技元素与文化元素的融合。在遵循和谐统一的原则下，因地制宜、挖掘地域特色，在景观与文化融合的基础上，营造主题鲜明的文化场景，打造一村一品、一区一特色的景观形象。

1. 科技元素

1）北京地区：国际化前沿科技的展示，展现最先进的技术，注重人文与科技的融合。

2）延庆地区：传统与科技的特色化表达，当地环境与冬奥的关连，注重自然与科技的融合。

3）张家口地区：科技融入沉浸式体验，声音与视觉上的感官升级，注重感官与科技的融合。

2. 文化元素

1）北京文化：燕京八景、京剧、胡同、四合院等。

2）延庆文化：长城文化、古崖文化、山戎文化、民俗文化、硅化木国家地质公园。

3）张家口文化：蔚县剪纸、口梆子、东路二人台、蔚县打树花、蔚县拜灯山、社火、秧歌、赤城马栅子戏、阳原县曲长城木偶戏、竹林寺寺庙音乐、张北曲艺大鼓。

3. 北京村环境空间特色设计规划方案

关键词：传统经典、时代鲜明。

1）原则：以传统文化为主题，塑造文化传承的国际交流村。通过传统装饰物，提升地区特色。

2）内容：①科技要素：环保材料、智慧能源收集。②文化要素：砖瓦、院落。

3）方法：在装饰物、墙面、地面铺装和室内外花卉植物等要素上体现。将对中国非物质文化遗产进行现代设计转化的作品展示在冬奥村的环境艺术上，在体现中国传统经典的同时，用现代设计语言彰显时代感。

4）示例：北京村科技与文化融合要素：院落要素、砖瓦元素、智慧能源、环保材料等（图2-20）。

4. 延庆村环境空间特色设计规划方案

关键词：绿色自然、历史厚重。

1）原则：以山水文化为主题，塑造原真环境的山水体验村。通过传统符号，营造历史文化感。运用生态设计手法，塑造具有地域自然风貌特色的景观。

2）内容：①科技要素：AR、VR、自然材料。②文化要素：长城、自然。

3）方法：从家具、室内装饰、造型等方面体现。从植物种类的选择上运用乡土树种，并以自然式种植为主。将延庆的自然特色与文化历史相结合，以花植设计的生态环境来展现延庆村的自然特色，以长城元素的室内外装饰物来体现文化的厚重感。

4）示例：延庆村科技与文化融合要素：自然材料、长城元素、自然风貌等（图2-21）。

5. 张家口村环境空间特色设计规划方案

关键词：古典大气、内涵丰富。

1）原则：以历史文化为主题，塑造具有历史底蕴的冰雪运动村，传达传统技艺与文化表现力。

2）内容：①科技要素：照明艺术、智慧空间。②文化要素：剪纸、曲艺。

3）方法：在地面、室内装饰、照明，以及材料等要素上体现，也可使用传统方式展现。将张家口村所在地的崇礼太子城文化展现出来，将太子城的历史文化要素，以及当地传统技艺融合于冬奥村中，在环境空间上展现出典雅大气的形象。

4）示例：张家口村科技与文化融合要素：太子城元素、曲艺元素、剪纸元素、照明艺术等（图2-22~图2-27）。

（a）　　　　　　　　　　（b）　　　　　　　　　　（c）　　　　　　　　　　（d）

图2-20　北京村环境空间意向图（图片来源：引自故宫博物院官网）
（a）院落要素；（b）砖瓦元素；（c）智慧能源；（d）环保材料

（a）　　　　　　　　　　　　（b）　　　　　　　　　　　　（c）

图2-21　延庆村环境空间意向图（图片来源：引自延庆世界地质公园官网）
（a）自然材料；（b）长城元素；（c）自然风貌

（a）　　　　　　　　　　（b）　　　　　　　　　　（c）　　　　　　　　　　（d）

图2-22　张家口环境空间意向图（图片来源：引自河北博物院官网）
（a）太子城元素；（b）曲艺元素；（c）剪纸元素；（d）照明艺术

图2-23 实景图：植物景观在北京村的运用（图片来源：由北京冬奥组委奥运村部，提供）

图2-24 院落要素在北京冬奥村的运用（图片来源：由北京冬奥组委奥运村部，提供）

图2-25　空间层次感在北京冬奥村的运用（图片来源：由北京冬奥组委奥运村部，提供）

图2-26　实景图：低碳生态住宅、砖瓦元素、环保材料在北京村的运用（图片来源：由北京冬奥组委奥运村部，提供）

图2-27　实景图：低碳生态住宅、自然氛围感、照明艺术在张家口村的运用—张家口村公寓楼（图片来源：由北京冬奥组委奥运村部，提供）

2.4　文化活动规划

2.4.1　文化活动规划设计总则

举办文化活动是为运动员、随队官员、访客、媒体创造体验地方文化的机会，并在这个过程中形成地方感和地方印象。

文化活动应与视觉导示设计、环境设计、景观设计，以及各项服务相结合，共同塑造冬奥村的个性形象。由于文化活动的多样性、灵活性、参与性和有机性，其自身就具备不断塑造和更新空间与形象的能力，因此文化活动并不以整个物理和视觉环境的设计为先决条件。

应充分利用冬奥村的各种空间，创意和释放文化活动的软性影响力。

"文化活动规划"为冬奥村相关部门和人员提供思考、创意、组织和实施文化活动的基本方法，为负责冬奥村整体运营的团队提供战略性参谋。

通过文化活动的策划、组织和传播，建立文化活动部、新宣部、媒体部等职能部门的协调机制，提升冬奥村在文化传播和形象塑造方面的作用和价值。

通过文化活动的持续设计和组织，将冬奥会和冬奥村遗产融入城市和地方未来发展与文化发展大局，充分体现冬奥村的可持续发展和文化旅游价值，促进世界多元文化交流互鉴。

1. 文化活动的客户与受众

伴随大众媒体，尤其是社交媒体的关注，冬奥村服务如下客户和受众，他们同时也是冬奥村各项文化活动的参与者和共同创造者。在文化活动的规划、策划和实施过程中应考虑他们的多重身份和各自的需求与目标。

1）运动员和随队官员。

2）大众媒体与自媒体。

3）合作伙伴和赞助商。

4）志愿者。

5）冬奥村访客。

6）本地居民。

7）世界范围的观众。

2. 文化活动规划的原则

文化活动的规划、策划、组织和实施需要把握和依照以下基本原则进行思考、评估和筛选，更好地实现冬奥会和冬奥村、主办国与城市的愿景和目标，凸显冬奥村的个性和形象。

1）系统化原则：三个冬奥村与城市，三个功能空间/物理区域之间应构成文化的有机整体。

2）剧场化原则：创造春节场景，演绎中国传统生活方式"中国年"和民俗仪式。

3）运动员优先原则：保证运动员的安全和健康，避免产生压力与冲突。

4）可持续原则：支持冬奥村及其文化遗产融入当地环境和社区，为区域的可持续发展作贡献。

5）协同增效原则：提高三村之间和文化活动之间的协同和增效作用，避免重复和浪费。

3. 文化活动的主题与策略

1）文化活动的主题

根据冬奥会和冬奥村、冬奥会主办国与城市的愿景和目标，综合文化资源的使用原则与文化活动的规划原则，形成以下文化活动的主题：

（1）奥林匹克精神与冬奥会主题文化活动；

（2）地方性特色，传统和民俗文化活动，如春节主题文化活动、长城文化主题活动等；

（3）地域性和季节性的文化活动，如冰雪文化主题活动；

（4）当代城市文化、艺术、时尚和娱乐活动。

2）文化活动的策略

（1）空间策略：将整个冬奥村作为文化活动的舞台，而不限于在专门的文化娱乐中心。冬奥村拥有三个主要功能空间/物理区域：冬奥村广场（广场区）、居住区和运行区。根据不同空间的特点，举办适合其功能、要求和环境氛围的活动，鼓励居民参与和共同创造。同时，三个空间，三个村在发展个性的前提下应形成整体形象，并与整个城市和地区的形象相协调（表2-1）。

冬奥村功能区文化活动设计   表2-1

空间	功能与要求	环境与氛围	文化活动
广场区	冬奥村广场设有专门的零售区和娱乐区，为冬奥村居民，以及访客提供服务；这里是运动员、随队官员、访客和媒体进行交互的主要区域；广场还提供商业服务，包括银行、邮局、便利商店、奥林匹克商店、当地和区域旅游信息、旅游服务、美发沙龙、干洗服务和花店等	微缩世界都市；营造国际化与本土化，商业文明与艺术文化融合的空间氛围；展现国际化大都市的文化包容性与活力	各项文化活动的核心区域；包括奥林匹克文化、主办国传统文化和城市文化的主题展览，开放的小型剧场表演，DIY演出和手工制作、春节节庆仪式和巡游、民族体育运动表演与游戏，以及其他休闲和娱乐活动；与室外大屏幕的互动活动与游戏，与线上冬奥村的整合
居住区	包括冬奥村的私人住宅区在内，提供住宿、餐饮、医疗、娱乐活动，以及其他服务和运行服务；只有冬奥村的居民和持有适当证件的人员才能进入	创造和谐与稳定的感官体验；降低噪声，在保证安静与私密的条件下，利用公共区域创造文化交往和形象展示场所；运动员房间除了标准的装饰以外，适当悬挂、张贴和摆放具有地方文化与审美的装饰物；避免出现政治与文化敏感问题	配合广场区的文化主题与活动；娱乐活动限制在私人和专门空间；为运动员提供地方文化特色的装饰物
运行区	冬奥村的后勤部门，包含了确保冬奥村有效运行的所有功能；包括入口、证件检查、行人安检、车辆安检、班车站、车辆停泊和代表团处理中心；冬奥村主入口，包括车辆停泊区、车辆到达区、行人安检区、访客中心、礼仪办公室、媒体次中心、媒体通过中心，以及证件检查点	办公和服务空间在视觉上应强调规范和专业，理性与自律的工作氛围；各项工作和服务的流程清晰有序，同时不失服务的热情	配合广场区的文化主题与活动；可以将班车站和主要车辆作为文化展览的临时空间适当设置运动器械，提升体育文化的氛围，活跃紧张的工作氛围，提供工作人员和访客之间的互动机会；重点为媒体、政府等外来访客的参观活动设计流程和导览
户外空间、环境与道路	设计良好的户外空间环境与道路连接了三个核心物理区域，为居民和访客提供交通、休闲漫步，体验城市文化，形成良好印象的机会	与外部城市和社区空间形成呼应；创造绿色、活跃与开放的感官体验，同时反映奥林匹克文化与城市文化	开放的露天博物馆和公园/广场，在主题展览、演出、游戏和巡游等活动方面与广场区、运行区和居住区形成一个整体；后冬奥会遗产，以公园、广场和开放博物馆的形式融入城市和社区功能与未来发展，具有环境保护和教育的双重功能

（2）时间策略：冬奥会的组织和实施在两个时间线索上交织展开，一个是运动会的规定时间，另一个是主办国的日常生活时间（包括各种传统节日和日历），应有效地协调两个时间表，组织具有地方民族特色的文化活动有利于创造举办国和城市特色的文化形象（表2-2）。

冬奥村文化活动时间与媒体计划   表2-2

冬奥会时间	地方时间		媒体计划
赛前	①艺术/手工艺/颜文字的征集活动；②街道命名征集活动；③参观活动		①拍摄主题宣传片或微电影；②报道村内各项文化活动
赛时	①主题展览；②民族体育表演；③民俗与传统手工艺表演；④表演艺术和流行文化表演；⑤参观活动	春节节庆活动——创造中国年场景与演绎立春节气	①设立直播间，邀请具有号召力的运动员、喜欢运动的流行文化偶像吸引全球年轻观众；②报道村内各项文化活动
赛后	①参观活动；②教育活动；③遗产的改造和利用；④与城市区域的功能衔接		配合相关活动报道

4. 文化活动的跨文化传播

冬奥会是促进城市和地区发展的平台，是国际交往的平台。文化活动是国家形象、主办城市形象塑造和跨文化传播的重要内容。随着大型国际活动日益受到大众媒体和社交媒体关注，文化活动构成了有价值的媒体内容和传播途径。因此，文化活动在组织和实施过程中，应考虑以下基本原则：

1）认识跨文化交流障碍：比如刻板印象、文化偏见、种族歧视、文化冲击和种族优越感等，并在文化活动策划阶段以此对活动进行评估。

2）"美美与共"，寻找文化共性：寻找共同的价值与审美，发挥移情作用，鼓励人们的反馈，并有机会解除误解。在展示和传播优秀中国传统文化的同时，尊重、赞美和连接其他国家的文化成就。

3）使用国际化的语言：在艺术、设计、活动、服务和沟通方面达到国际标准。

4）建立后web2.0时代的媒体中心：接待和负责非官方的媒体记者，尤其是社交媒体和自媒体从业者。

5）与旅游和休闲产业合作：鼓励非官方媒体报道与主办国和主办城市文化相关的内容，借助他们的力量传播举办国和城市形象，促进文化旅游产业发展。

5. 文化活动的风险管理

冬奥村以运动员优先为使命和根本原则，在解决所有重大问题时，都应以预估和满足冬奥村入住运动员及随队官员的需求和期望为目的。文化活动应以运动员的健康和安全为首位考量要素。

1）避免参与者过度集中地活动，注意时间控制，并设计好疏散的通道和控制手段。

2）避免需要剧烈运动和身体冲撞的活动。

3）避免活动过于密集，造成感官疲乏，影响运动员的休息。

4）每项文化活动都需要进行风险评估方可组织和实施。

5）每项文化活动组织和实施期间应反复确认现场和设施的安全。

6）设立专门职位或专业人员负责文化活动的组织和风险管控。

7）文化活动的风险管理应纳入整个冬奥村安全管理体系。

2.4.2 文化活动规划方案

1. 文化活动规划与"一村一貌"

根据城市和地区特有的文化资源和文化遗产策划和组织活动。北京2022年冬奥会和冬残奥会的特点是在三个地方分别进行，并建立三个冬奥村。因此，"三村"应在整体规划前提下，依据地方文化特征和未来发展议程，可以适度选择不同主题和内容，呈现各自风貌（表2-3）。

冬奥村三村文化活动定位　　　　　　　　　　　　　　　　　　　　　　表2-3

冬奥村	北京村	延庆村	张家口村
个性与形象关键词	国际大都市和艺术性的风格与审美、东西文化、传统文化与现代文化并立融合； **大都市文化、古都古韵**	山村民俗文化、长城文化、清代山村遗址、高海拔自然风光—山景； 山村、自然、绿色	乡村民俗文化、长城文化、金朝遗址、国际化的滑雪运动与旅游； 乡村、长城、遗址、多民族、冰雪运动
非物质文化遗产与民俗文化资源	北京市拥有国家级非遗代表性项目103个、市级代表性项目273个、区级代表性项目909个；京剧、皮影戏等项目被列入联合国教科文组织人类非物质文化遗产代表作名录；北京入选国家级非物质文化遗产代表性项目名录（以下简称非遗名录）的包括：智化寺京音乐、昆曲、天桥中幡、"聚元号"弓箭制作技艺、荣宝斋木版水印技艺、厂甸庙会、京西太平鼓、京剧、北京抖空竹、景泰蓝工艺、象牙雕刻、雕漆工艺、同仁堂中医药文化共13项	戏曲、曲艺、民间手工艺、民间音乐、民间舞蹈等10多个门类；目前，入选联合国教科文组织人类非物质文化遗产代表作名录1项，国家级非遗名录5项，省级非遗名录36项，市级非遗名录127项；延庆饮食中的火勺、打傀儡、火盆锅豆腐宴、小米干饭汤，流传了400多年的节日花会表演，尤以旱船、竹马、九曲黄河灯、猪头狮子等别具一格，独具特色	全市非物质文化遗产涉及戏曲、曲艺、民间手工艺、民间音乐、民间舞蹈等10多个门类；入选联合国教科文组织人类非物质文化遗产代表作名录1项，国家级非遗名录5项，省级非遗名录36项，市级非遗名录127项；蔚县剪纸、蔚县打树花、蔚县拜灯山、社火、秧歌，赤城马栅子戏，阳原曲长城木偶戏、竹林寺寺庙音乐；口梆子、东路二人台；张北曲艺大鼓等民间艺术

续表

冬奥村	北京村	延庆村	张家口村
文化活动定位	以国际化的艺术、设计与时尚文化、世界文化遗产、胡同文化为主题的各种活动	以山村民俗文化、山区风光、山村遗址、高山滑雪运动为主题的各种活动	以乡村民俗文化、长城文化、多民族文化、金朝行宫遗址、国际滑雪运动与旅游为主题的各种活动

2. 广场区文化活动规划方案

广场区是整个冬奥村文化活动的核心区域，其主导了文化活动与文化形象的调性与个性。以专门的传统文化展示中心和娱乐中心为主，综合利用各种空间展开不同形式的文化活动。三村活动应在服从整体方案的前提下，适当选择不同文化主题，创造有区别的体验和形象。

1）艺术与文化展览

（1）目的：以艺术和文化展览在广场区内外空间建立联系与统一形象，并为赛后冬奥村的可持续使用作准备。

（2）原则：

①三个冬奥村设立巡回主题展览，节省成本；

②综合使用大屏幕、多媒体和视听资料；

③创造共同参与的集体感和乐趣；

④作为未来的文化遗产、公园和广场设施，服务教育、休闲和旅游活动。

（3）内容与主题：冬奥会历史与文化、民族体育文化、北京城市文化（胡同和中轴线）、延庆（自然风光与山村遗产）、张家口（自然风光与冰雪运动、乡村遗产和宫殿遗址）、国内其他地区的自然与文化遗产。

（4）示例：如图2-28所示。

2）文艺表演活动

（1）目的：以剧场化和场景化为手段，组织演出。

（2）原则：

①北京小屋和专门的传统文化展示中心是非物质文化遗产和手工艺表演的空间；

②搭建小型和便于拆卸的舞台用于小型规模的专业表演；

③利用通道和空置的空间进行现场演出；

④放置乐器，创造参与表演和围观的机会；

（a）

（b）

图2-28　广场区艺术与文化展览意向图
（a）利用户外空间的展览活动；（b）可移动屏幕和背景板隔离出多功能的活动空间

（3）内容与主题：北京、延庆和张家口三地特色的非物质文化遗产和手工技艺，如风筝制作，各国民族音乐、戏曲、古典音乐、流行音乐与DIY表演。

（4）示例：如图2-29所示。

图2-29　广场区文艺表演活动意向图［图片来源：（a）引自北京市海淀区文化馆网站；（b）引自京昆艺术网；（c）引自KeytarHQ乐器博物馆官网］
（a）（b）采用北京、延庆和张家口三地特色的非物质文化遗产进行装饰、展示和表演；（c）放置乐器，为多才多艺的运动员提供表演机会

3）演绎"传统中国年"

（1）目的：2022年2月4日—2月20日，适逢中国农历新年，以中国传统生活方式与节庆仪式，形成文化景观，通过表演形成深刻的文化体验，提升参与性。

（2）原则：

①以节庆活动串联村内的三个区域，并通过社交媒体形成三村联动；

②三村可以遵循同一个方案，根据城市和地方文化与民俗特色选择活动项目；

③春节的氛围营造和巡游活动需要充分调动视觉、听觉和味觉体验；

④由节庆活动、环境、景观、海报、纪念品、服装和服务等多方面共同完成，并根据节气和仪式活动进行适当调整。

（3）内容：

①通过仪式和生活营造"年味儿"，创造社区和邻里感，联合合作伙伴和赞助商，按照时令、习俗和仪式，装饰和服饰，共同演绎传统中国年；

②立春仪式表演：展现糊春牛、打春牛、迎春（仪仗队—巡游）、立春祭（游春—报春）、贴宜春字画、戴春鸡（吉）和佩燕子、吊春穗、咬春、放风筝等整个过程。

（4）示例：如图2-30所示。

图2-30　广场区演绎"传统中国年"意向图［图片来源：（a）引自人民号；（b）由张春雷拍摄，引自新华网；（c）引自光明网；（d）引自新京报社官方账号］
（a）糊春牛、打春牛、迎春（仪仗队—巡游）、立春祭（游春—报春）；（b）缝"春鸡"迎立春手工艺活动；（c）立春提供的特色食品强化时间感和地方感；（d）立春植树活动具有纪念意义，同时为城市留下冬奥遗产

3. 居住区文化活动规划方案

居住区作为私人住宅区，以保证运动员隐私和休闲优先，创造和谐与稳定的感官体验，避免活动对居住造成干扰。

（1）目的：利用公共区域创造运动员间文化交往和活动参与机会。

（2）原则：

①影音和娱乐活动尽量限制在住宿空间内部；

②室内外装饰适当，避免文化敏感问题；

③充分利用公共区域配合"传统中国年"的演绎。

（3）内容：

①适当悬挂、张贴和摆放具有地方文化与审美特色的装饰物；

②中国年和立春表演和巡游活动应经过居住区的主要道路，并在公寓楼前停留和表演。

（4）示例：如图2-31所示。

图2-31 居住区演绎"传统中国年"意向图［图片来源：（a）福字剪纸窗花门贴；（b）引自潮人游记公众号；（c）引自人民网］
（a）以传统手工艺剪纸装饰公共空间；（b）春节巡游队伍在居住区停留和表演；（c）根据《冰嬉图》组织表演方阵

4. 运行区文化活动规划方案

运行区是冬奥村的后勤部门，首先要确保冬奥村有效运行，在此基础上适度组织与运行职能相关的活动。

（1）目的：文化活动的组织应适应并满足工作人员和各种来访人员与媒体报道的需要。

（2）原则：在完成日常工作的前提下配合冬奥村举办各项文化活动。

（3）内容：

①适当设置运动器械，组织业余体育竞赛和游戏，创造奥林匹克文化的主题，活跃紧张的工作气氛；

②提供工作人员和访客之间的互动机会，以及媒体报道机会；

③配合春节装饰和节庆巡游，举行民族特色欢迎与送行仪式、礼品赠送等活动；

④重点为媒体、政要等外来访客的参观活动而设计流程和导览。

5. 其他户外空间与道路文化活动规划方案

在三个基础物理区域/功能空间之外的户外空间与道路也非常重要，它们衔接和串联了整个冬奥村，并使之成为有机整体。因此，在文化活动组织和实施中要应将它们考虑在内。

（1）目的：不影响这些空间和道路的基础功能的条件下，配合三个核心区的活动，并进行装饰、设置相关设施。

（2）原则：

①赛后遗产与应用，以公园、露天博物馆和电影院，模拟冬奥会等活动形式融入城市和社区功能与未来发展，具有环境保护和教育的双重功能；

②在主题展览、演出、游戏、春节节庆等活动方面与其他三个功能区形成一个整体内容；

③通过社会性的文化活动，为冬奥村的道路征名，引发社会和媒体关注；

④利用户外空旷空间可以组织参与性强和观赏性强的体育活动；

⑤利用地面设计与装饰，创造游戏机会；

⑥利用数字媒体技术创造夜晚展示与表演，创造新的城市文化景观，例如LED互动灯光柱、机械互动装置、交互投影等。

疫情期间为了运动员的健康安全，文化活动未能全面展开。冬奥村的功能空间和公共空间采用中国北京和其他地方文化元素，与冬奥会视觉传达设计共同组织了具有全球地方感的场景（图2-32）。

图2-32　实景图　冬奥村文化活动（图片来源：由北京冬奥组委奥运村部，提供）

（a）以中国风筝、宫殿等元素共同结构的文化活动空间；（b）文化中国景泰蓝；（c）以京剧和手工艺等地方非物质文化遗产为核心设计的大型橱窗式展示；（d）红灯笼与冬奥会吉祥物，以及冰嬉图共同组成了广场区的欢迎场景；（e）居住区门厅以北方剪纸装饰；（f）餐厅内，以立体宫灯和漫画手法创造性地表现了儿童们欢度虎年春节的生活场景

2.5 服务形象规划

2.5.1 服务形象规划设计总则

构成冬奥村科技文化融合服务形象的主要控制要素包括：客房服务、餐饮服务、商业服务、娱乐和休闲服务、交通服务、医疗服务、安保服务、其他综合服务。

通过流行趋势和文化活动的使用，丰富运动员在冬奥村的体验。

通过中国的大众文化、传统元素与新材料、新技术的融合应用，打造中国特色的冬奥村外观和物理环境，营造冬奥村"家"的总体气氛和氛围，满足运动员、随队官员、媒体、访客和工作人员等各类参与方在冬奥村的生活、工作和参观需求。

鼓励更多可持续的行为，为冬奥村运动员及随队官员提供众多潜在的参与机会，和一种简单易懂、有趣的奥运村体验。

冬奥村服务的参与者包括冬奥村运行团队、冬奥村服务团队、冬奥村的零售服务商、商业合作伙伴与承包商、冬奥村志愿者、参与项目服务和残奥会团队。通过冬奥村服务参与者专业、热情的服务，以及在冬奥村大量使用通用设计、包容性设计，使冬奥村提供的服务能够为冬奥会、冬残奥会运动员和随队官员带来良好的服务体验，为冬奥会后在"实用、使用、适用"方面留下遗产，使冬奥村服务成为文化的表达，展现国家形象，体现冬奥精神，把服务功能的表达从常规工作提升到文化传导的境界，形成承载着文化和科技全新品质的表达。

冬奥村运行团队负责以下关键活动的管理、运行和协调，国家（地区）奥委会住房分配；客房服务，居民服务中心，餐饮服务，冬奥村（如运动员、员工和访客）交通系统，抵离。运行团队运行员工和志愿者，直接管理冬奥村的住宿服务。

冬奥村服务团队为运动员提供的服务包括安排娱乐服务、零售服务、宗教服务、协调医疗服务、体育和休闲设施。冬奥村服务利用无偿服务和外包服务，在冬奥村提供娱乐和休闲服务。此外，还要与国际奥委会和世界反兴奋剂机构等常驻冬奥村的外部机构做好协调，为他们在冬奥村的运作提供便利。

冬奥村的零售服务商所提供的零售服务，应将商业合作伙伴与承包服务整合在一起。

商业合作伙伴与承包商提供的服务，要协调冬奥视觉形象和品牌保护的关系，严格执行场馆品牌政策。

冬奥村志愿者在协助冬奥村运行服务外，还通过社区提供宗教服务。

参与项目服务和残奥会团队负责冬奥村运行及意外计划的制定，协调品牌保护和场馆品牌政策；此外，参与服务的相关方还负责残奥会的服务转换。

2.5.2 客房服务形象设计规划方案

（1）目的：通过为冬奥村居民（运动员、官员）提供细心周到的客房服务，营造热情、愉悦的中国春节氛围，打造冬奥村客房服务形象。

（2）内容：除提供标准化的客房服务外，如卫生清洁服务、送餐服务、叫醒服务、问询服务、洗衣服务和会议服务等，配合中国春节，采用一村一策的视觉元素对客房进行中国年味装饰，为冬奥村的居民提供优质的客房服务和会议服务。

（3）原则：

①在符合冬奥村设施规划和运行要求前提下，让冬奥村居民感知分配流程的高效与公正；

②各客房服务所辖区域增设易更换的中国年味装饰；

③客房服务人员需保持服务的连贯性；

④结合公共空间和设施在运动员官员高频活动场所如客房前台、居民中心等处提供充足的各类信息服务；

⑤会议室预订流程清晰易用；

⑥利用科技手段洞察居住区居民需求适时提供个性化服务；

⑦在公共区域及个人流动线交汇处提供口罩和手消毒设备，公示定时环境消杀情况；

⑧在客房及公共区域确保服务设施和服务内容的无障碍实施。

1. 住宿服务

1）为每一位入住运动员提供冬奥村地图和服务指南，方便运动员入住期间的生活。

2）客房内的布草和生活用品，都采用"一村一策"的定制化设计。

3）在客房内进行适当中国年风格装饰，营造节日气氛。

4）为给入住运动员提供中国年小礼品（剪纸、中国结等，见图2-33~图2-35）。

5）鼓励运动员参加绿色客房服务计划。

2. 会议服务

1）可预订会议室：提供线上、线下预约服务，会议室空间外观按导示设计规范进行统一装饰，门口可显示正在使用该会议室国家运动队的国旗。

2）可提供代表团团长例会大厅等空间，讲台和室内外的外观按导示设计规范进行统一装饰（图2-36~图2-38）。

图2-33 小礼品意向图

图2-34 实景图：居住区一单元入口景观（图片来源：由北京冬奥组委奥运村部，提供）

图2-35 实景图：运动员样板间布草（图片来源：由北京冬奥组委奥运村部，提供）

图2-36　可预订会议室意向图　　　　　　　　　　　　　　　　　　　　　图2-37　讲台意向图

图2-38　实景图：代表团例会大厅走廊（图片来源：由北京冬奥组委奥运村部，提供）

2.5.3 餐饮服务形象设计规划方案

（1）目的：确保冬奥村居民和员工享受高质量的餐饮服务，满足运动员对各种饮食和营养的需求。

（2）内容：为冬奥村居民（运动员、官员和冬奥村员工）和访客制订餐饮计划和提供24小时餐食。

（3）原则：

①主餐厅用来高效科学地满足冬奥村居民的每日丰富的饮食营养供给；

②休闲餐厅用来提供具有特别体验的餐饮服务，适当加入中国传统饮食文化部分以增强趣味性和节日气氛；

③咖啡厅馆用来提供具有放松感的餐饮服务，适当加入中国传统饮食文化部分以增强趣味性和节日气氛；

④为超编人员和访客提供的餐饮服务的餐券系统流程应清晰便捷；

⑤在餐饮空间入口处、人流动线交汇处提供口罩和手消毒设备，公示定时环境消杀情况；

⑥在餐厅内及公共区域确保餐饮服务设施和内容的无障碍实施。

1. 主餐厅服务

主餐厅体现国际化现代形象，给各国运动员传递可口、健康、充足的能量加油站形象，采用绿色加工、绿色包装和回收服务（图2-39、图2-40）。

图2-39 实景图：运动员餐厅

图2-40　实景图：冬奥村员工餐厅

2. 休闲餐厅服务

休闲餐厅既可提供餐具样式与氛围营造，又可提供中国传统美食菜品开发，体现节庆特色，以及可提供现场展示制作服务，传递中国饮食文化（图2-41~图2-44）。

咖啡馆从环境、餐具和营造轻松温馨氛围，小食种类开发体现健康餐饮和中国年味。

图2-41　实景图：冬奥村员工餐厅装饰（图片来源：由北京冬奥组委奥运村部，提供）

图2-42 实景图：运动员餐厅—内部连廊（图片来源：由北京冬奥组委奥运村部，提供）

图2-43 实景图：休闲餐厅（图片来源：由北京冬奥组委奥运村部，提供）

图2-44　实景图：运动员餐厅—内部挂旗（图片来源：由北京冬奥组委奥运村部，提供）

2.5.4　商业服务形象设计规划方案

（1）目的：为冬奥村内的运动员、随队官员，以及访客提供全面的商业服务。

（2）内容：提供基础生活服务的承包商、冬奥会赞助商等所提供的冬奥村商业服务，包括银行、邮局、便利商店、奥林匹克商店、当地和区域旅游信息、旅游服务、美发沙龙、干洗服务和花店等。

（3）原则：

①所有商铺的总营业时间为每天的上午九点到晚上九点，根据需要和营业种类的情况，某些服务的营业时间可有所不同，店铺店主需根据居民需求决定并进行调整；

②根据冬奥会导示系统规定，按照冬奥村店面形象要求进行统一风格的装修和装饰；

③在冬奥村的建筑物、设施和场所，只能包含场馆品牌政策允许的商业广告；

④广场区、居住区应设计单独供无障碍设备出入的通道，所有商铺前台等设施和使用设备的设计应考虑采用通用设计、包容性设计，或增加无障碍设施和设备；

⑤北京冬奥组委与市场开发合作伙伴展开合作，在从其相应领域采购产品服务时，优先选择低碳产品和服务；

⑥商业区和商店做好疫情防控，定期、定时消杀。

1. 运营商的服务形象

冬奥村运营商经营（冬奥村内）为居民和访客提供便利服务的商店、商务中心，通过提供北京冬奥组委决定的服务，既满足冬奥村居民和访客的基本需求，又可提供具有中国文化特色、不同冬奥村地方特点的产品和服务。

冬奥村专售商品通常受到冬奥村居民和访客的欢迎，所以应特别提供纪念品售卖服务（图2-45）。

冬奥村的零售服务商所提供的零售服务，应将商业合作伙伴与承包服务整合在一起。整个冬奥村运营商所有的服务和功能的标志均应具有通用性，只显示服务内容，不显示运营商品牌形象（图2-46）。

2. 赞助商的服务形象

商业合作伙伴与承包商提供的服务，要协调冬奥会视觉形象和品牌保护的关系，严格执行场馆品牌政策（图2-47）。

冬奥会赞助商为冬奥村居民提供产品服务和设备的所有实体品牌和标志，受国际奥委会的场馆品牌政策约束（图2-48）。

图2-45　便利服务商店意向图（图片来源：由北京冬奥组委奥运村部，提供）

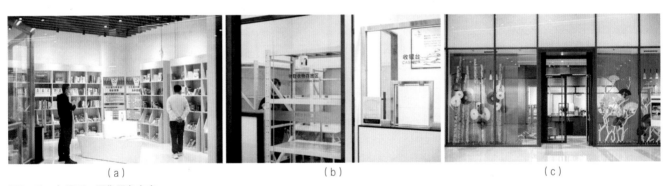

（a）　　　　　　　　　（b）　　　　　　　　　（c）

图2-46　实景图：零售服务商店
（a）书报亭；（b）干洗店实景；（c）花店实景

图2-47　赞助品牌意向图

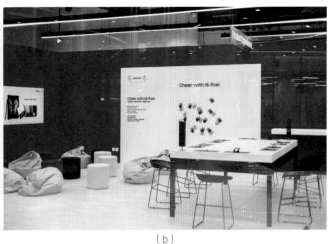

（a）　　　　　　　　　　　　　　　　　　　　　　　（b）

图2-48　实景图：赞助品牌店
（a）可口可乐休闲中心；（b）三星体验中心

2.5.5　娱乐和休闲服务形象设计规划方案

1）目的：向冬奥村内的运动员、随队官员开放，提供消费者自娱自乐的歌舞、游艺、健身等娱乐服务，以及按摩、咖啡厅等休闲服务。

2）内容：娱乐服务包括歌舞（如现场表演、影音播放、卡拉OK）、游艺（如棋牌、电子游戏、台球、保龄球）、健身（健身设施）等，休闲服务包括提供按摩、美容美发、咖啡厅和茶座等，娱乐休闲服务主要分布在居住区和广场区。

3）原则：

（1）娱乐休闲服务为运动员提供赛事和训练以外的适当娱乐和社交活动项目，旨在缓解运动员身体和心理上的压力；服务项目的选择应当以远离媒体等外界压力和团队内部压力为出点；

（2）服务内容应当积极健康，服务设施应当保证安全可靠；

（3）内容选择应当体现冬奥会和冬残奥会精神、中国传统文化特色；

（4）硬件设施及交互方式的设计上要充分考虑残障人士；

（5）服务设施应当定期检测、维护，保证其能够正常使用和达到体验效果；

（6）定时对服务区域和服务设施实施清洁打扫、消毒杀菌，并为居民提供消毒杀菌设施和物品，保持卫生安全的娱乐休闲环境。

1. 影音播放空间

（1）影音播放空间保证优质的影音效果和舒适的体验环境，可考虑在影音室内设置按摩座椅、饮料小食放置位置；

（2）为团队提供影音播放空间的预约包场服务，可进行团体影音欣赏；

（3）根据具体情况在居住区内的多个开放休息区域设置影音播放设备，供居民交流休息时观看；

（4）提供的内容应当积极健康、轻松愉快，题材方面应当兼顾冬奥会和冬残奥会相关内容、中国传统文化、新老北京地域特色，并且应当尊重各国文化及宗教信仰，支持多国语言；

（5）设备的交互方式应注意包容性，充分考虑残障人士的需求和使用体验，例如提供多感觉通道的交互方式，或选择残障人士也能够使用、参与的设施；

（6）空间内及空间出入口应该充分考虑无障碍设计，要便于轮椅、导盲工具使用人群通行，并尽量配有扶手、轮椅放置处等；应配备残疾人座位或轮椅座位，并尽量设置在出入口附近；

（7）入口处墙面及座位扶手表面等处应配有盲文（或语音提示等其他方式）用于向视力障碍运动员提示空间功能，桌面、设备表面、体验物料表面等应配有盲文（或语音提示等其他方式）提示使用方式、制作方式，以及其他必要信息；

（8）封闭空间应注意空气流通，定时对地面、扶手等进行清扫和消毒杀菌，入口处应设置日常消毒物品放置处。

2. 游戏服务

（1）在居住区和广场区设置游戏场所和游戏设施，包括单人游戏和多人互动游戏，游戏方式包括智能交互游戏、体育类游戏、桌面游戏、中国传统益智游戏等；

（2）选取的游戏项目应当具有一定的普遍性、趣味性（例如桌上足球、桌球、投篮机、虚拟运动、视频游戏等），为运动员提供体验多种活动的设备和空间（图2-49）；

（3）中国传统益智游戏（例如孔明锁、九连环、华容道等）应当配备简单易懂、图文并茂、多国语言翻译的说明文件或视频动画；

（4）游戏设施与用户的接触较为密切，应当定时清洁消毒；定时定期对游戏设施进行检测、维护，耗材应当及时更换，保证能够正常使用；

（5）其余要求同影音播放空间第（6）~（8）条。

3. 健身服务

（1）健身类型应包括有氧运动和无氧运动，也可包括趣味健身；

（2）有氧运动设备包括跑步机、划船机、动感单车等；

（3）无氧运动设备包括负重训练器械、哑铃、举重机等；

（4）空间设置上应考虑拉伸区域、小规模多人互动运动区域、休息区域、毛巾发放和回收区域、自动贩卖机、体重检测仪等；

（5）也可设置踢毽子、抖空竹等中国民间传统游戏体验区域，带来新颖的体验的同时可以促进运动员之间的互动交流，传统项目应配备简单易懂、支持多国语言的说明文件或动画视频（图2-50）；

（6）健身空间内应配备音响系统；

（7）健身设备的选择应注意包容性，充分考虑残障人士的需求和使用体验，例如提供多感觉通道的交互方式、残障人士也能使用的健身设备等；

图2-49　游戏设计草图

图2-50　民间传统互动性体育活动意向图

（8）健身设施与用户的接触较为密切，应当经常清洁消毒；

（9）其余要求同影音播放空间第（6）~（8）条。

4.　现场表演

（1）邀请中外乐队进行现场演出，邀请国内民乐团现场表演；

（2）安排舞会；

（3）邀请知名艺术和团体表演变脸、民乐、魔术、杂技等；

（4）在广场区每日定时举行务农、舞狮、旱船等表演和中国年俗游行（图2-51）；

（5）提供充足的场地、音响设备、舞台、灯光等；

图2-51 现场表演意向图

（6）可进行生日宴会等派对，提供场地布置、蛋糕鲜花预订等服务；

（7）其余要求同影音播放空间第（6）~（8）条。

5. 体验活动

（1）体验内容可包括非物质文化遗产（刺绣、皮影、印染、中国画、春联福字、年画）、传统技艺技能（剪纸、风筝、糖人、荷包、泥塑、陶艺）；

（2）精选展示效果好、参与度高的非遗项目，呈现出中国非遗项目的多元面向，深厚的底蕴，丰富的形态，恒久的魅力（图2-52、图2-53）；

（3）提供制作流程介绍和DIY材料，方便短时间内制作完成，并提供包装；

（4）提供北京风光AI合影（汉服体验拍照、社交媒体传播）；

（5）将科技与传统结合，给运动员更好的体验；

（6）体验、制作过程中使用的非一次性工具应经常进行消毒杀菌；

（7）其余要求同影音播放空间第（6）~（8）条。

图2-52 传统手工艺体验意向图

图2-53 实景图：娱乐和休闲服务（图片来源：由北京冬奥组委奥运村部，提供）

2.5.6　交通服务形象设计规划方案

1）目的：为进入冬奥村内所有的工作人员、运动员、随队官员，以及访客提供便利的无缝隙、无障碍的全方位交通服务系统。

2）内容：可以根据交通节点的功能，以及使用者需求明确交通服务类型。

（1）交通节点分类

冬奥村内重要的交通节点包括冬奥村主入口、班车站点、车辆停泊区、车辆到达区、慢行区。

（2）服务项目

①提供准确、便利无缝隙的交通运输服务，主要的交通服务包括冬奥村内人员与货物运输服务、提供准确的地理位置与交通时间表，根据不同运输需求提供相应的交通工具；

②提供清晰、具有一定逻辑关系的交通指示系统服务，清晰的道路导示系统设施；

③为用户提供交通运输过程中所需的辅助系统服务、完备设施，提供交通过程中遇到紧急事件时的辅助处理服务；

④提供安全保障服务，在任何交通服务中的硬件设施需便于清洁，便于进行每日的消杀工作；在交通运输中每一件设施、每一个角落都要保持干净、整洁、一尘不染；每日对交通设施进行安全检查，为冬奥村交通系统提供安全保障；

⑤无障碍设计，在交通运输的每个节点和交通设施中都需重点考虑无障碍设施设计。

3）原则：

（1）形象统一原则：园区室外设施，以及使用物品等均需统一整体形象，整体交通设施和道路标识系统保持总体风格的一致性，创造整体连续的冬奥村意向；

（2）满足各方面的功能需求原则：在交通系统设计中，每一件设施都要充分考虑其设计需求，做到以用户为中心，给予用户优质的服务体验为原则，进行交通系统设计；例如交通导视标识系统应指示清晰，并具有很强的逻辑性与识别性；字体与颜色使用中除了考虑与冬奥村形象一致以外，还要重点考虑在冬天特定环境中，室外环境颜色与字体的使用情况，防止眩光对标识识别度的影响；因冬奥会、残奥会使用同一个场所，因此每一项设计环节都要重点考虑无障碍设计。

（3）服务至上原则：管理、辅助交通运行的工作人员和志愿者服装统一，便于运动员及村内人员辨识，需提供多种语言服务，为村内人员提供无微不至的服务。

（4）低碳出行原则：居民在冬奥村范围内的出行应以步行为主，以减少冬奥村内机动车的数量，但是应在冬奥村居住区附近提供服务冬奥村的内部交通系统。内部交通系统应使用无污染低噪声车辆，冬奥村在运行时只允许内部交通系统的必要车辆进入冬奥村。

4）服务总体需求：

（1）需在关键交通节点位置提供固定电子设备，方便运动员和访客查询班车时间、交通路线，指引目标导向。

（2）提供多种语言的奥运村电子地图，方便不同国家的运动员使用。

1. 入口区服务

入口区为进入园区的第一大道交通，此处除正常交通枢纽外还需提供紧急事件处理服务平台（图2-54～图2-56）。

1）交通引导服务：处理好车辆排队入村的服务，控制停车时间。为方便运动员、访客和媒体人员，需配有志愿者在此组织

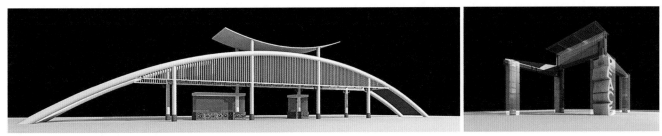

图2-54　奥运村入口设计意向图（图片来源：由北京奥组委，[1]提供）

---

[1]　北京2008年奥运会和残奥会组织委员会，简称北京奥组委。

图2-55 实景图：交通—运动员班车西入口—大门外侧（图片来源：由北京冬奥组委奥运村部，提供）

图2-56 实景图：交通—运动员班车西入口—大门内侧（图片来源：由北京冬奥组委奥运村部，提供）

交通，做到点对点的交通服务，即停即走，避免堵塞交通。

2）人车分流服务：保证人员与车辆可以快速出入，避免出现人流与车流堵塞的现象。

3）特殊天气处理服务：考虑冬季天气变化，可搭建临时取暖空间。

4）配有运输辅助设施服务：运动员落客区配有行李服务车或园区无人驾驶载客车、方便运动员便捷、安全、顺畅进入到冬奥村交通节点。

5）紧急事件处理服务：与相关部门设立紧急联动机制，增加紧急问题处理设备（如突发疾病、入园手续不全等情况）。

6）无障碍车辆通道：为特殊人群提供无障碍交通通道。

2. 车辆落客区服务

车辆落客区均为运动员乘坐私人交通工具、外来访客等车辆停放与临时落客区。除配有志愿者在此组织交通外还需配有园区运输辅助设施（图2-57~图2-60）。

图2-57 站台设计模型（3D打印）

图2-58　车辆落客区意向图（图片来源：由北京奥组委，提供）

1）交通引导服务：控制停车时间。为方便运动员、访客和媒体人员，需配有志愿者在此组织交通，做到点对点的交通服务，即停即走，避免堵塞交通。

2）人车分流服务：保证人员与车辆可以快速出入，避免出现人流与车流堵塞的现象。

3）配有运输辅助设施服务：运动员落客区配有行李服务车或园区无人驾驶载客车、方便运动员便捷、安全、顺畅进入到冬奥村交通节点。

4）无障碍车辆通道；为特殊人群提供无障碍交通通道。

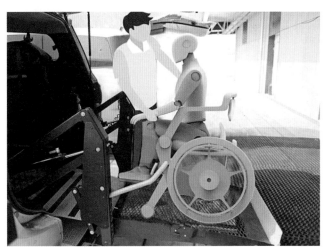

图2-59　冬残奥会运动员出行设计意向图

图2-60　实景图：媒体中心—户外公交场站围挡（图片来源：由北京冬奥组委奥运村部，提供）

图2-61 实景图：交通指挥中心（图片来源：由北京冬奥组委奥运村部，提供）

3. 运行区运动员班车站集成控制服务

因班车站空间宽阔，目标醒目。可以在此处设置园区活动集成控制服务平台，运动员等相关人员在此处可以了解各种信息，并为他们提供事件预约平台（图2-61）。

1）交通系统信息传递服务：运动员班车站是衔接冬奥村与冬奥会和冬残奥会场馆最便捷的交通，站台设电子信息牌显示去往场馆的地点名称与发车时间。

2）赛事直播服务：随时随地关注赛事，方便运动员了解赛事进展状况并合理规划交通时间。

3）紧急事件处理服务：班车站设有针对突发性患者的紧急救助服务设备与志愿者。

4）提供生活辅助设施服务：例如手机充电服务、纸质地图领取服务。

5）各种事件提前预约服务：可以设置预约电子平台，使用者此平台上预约所需服务。例如娱乐项目、医疗体检、叫车服务、送餐服务、订票服务，等等。

6）志愿者服务：需配有足够的志愿者在此组织交通，解答村内人员出行问题。

4. 慢行交通服务

慢行交通是连接园区重要交通节点的分支，在此系统中需提供慢行交通工具与清晰的标识导视系统。慢行区不仅要满足交通需求，也要满足休闲娱乐需求（图2-62）。

1）提供慢行交通设施服务：共享单车服务、可以完成点对点交通。

2）提供生活辅助设施服务：可以在人员集中的交通节点处设置手机充电服务、纸质地图领取服务，以及提供休闲座椅和娱乐的服务设施。

3）志愿者服务：在慢行交通体系中，配有足够的志愿者在此组织交通，解答村内人员的出行问题。

4）无障碍设计：道路设计中需提供无障碍道路。设施设计中应充分考虑残疾人的人体工程学。

图2-62 实景图：无障碍坡道（图片来源：由北京冬奥组委奥运村部，提供）

2.5.7 医疗服务形象设计规划方案

1）目的：为冬奥村内所有居民和北京冬奥组委员工提供医疗服务，主要是为运动员、随队官员提供多方面医疗服务。

2）内容：提供多方面的医疗服务，其中包括基本护理、矫形外科、牙科、眼科、内科、急诊科，以及其他有需求的专业医疗服务。

3）原则：

（1）设置综合医院、急救站，提供冬奥村内的紧急医疗程序和康复按摩服务，为冬奥村居民和奥林匹克大家庭中的其他注册成员提供24小时医疗服务；

（2）建筑外观遵守冬奥会视觉导示规范，在与冬奥村其他建筑形成统一视觉形象的基础上，要有明显和突出的医院标识，以便运动员就医；

（3）制订医疗相关问题的政策和程序、重大事故的应急计划，准备冬奥村内的紧急事件应对预案；

（4）应提前联系附近的医院，不是必需的服务、不需要采取紧急行动的特定服务，以及设备，可以由距离较近的现有医院提供。

1. 综合医院

综合医院主要是为运动员提供服务，也应被视为国家奥林匹克委员会的主要健康中心，如有需要，综合医院也可根据当届奥林匹克运动会组织委员会和国际奥林匹克委员会（以下简称国际奥委会）的安排，供奥林匹克大家庭成员使用。

从冬奥村开村到闭村，综合医院应全面运行，提供24小时紧急医护，医疗救助和急救车服务，应在冬奥村开村起，以及从冬奥会结束到冬残奥会开幕的转换期提供急救服务。

按照奥林匹克运动会医疗服务指南，为居住在冬奥村内的运动员及随队官员安排各种医疗和外科专家服务。

综合医院必须配备称职合格的医护人员，可以处理各种医疗问题。需要为所有医疗服务区域仔细考虑患者在综合医院内流动的情况。设立发热门诊和普通门诊不同的通道，避免交叉感染，做好疫情防护工作。

综合医院的服务应专业、高效，给病人及时提供服务；采用无障碍服务设施和通用设计、包容性设计，方便冬奥会和冬残奥会运动员使用，也方便冬奥会结束后的可持续应用（图2-63、图2-64）。

图2-63　综合医院药房意向图

图2-64　实景图：综合医院

2. 急救站

急救站旨在为冬奥村广场提供医务资源，主要以分类方式处理急救需求和突发疾病，直到可以提供进一步的医疗护理。

急救站的服务对象包括冬奥村广场和主要入口区域的任何人，急救站使用的药物应符合市场开发合作伙伴权益的规定。

如果病情事故严重，应将患者送往综合医院或最近的奥林匹克大家庭，医院必须制订将患者从急救站送往综合医院或奥林匹克大家庭医院的转诊计划（图2-65）。

3. 按摩室

按摩室为冬奥村居民和奥林匹克大家庭中的其他注册成员提供按摩服务，赛前让运动员保持最佳竞赛状态，赛后缓解疲劳（图2-66）。

按摩室可设置在运动员居住区的综合服务中心，也可设置在广场区的中医体验区，方便运动员接受服务。

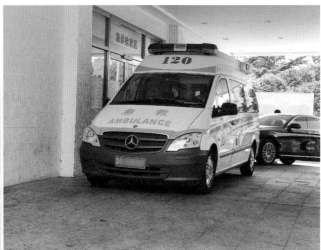

图2-65　处理急救需求意向图

图2-66　按摩室意向图

2.5.8　安保服务形象设计规划方案

1）目的：保护参加冬奥会的各国运动员和官员，保卫冬奥村安全。

2）内容：建立智能化立体化的智能安保系统，对进出冬奥村运动员、媒体人员和访客及其行李进行安全检查，主要在人员验证点、车辆验证点、代表团接待中心、注册中心、媒体中心、访客中心等进行检查。此外，还承担日常的巡警、突发情况的处理等工作，为运动员及随队官员提供最好的安保条件。

3）原则：

（1）冬奥村管理部门配合安保部门在冬奥村内建立安保封闭线，采用经济高效的、能够远程监控、立体化的电子围栏，实行24小时通行控制，配有快速反应系统，提供执法保障，对应急事件进行协调；

（2）安保规划应围绕冬奥村的必要运行展开；制订冬奥村安保线的详细规划，确定每个方面的责任；

（3）研发和设计智能通行证，限制外部人员、车辆进入冬奥村；物流流线和财务布置的规划都要考虑必要的安保措施；

（4）实现对进出的运动员、工作人员进行实时、实名身份认证与行为监控，既不让冬奥村居民感到压抑，也不给冬奥村运行造成过度负担，并可以及时进行危险预警和警报；

（5）在进行安检、办理登记手续时，为等待安检人员提供休息服务；

（6）安保规划应与相关职能部门通力合作，并考虑场馆间的距离、交通系统的变化、地区地理因素，以及其他因素。

1. 安全指挥中心

安全指挥中心是位于冬奥村安保线内负责冬奥村安全运行的指挥中心，负责智能安保系统的运营与管理。

所有安保问题都应在位于安全指挥中心的各机构的协调下得到解决。

执法安保部门负责执行冬奥村的准入法律，其中包括筛查允许和不允许进入冬奥村的物品。

安全指挥中心需设置于冬奥村安保线内，并要靠近物流综合区和物流进出大厅，以方便紧急情况下车辆设备和人员的进出。

安全指挥中心的规模和布局取决于安全机构的数量和类型，消防和紧急服务的情况，以及冬奥村相关工作人员。

应设置一个大型简报发布室，供发布和听取任务汇报，以及点名使用。

安全指挥中心可包括消防和紧急服务办公室（图2-67）。

2. 安检和注册

1）人员验证点

为冬奥村居民、访客和工作人员进出冬奥村而设置的行人进出口人员验证点，应用快速精确的身份认证、声纹和人脸识别系统，包含由北京冬奥组委履行的注册检查，执法安保人员用磁性检测机的X射线对个人物品的检查。

不同参与方需要不同的冬奥村入口，每个入口都需要设有人员验证点，人员验证点应从冬奥村安全封锁时起，运行至冬奥村

图2-67　安全指挥中心意向图

闭村设备移出之日结束。

　　所有进入冬奥村的人员均应持有相关注册证件，且须通过人员验证点安检。所有冬奥村居民、国家地区奥委会访客和工作人员每次进入居住区，应经过人员验证点的磁性检测机进行检测，所有个人物品都应经过X射线检查。

　　人员验证点应安排好进出冬奥村的人流，为保证人身，财产安全，所有离开冬奥村的人员也需经过人员验证点。

　　在装备设备移入、冬残奥会转换期，以及设备移出期间，部分可锁闭的人员验证点可以关闭，并限制和控制期间的准入。

　　人员验证点的安检工作应高效执行，在不影响安检的正常情况下，应尽可能减少排队及等候时间，并做好疫情防控工作（图2-68～图2-70）。

图2-68　人员验证点意向图

图2-69　实景图：安保—安检及测温篷房（图片来源：由北京冬奥组委奥运村部，提供）

图2-70　实景图：代表团接待中心安检区（图片来源：由北京冬奥组委奥运村部，提供）

图2-71　车辆验证点意向图

2）车辆验证点

应用基于人工智能和大数据的多用途、门架式、货物快速安检系统，配合人工，智能获取、查验车辆出入和或停靠许可证，包含车辆的准入权利及需要进入和或停放的专属区，乃至场地等信息（图2-71）。采用对非金属、非极性材料有一定穿透性，对人体和生物组织安全的太赫兹波技术，无需打开后备箱就能查验车辆是否携带违禁品。

车辆检查完毕后，乘客应获得或持有有效证件，通过人员验证点，并在所有个人物品经过安检后方可进入冬奥村。

为车辆验证点工作人员提供遮挡物，如可能在车辆验证点附近设置洗手间。

3）注册中心

注册中心、媒体中心和访客中心，向通过检查的运动员、媒体人员和访客发放冬奥村管理通行证、媒体通行证、装备/设施设备通行证等，严格限制外部人员进入冬奥村。办理注册时，为等待安排的运动员提供休息空间和基础服务（如茶点、电视等）（图2-72～图2-76）。

3. 监控、巡代表团接待中心—注册等候区检查和服务

冬奥村应设有围墙并配备巡逻人员，以免未获授权者入侵（图2-77、图2-78）。

定时巡查，通过外事警察会谈，及时处理治安问题。

通过监控平台，了解冬奥村整体的安保情况。

对进出的邮件进行安全检查，保证运动员的安全。

图2-72　注册中心意向图

图2-73　实景图：代表团接待中心—注册区（图片来源：由北京冬奥组委奥运村部，提供）

图2-74　实景图：礼宾—国际礼宾入口（图片来源：由北京冬奥组委奥运村部，提供）

图2-75　实景图：礼宾—礼宾休息室（图片来源：由北京冬奥组委奥运村部，提供）

图2-76 实景图：礼宾—礼宾休息室室内（图片来源：由北京冬奥组委奥运村部，提供）

图2-77 检查与服务意向图

图2-78 实景图：代表团接待中心—注册等候区（图片来源：由北京冬奥组委奥运村部，提供）

在冬奥村人流密集的区域进行定时消毒，对所有运动员、媒体人员、访客、工作人员进行体温监控，并制订紧急方案。

2.5.9　其他综合服务形象设计规划方案

1）目的：为在冬奥村生活、工作和参观的各利益相关方提供的其他服务。如物流服务、媒体和接待服务、国家（地区）奥委会办公服务、志愿者之家、员工休息区、宗教服务等。

2）内容：对运动员及随队官员、冬奥村访客、工作人员等利益相关方提供物流、工作和参观等服务。

3）原则：

（1）物流对进入冬奥村的物资、固定装置和设备进行审查并进行跟踪管理，提供移动和移出服务，提供运动员到达和离开的行李托运服务；

（2）为居住在冬奥村的国家（地区）奥委会会旗执旗手及随队官员提供办公空间和优质的服务。在媒体中心和访客中心将冬奥会元素与中国年文化结合，宣传中国冬奥会形象。

1. 物流服务

物流提供冬奥村服务所需设施和设备并进行跟踪管理，建立智慧物流服务系统，通过大数据为各国运动员提供服务，对物流物资、物流车辆进行管理（图2-79）。

为各国家（地区）奥委会的运动员行李托运物资处理。

冬奥村物流管理部门应对物资转运区输入的物品，做好转运协调。这些物品包括但不限于家具、货物和信件。

所有运进冬奥村的货物均应录入总体配送计划。通过智慧物流系统进行协调涉及设施服务中心、物流停车场、物流仓库、物资转运区的货物，进行卫生与安全问题的处理。

智慧物流系统将指导列入总体配送计划的物流及配送车辆，进入冬奥村的安保封闭线内指定地点；未列入总体配送计划或未正确加封条的物流及配送车辆，将经过智慧安检系统对其所载物资及车辆本身在物资转运区进行检查。

更多详细信息请参阅《奥林匹克运动会物流指南》。

2. 媒体和接待服务

1）媒体中心

新闻运行部门与冬奥村管理部门合作，对冬奥村的媒体中心进行规划、管理及工作人员配置，冬奥村运行团队工作人员将协助管理媒体访客卡，安排新闻发布会采访时间，并为媒体提供帮助。

持证媒体有权进入位于主入口、毗邻冬奥村广场的冬奥村媒体中心，与国家（地区）奥委会及其运动员接触，并使用适当设施来完成其在冬奥村的工作。

媒体中心的运行时间为早上八点至晚上九点，开幕式及闭幕式举办当日关闭。媒体中心大厅设置LED/LCD屏幕，循环滚动最新的赛事情况和发布各类通知。媒体办公区在网络系统、语音系统、视频系统、电源系统的基础上增加智能服务系统，打造高效率、跨平台的数字媒体中心，为媒体工作人员提供语言、设备、信息、技术、通信等多种服务，如：多语种自动翻译、比赛数

图2-79　智慧物流意向图

据的可视化，基于虚拟现实和增强现实的远程采访等（图2-80～图2-85）。

持有效证件的摄影师可将照相机带入冬奥村广场。持权转播商可将电视摄像机带入冬奥村广场，非持权转播商不能将任何记录装置带入冬奥村的任何场所，也不能在冬奥村的任何场所使用任何进入装置，所有媒体采访，均应在冬奥村广场或冬奥村媒体中心进行。

新闻发布会和采访国家地区奥委会可利用冬奥村媒体中心的采访及新闻发布会议室召开面向国内和国际媒体的新闻发布会。

北京冬奥组委为媒体中心提供电脑、打印机、传真机、互联网接入、发放媒体访客卡、新闻资料袋、咨询台等设施。

为媒体人员安排往返新闻中心及国际广播中心与冬奥村之间的班车，媒体可使用主入口处有限数量的停车空间。

图2-80　媒体中心意向图

图2-81　实景图：媒体中心—媒体工作区（图片来源：由北京冬奥组委奥运村部，提供）

图2-82 实景图：媒体中心—媒体发布厅（图片来源：由北京冬奥组委奥运村部，提供）

图2-83 实景图：北京村媒体中心（图片来源：由北京冬奥组委奥运村部，提供）

图2-84　实景图：媒体中心—混合采访区（图片来源：由北京冬奥组委奥运村部，提供）

图2-85　实景图：媒体中心—摄影记者工作区（图片来源：由北京冬奥组委奥运村部，提供）

媒体中心应使用无障碍设施，方便对冬残奥运动员的访问。

媒体中心应定时消杀，做好防疫工作。

额外信息，可参考《奥林匹克运动会媒体指南》。

2）访客卡办理中心

国家（地区）奥委会访客和其他访客可在访客卡办理中心拿到访客卡进入冬奥村。持有访客卡的访客可以在无注册人员陪同的情况下进入冬奥村广场，但是进入居住区的访客应有冬奥村居民全程陪同。

建立访客卡系统，访客卡可设计为智能访客卡，辅助管理团队实时监控访客情况，数字智能访客卡配套的后端分析应用可提供访客热力图分析，访客人流量统计，以及区域访客压力警告等功能，方便管理团队进行有效地管理。访客卡还能帮助访客获得咨询信息，如规划线路、获取资讯、区域识别等，给访客更好的体验。智能访客卡还可以重复使用，节省制作成本，符合绿色奥运理念（图2-86、图2-87）。

访客中心的室内装饰冬奥会标识、图案，咨询台上放置冬奥会吉祥物，冬奥村导航手册，为访客提供冰墩墩、雪容融等礼品，以及冬奥村一村一策的礼品，可布置与春节相关元素。

放置智能机器人，配合工作人员和志愿者为运动员和访客提供口译支持。智能机器人支持多国语言，每个机器人都集成人脸识别、语音识别、自动应答等多种功能。

3）代表团接待中心

代表团接待中心负责协调物流交通，国家（地区）奥委会服务注册、抵离，为代表团注册会议提供餐饮服务。安保工作人

图2-86　访客卡办理中心设计意向图

图2-87　实景图：媒体和访客中心—室内（图片来源：由北京冬奥组委奥运村部，提供）

员，确保运动员及随队官员有序及时进入冬奥村。在入口设置互动屏幕，增加代表团接待中心的互动气氛。放置智能机器人，配合工作人员和志愿者为运动员和访客提供口译支持。智能机器人支持多国语言，每个机器人都集成人脸识别、语音识别、自动应答等多种功能。应用多种技术为运动员提供交通、住宿、餐饮等全方位的冬奥村信息服务（图2-88～图2-90）。

代表团接待中心为已完成安检及注册程序的运动员或随队官员，将其连同行李，一起被送至冬奥村国家（地区）奥委会住处附近的预订下车处。

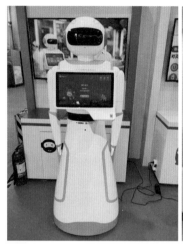

图2-88 代表团接待中心设计意向图

（a）　　　　　　　　　　　　　　　　　　（b）

（c）　　　　　　　　　　　　　　　　　　（d）

图2-89 实景图：代表团接待中心（图片来源：由北京冬奥组委奥运村部，提供）
（a）入口暖房；（b）外立面景观；（c）广场电箱围挡；（d）注册等候区

图2-90　实景图：抵离—值机柜台前移（图片来源：由北京冬奥组委奥运村部，提供）

允许尚未注册的运动员及随队官员进入代表团接待中心，以便他们在此获得注册证或将其激活。

允许没有车辆出入和停靠许可证的车辆和未注册的驾驶员将运动员及随队官员运送至代表团接待中心的入口附近。

为等候的运动员及安检提供充足场地，在休息区提供简单的茶点及电视服务。

应定时消杀，做好防疫。

3. 国家（地区）奥委会办公服务

为居住在冬奥村的国家地区奥委会会旗执旗手，以及随队官员提供办公、展示空间，空间风格、装饰、色彩应符合冬奥会形象规范。

工作人员和志愿者为各国运动员提供口译支持解决国家（地区）奥委会，在冬奥会期间遇到的问题。

1）国际奥委会空间

作为运动员参与战略的一部分，国际奥委会利用冬奥会提供的机会与居住在冬奥村的运动员在这个空间内展开交流和互动。

在冬奥村设置的指路标志、冬奥村地图上标出空间的位置。

由国际奥委会和奥林匹克运动会组织委员会（以下简称奥组委）共同决定国际奥委会空间四周的外部装饰，使空间的宣传达到最佳效果。

国际奥委会负责该空间的内部设计、所有的装备和景观布置，因此，这个空间应便于安置和拆除（图2-91）。

2）国家（地区）奥委会服务中心

建立国家地区奥委会服务中心的目的是为集中奥组委各业务领域和各代表团团长或授权负责人提供交流与服务（图2-92）。

国家（地区）奥委会服务中心将为各个国家（地区）奥委会提供基本信息、问题解决方案与邮件收取服务。

国家（地区）奥委会服务中心设有包括各职能部门的服务台，以及国际奥委会办公室。

图2-91　国际奥委会空间意向图

图2-92 国家地区奥委会服务中心意向图

4. 志愿者之家、员工休息区

志愿者之家、员工休息区是为工作人员、志愿者提供办公讨论、休息活动的空间。

1）志愿者之家

志愿者之家是冬奥志愿者接受培训和提供服务的集中场所。

志愿者在冬奥村为国际奥委会提供运行协助，协助包括运动员委员会选举等项目。

志愿者为代表团、国家地区奥委会提供参观冬奥村服务。

为代表团成员提供语言翻译服务、礼仪服务、宗教服务。

志愿者之家应定时消杀，严格防疫，为志愿者提供防疫物品（图2-93）。

图2-93 消杀机器人意向图

2）员工休息区

冬奥村各处都应设有员工休息区，便于员工们利用规定的休息时间离岗休息（图2-94、图2-95）。

员工休息区提供自动售货机，售卖种类有限的小吃和饮料，同时提供咖啡机、制茶机、水槽和垃圾箱，桌椅、电视、浴室等。

员工休息区的需求及位置，取决于可用的空间和与邻近工作人员工作区之间的距离。

应定时消杀，为员工提供防疫物品。

图2-94 员工休息区意向图

图2-95 实景图：场馆运行团队—赛时办公区（图片来源：由北京冬奥组委奥运村部，提供）

5. 宗教服务

将五大宗教的礼拜场所置于同一区域，来自世界各地不同宗教信仰的参会人员，足不出村即可享受到周到的宗教服务。

内部设五个区域，分别为基督教、佛教、伊斯兰教、印度教，以及犹太教提供了单独的宗教活动场所，牧师、修女、阿訇、法师等神职人员作为专业志愿者参与服务。

为不同信仰人员提供需要的书籍、圣坛、圣雕像、宗教物品和人工制品等设备，宗教中心内或邻近需设有浴室。冬奥会期间，奥组委应该提供一间祈祷室。给信仰五大宗教的教徒以亲切感，是宗教中心设计和服务的宗旨。

宗教中心的位置位于居住区内，便于发现和进入，居民易到达，最好是在住房设施的步行距离之内。

宗教中心提供的服务运行时间必须灵活并适应不同宗教所需的服务时间，宗教服务可提前预约，奥组委应该与不同的宗教团体协商协议制订出赛时服务时间表。

应提供周围其他宗教中心或信仰组织的清单及其联系方式，以便居民在冬奥比赛期间需要时进行联系。奥组委应支持在冬奥村运行时间段内的特殊宗教节日。

在遇到紧急事件或影响居民的重大事件时，宗教中心及其人员可提供心理辅导和支持。

中心的空间和设施需做好定时消杀，做好疫情防控工作。

2.6　科技呈现规划

2.6.1　科技呈现设计总则

"坚持绿色办奥、共享办奥、开放办奥、廉洁办奥"是举办北京2022年冬奥会和冬残奥会的基本原则；高科技的表现形式，以北京2022年冬奥会和冬残奥会精神为中心的展现内容，以受众人群体验为中心是科技呈现部分设计的基本特征；为了更好地满足参与者参与各项活动，这些要素常常同时发挥作用，且在功能和形态上相互交织。

科技呈现设计总则主要包括：科技呈现与冬奥村街道融合的设计、科技呈现与冬奥村公共空间设计的融合、科技呈现与环境标志设计的融合，以及科技呈现与公共艺术设计的融合。

科技呈现设计在实施中应强调采用高科技手段；在内容上应注重宣传北京2022年冬奥会和冬残奥会精神，注重对冰雪运动的宣传，注重宣传富强、民主、文明、和谐的社会主义现代化中国和中华优秀传统文化；在设计与环境的关系中应注重整体性和连续性。

广场区/运营区/居住区科技呈现展示区块

1）冬奥村广场区科技呈现展示区块（以北京村为例）

科技呈现主要考虑："1 北京小屋，2 互动表演区，3 中国传统技能技艺文化展示体验区，4 广场文化活动中心，5 中医展示区"（图2-96）的展示设计。

2）冬奥村运行区科技呈现展示区块（以北京村为例）

科技呈现主要考虑："2 运动员班车站，10 奥林匹克/残奥大家庭区域，11 媒体中心，12 访客中心，13 志愿者之家，18 奥林匹克休战墙/残奥墙，19 旗帜广场"（图2-97）的展示设计。

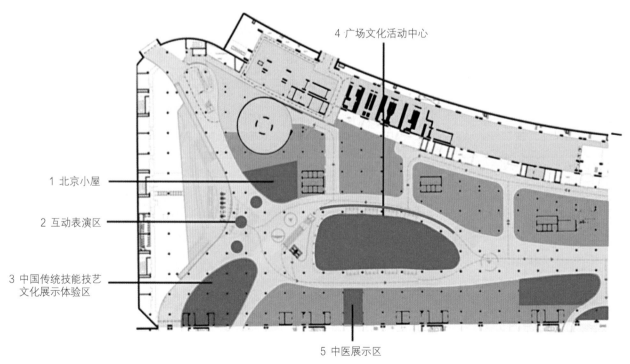

图2-96　广场区科技呈现展示区块示意图（图片来源：由北京冬奥组委，提供）

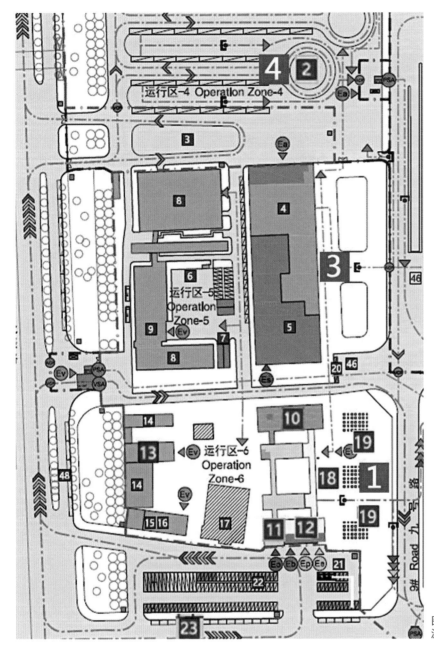

图2-97　运行区科技呈现展示区块示意图（图片来源：由北京冬奥组委，提供）

3）冬奥村居住区科技呈现展示区块（以北京村为例）

科技呈现主要考虑："37 居民服务中心，38 运动员餐厅，40 娱乐中心，41 健身中心，42 NOC/NPC服务中心，46 电动车停车位"（图2-98）的展示设计。

2.6.2　冬奥村科技呈现设计导则方案

1. 科技呈现与冬奥村街道融合的设计

1）设计原则

冬奥村街道为慢行系统，其主要为人行街道。街道系统是冬奥村中使用最频繁，人员接触最密切的空间之一。科技与街道融合的设计，要保证在不妨碍街道系统的功能、安全的前提下，丰富科技文化内容和形式，打破不同功能区域的"壁垒"，将不同区域"缝合"。人群在行走的同时可以通过科技手段便捷地获得自己需要的信息（如比赛信息、地图导览等），并得到科技与艺术的熏陶。

（1）科技呈现应与冬奥村整体街道和出入口设计保持总体功能和风格的一致，创造整体连续的冬奥村意向以及街道景观系统的架构性特征；

（2）科技呈现与冬奥村街道融合的创意景观，必须依据不同广场区、运行区、居住区其街道的不同功能、走向，以及周边环境进行设计；

（3）科技呈现与冬奥村街道融合的设计应保证舒适、安全，创造具有高科技属性且综合用户体验的步行环境；

（4）科技呈现与冬奥村街道融合的设计应充分考虑建筑退后范围而进行整体设计，充分考虑建筑前区域、活动区域和街道区域的属性特征，保证公共、半公共、私人空间的顺滑连贯；

（5）整体设计为现代设计风格，充分考虑"北京村"文化特征（详见视觉导示规划、展示设计规划、文化活动规划、服务形象规划等相关内容）；

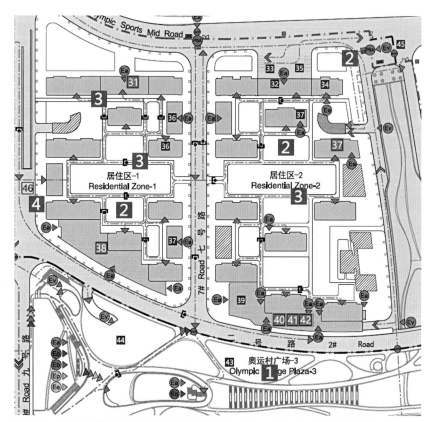

图2-98　居住区科技呈现展示区块示意图（图片来源：由北京冬奥组委，提供）

（6）尽可能采用易于管理维护的材料和其他物料及简洁易用的展现形式，要尽可能有利于维护和保育自然生态环境，以及突出节能和"绿色办奥"的原则。

2）地块出入口 **2**

（1）释义：地块出入口是指行人出入地块的空间位置。

（2）内容：运营区与居住区地块出入口（图2-98）。

（3）原则：地块出入口直接关系到地块和街区路网的连接方式、功能地块使用的便利性和安全性。地块出入口的科技呈现应不影响出入口交通功能，并充分考虑到高峰时期流动人员通行效率。科技呈现应以人群在该区域的用户需求——"尽快明确方向"为第一要务，要结合环境设计，丰富景观的美观度和舒适度，不允许占据主干道，信息展现应简洁易懂，避免人员滞留。

（4）示例：

①安尼施·卡普尔（Anish Kapoor）的公共雕塑使用不锈钢镜面材质反射环境中的美景，周围的建筑、植物都是极佳的反射素材（图2-99）；

②以冬奥村电子地图为基础的AR实景导引包括，实时互动的增强现实标识牌和触摸屏导航（图2-100）。

3）街道区 **3**

（1）释义：人行街道可以被分为建筑前区域、活动区域和街道区域。人行街道是最主要的公共开放区，是人们接触最密切、使用最普遍的区域。其中，设置电子屏与互动装置等科技呈现作品在街道区，对提升冬奥村空间品质，以及各种信息传播至关重要（图2-98）。

（2）原则：街道各区域科技呈现应严格遵照街道区各功能区块的特征属性进行设计，在较为广阔的公共建筑前区域、在有条件出现人员聚集滞留的空间，可以考虑设置与周边街道环境联系紧密的互动性较强的科技呈现作品，允许行人参与互动，如大型互动装置类作品、超感官显示屏等。在以通行功能为主的街道区，应尽量以更为简洁的形式进行科技呈现。

互动装置类设计应与冬奥会主旨一致，各项显示屏与互动装置的设置应满足冬奥村安全的相关要求。

图2-99　居住区地块出入口位置示意图（图片来源：杜林蔚. 试论光影手法在当代雕塑中的应用——以安尼施·卡普尔的《云门》为例[J]. 陶瓷研究，2021，36（6）：69-71.）

图2-100　以冬奥村电子地图为基础的AR实景导引系统设计草图

各显示屏与互动装置的设计应结合公共服务设施、市政交通设施、导向标识等设施的使用综合考虑，满足多种人群的使用需求。

街道区科技呈现应与周围环境因素和谐统一，避免过度设计。

（3）示例：

①上海"Urban Bloom"（快闪花园），一个使用人工材料和自然元素互动的共享空间，满足都市人对自然的向往，适应任何人群聚集场景（图2-101）；

②多伦多的横向办公机构（Lateral Office）与蒙特利尔的客户服务设计（CS Design）完成的互动跷跷板"冲动"，两人坐在跷跷板的两端，激活其装备的LED灯和扬声器，随着人的动作产生悠扬的音乐和绚烂的光影（图2-102）；

③位于成都麓湖生态城云朵乐园的冰川峡谷镜面音乐

图2-101　居住区街道位置示意图（图片来源："城事绽放"快闪花园[J]. 现代装饰，2018（5）：190.）

墙，人可从中间走过，能听到轻灵的音符声；设计师选取凹凸的折板镜面作为两面墙，投射出层叠不断的影像，如阳光下光怪陆离的冰山峡谷（图2-103）；

④在冬奥村通道边设立的交互式奥运村实时新闻播报系统（图2-104）。

4）交通站台 4

（1）释义：交通站台属于公共服务设施，兼有使用与景观功能，科技呈现的完善统一有利于提高环境品质。交通站台的科技呈现包括形式、色彩、材质与类型的创新与创意等方面（图2-98）。

图2-102　居住区街道位置示意图（图片来源：加拿大第六届年度"发光疗法"景观设计节）

图2-103　居住区街道位置示意图（图片来源：张东，唐子颖. 孩子们的自然博物馆——成都麓湖生态城云朵乐园[J]. 景观设计学，2017，5（6）：72-87. ）

图2-104　居住区街道位置示意图

（2）内容：运动员班车站。

（3）原则：电子屏与装置设计应以人体工程学为设计基础，以站台特征为形态设计依据。信息设计尤为重要，应以用户需求为第一要素，并兼顾宣传等功能。应与空间环境景观和其他服务设施进行一体化设计，重视成本造价及相关维护问题。

（4）示例：

①"Caribou Coffee"为宣传"热腾腾，刚出炉"的早餐系列，把公交站改成微波炉。除菜单展示外，其设计亮点在于广告发布在寒冷的冬天，微波炉公交站给人暖和的感觉，这一点特别适合冬奥会（图2-105）；

②"Quicksilver"是专业的极限运动服饰品牌，其在公交站旁搭建一个滑板斜坡，可供等待的乘客们运动娱乐（图2-106）；

③在冬奥村设计有兼具智能导航功能的互动媒体多功能站台（图2-107）。

图2-105 "Caribou Coffee"的户外公交站广告（图片来源：Colle+McVoy官方网站）

图2-106 Quicksilver滑板户外公交站广告（图片来源：盛世长城广告公司）

图2-107 互动媒体多功能站台设计设计草图

2. 科技呈现与冬奥村公共空间设计的融合

1）设计原则

（1）科技呈现创意设计，应充分考虑冬奥村空间架构体系和公共空间周边区域的功能，将高科技手段与公共空间设计充分结合开展设计，通过科技呈现创意设计创造具有层次感、多样化，可以充分反映冬奥村不同公共空间的特征；

（2）鼓励在贯穿公共开放空间系统的连续步道上合理地进行科技产品的设置，为用户提供安全、舒适、多样的步行体验；

（3）满足各开放空间的不同功能，提供完备的科技呈现服务设施；

（4）采用现代风格，呈现出简洁、细腻、自然、人性化的效果；

（5）尽可能采用本土、易于维护的植物和材料，维护和保育生态环境；

（6）对公共开放空间呈现的科技要适度、适当。

2）广场/绿地区■

（1）释义：具有足够停留、通行空间的区域，可为各种活动的举办提供必要条件。

（2）内容：旗帜广场、奥林匹克休战墙。

（3）原则：广场区域的电子屏与装置设计，需对规模、功能、人群需求进行综合考量，以此确定广场区的性质、景观功能、服务设施等具体要素。

大型电子屏结合公共设施从而形成视野开阔的景观。考虑到冬奥会举办的季节，广场区的互动装置要考量天气因素，在符合人们在冬季驻足行为与停留时间的基础上，有效促进人们的活动，形成丰富有趣的公共空间。

大型户外场景的科技呈现，如4K超高清直播场景对行业专用网络规划及网络能力要求，应满足以下基本指标条件。

以标准足球场为例（图2-108、表2-4）：

①5G高速上行近场覆盖半径——60～100m；

②标准足球场基站规模——6～10，将有HF、LF两类；

③4K Video路数——12～36；

④单cell最大承载路数——3路。

图2-108 大型户外场景呈现，如4K超高清直播场景示意图

广场/绿地网络指标对应表	表2-4
网络需求指标	UL BW
4K video thpt.	3840×2160×16×60/120=66Mbps
Cell Traffic（UL）	3×66Mbps=198Mbps
指标特性	具体描述
移动性	固定摄像机&移动摄像机（30km/h）
带宽需求	66Mbps/camera，198Mbps/cell（UL）
传输频次	不间断UL date（online）
时延容忍度	Normal:<1s
抖动	满足人眼视觉要求

图2-109　互动媒体多功能站台设计设计意象图（图片来源：MANA—全球新媒体艺术平台）

（4）示例：

①韩国首尔市江南区三成洞COEX街区超感官显示屏——公共装置"Wave"，该装置模拟海浪在建筑内汹涌翻滚的惊人效果。相当于4倍篮球场面积大小的"巨大水缸"其实体是曲面LED屏，看似是一块块拼接而成，但实际是一整块，缝隙是其有意呈现出来的效果（图2-109）；

②日本艺术家Motomichi Nakamura创作的公共艺术影像装置，充满卡通元素的人物和城市街景不断地在装置上浮现，为途经于此的行人们其生活增添了趣味，拉近了人与城市的关系；冬奥会同样可以使用不同文化元素进行内容设计（图2-110）；

③数字媒体艺术短片作品《竞逐冬奥》（作者贺采、冯怡帆、刘雨辰、史馨雨等，来自北京工业大学艺术设计学院）。短片作品灵感来源于底蕴深厚的中国传统文化和现代奥林匹克精神——"相互理解、友谊长久、团结一致、公平竞争"；作品意图通过短片介绍中国传统运动和北京2022冬奥会的运动项目，传承中国古代运动风尚，呼应并倡导冬奥会精神，体现了古今一脉相承的精神境界。短片作品可配合多种展示形式播放（图2-111、图2-112）。

3）地面铺装

（1）释义：地面铺装原指街道、广场等空间地面硬质铺地的形式。此处特指带有科技呈现功能的地面铺装类型设计，可以丰富文娱活动，以及影响到环境的质量、使用的舒适度和人对空间的整体感受。

图2-110　公共艺术影像装置（图片来源：MANA—全球新媒体艺术平台）

图2-111　数字媒体艺术短片作品《竞逐冬奥》视频截图

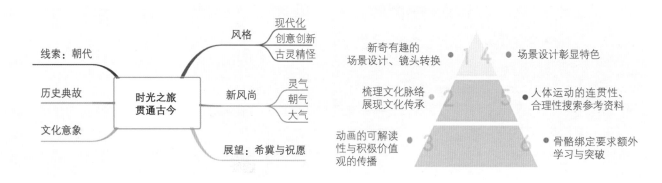

图2-112　数字媒体艺术短片作品《竞逐冬奥》思维创作过程

（2）原则：

①地面是以人员承载为第一功能，因此科技呈现作品在地面铺装的应用首先应保证安全性；

②地面可以放置但不限于放置地面电子屏幕、地面互动屏及装置等；

③地面铺装承载着公共空间中大量的日常使用及活动功能，铺装的形式会直接影响到空间的整体氛围和质量，优质的地面铺装有助于体现地区的完整性和个性化，应与空间中其他的服务设施进行一体化设计。

（3）示例：

《畅游冬奥》地屏互动游戏（作者：冯怡帆、程子萱、崔鑫璐、邓峪等，来自北京工业大学艺术设计学院），作品有效地将多元化科技元素与冬奥会内容结合进行设计。

互动地屏原理是在LED地屏基础之上，增加感应互动功能。地屏装载有压力传感器设备，当人在地屏上移动时，传感器可以根据感应到人的位置，输出相应的显示效果。玩家可以通过身体动作来与地屏的图像进行互动，通过游戏中的图像与冬奥会会徽进行匹配，可以在活跃展厅气氛的同时增加大家对冬奥会的认识，并且可以增加展览的科技含量，给玩家带来一种新奇的体验（图2-113、图2-114）。

地屏互动游戏系统，可应用在冬奥村科技展览体验中心区域附近的互动区之内。在此区域，我们可以为冬奥村的国内外运动员、工作人员、参观者提供冬奥会相关互动娱乐项目。该交互系统的装置安装、拆卸和运输方便灵活，既适用于长期展览也满足短期展厅的移动需求（图2-115）。

4）夜景照明

（1）释义：在夜间对公共空间与建筑物进行功能性与景观性的照明。夜景照明既能够延长人们使用公共空间的时间并保障使用者的安全，同时也能够营造特别的夜间环境。良好的照明系统有利于全天候景观的形成。

（2）原则：科技呈现中的电子屏与互动装置的夜景设定，应与公共空间中其他服务设施进行一体化设计，统一风格，以营造和谐统一的环境氛围。

（3）示例：

①中国美术学院的多媒体展示"拙政问雅"，依循东方园林的核心美学思想与营造方式，借多媒体表现手段，围绕园中既有

图2-113 《畅游冬奥》地屏互动游戏

图2-114 《畅游冬奥》地屏互动游戏实景示意图

的空间景点与陈设，以及中国传统文化中月的意象，深度探讨古代士人的精神世界与造园美学中的山水观、宇宙观；在古典园林中构建一条媒体艺术新形式的跨时空游园体验之道（图2-116）；

②与光共舞（Dance with Light）的灯光艺术装置——"万念之交"，两顶帽子飘浮在空中，以此来象征不同的人、不同的种族、不同的国家。不同颜色的光从帽子中倾泻流淌，象征不同的理念、思想、观点等。艺术家用这种方式，展现了人的理念、思

图2-115　实景图：文化中国中轴（图片来源：由北京冬奥组委，提供）

图2-116　多媒体展示"拙政问雅"（图片来源：MANA—全球新媒体艺术平台）

想、观念等在社会性融合态之下又呈泾渭分明的状态（图2-117）。

　　5）室内空间装置

　　（1）释义：冬奥村室内公共空间。

　　（2）内容：冬奥村的媒体中心、访客中心、志愿者之家、宗教中心、运动员餐厅、娱乐中心、健身中心等，其中访客中心和娱乐中心可以放置大型LED屏，以及大型室内互动装置。

　　（3）原则：科技呈现在室内空间装置设计上，应注重与环境色彩、形式、字体等的VI设计统一，尤其处于3.0声光电屏和4.0智能互动展示时代，特别要避免仅是设备加一些文字的堆砌情况出现。

图2-117　灯光艺术装置"万念之交"（图片来源：MANA—全球新媒体艺术平台）

（4）示例：

①拼格新媒体艺术作品——以400多年前江南名园"豫园"的建筑外墙作为幕布进行投影艺术创作，作品选用4台NEC 8000流明工程激光机（型号NP-PA803UL+）进行铺设（图2-118）；

②北京小屋——《四合院文化》（作者：彭文植、王泳钧、李庚辰、王芊芊等，来自北京工业大学艺术设计学院），作品通过光影秀，在实体的四合院场景中展现不同的年代场景与内涵，让观众在冬奥村中领略"北京四合院"文化（图2-119）；

③《花鸟怡情卷》——基于原作进行再创作的三屏互动体验作品，依据中国画大师王雪涛先生的《设色花鸟卷》作为内容基础的交互装置类作品。互动视频分为两个交替的场景动画。观众走近作品，画面天气转晴，

图2-118　"豫园"的建筑外墙投影艺术（图片来源：MANA—全球新媒体艺术平台）

图2-119　北京小屋——《四合院文化》效果图

图2-120 《花鸟怡情卷》三屏互动体验系统

鸟语花香，若触摸屏幕中的鸟虫，则会看到鸟儿、蝴蝶、螳螂的飞起与盘旋。作品在保留中国画意境的情况下，更添互动性，从而令观众体会作品反映的自然之美、生命之美，以及绘画之美（图2-120）。

　　3. 科技呈现与环境标志设计的融合

　　1）释义：应用新科技手段实施与传统环境标志设计相对应的冬奥村环境标志设计。传统的环境标志设计提供地域方位与特征信息，分为方向标志牌与个性标志牌两大类型。[①]通过科技手段的运用，电子标志牌、互动标志牌等为传统标志牌引入新的活力。

　　2）内容：包括冬奥村广场区/运营区/居住区街道、出入口等需要环境标志设计的位置。

　　3）设计原则：

　　（1）科技呈现与环境标志设计融合应符合总导则中视觉导示规划要求。科技呈现标志牌设计应与整个区域的标志系统相统一，方向性标志应以可用性为第一要素；

　　（2）方向标志牌的设立位置应醒目不被遮挡，个性标志牌设立应与周围主题属性统一；其设计风格应该简洁雅致、易辨识，充满活力与现代感；

　　（3）数字标志系统应是具有互动功能，集信息互动、视频新闻播报、云端冬奥、数据统计于一体的高科技系统；

　　（4）所有数字标志系统应考虑到使用者的不同文化背景下不同语言需求；

　　（5）所有数字标志系统应考虑在不同场景下，能够在不同内容系统间进行切换，完成不同场景需求；

　　（6）设计应注重与环境色彩、形式、字体等的VI设计统一，尤其处于3.0声光电屏和4.0智能互动展示时代，特别要避免仅是设备加一些文字的堆砌情况出现。

　　4）示例：

　　（1）体现中国传统体育运动的个性标志牌设计（作者：韩雨轩、彭文植、王玥，来自北京工业大学艺术设计学院）（图2-121）；

　　（2）基于冬奥项目24项赛事的动态标志设计，可用于各种屏幕媒介（作者：冯怡帆、程子萱、崔鑫璐、邓峪等，来自北京工业大学艺术设计学院）（图2-122）；

　　（3）基于熊猫IP的H5交互界面设计（作者：冯怡帆、程子萱、崔鑫璐、邓峪等，来自北京工业大学艺术设计学院）（图2-123）。

　　4. 科技呈现与公共艺术设计的融合

　　（1）释义：科技呈现在与公共艺术设计结合时，应考虑临时或长期在冬奥村地域内的放置效果，以促进北京地区文化艺术氛围在冬奥村中的形成，并增加北京地区文化内涵的识别性和参与者归属感。

---

①　方向标志牌为车行与人行提供一个统一的方向系统，着重于内容的可读性；个性标志牌着重创造不同分区或特殊地区的独特个性，着重于艺术内涵与设计品质。

图2-121 个性标志牌设计

（2）内容：包括广场区的北京小屋、中国传统技能技艺文化展示体验区、中医展示区、广场文化活动中心等范围较大的空间；也包括在街道、路口建设的实用主义风格的公共艺术设计作品。

（3）原则：

①科技呈现与公共艺术设计融合的作品应致力于建立作品和人之间的关系，与环境协调，建议作品不能超过背景建筑或主体景观元素，以免造成过于突兀张扬的效果；

②科技呈现的公共艺术设计主题及形式选取应结合冬奥会、奥林匹克文化、北京文化等主题内容进行设计，以突出北京地区的历史文化、冬奥村环境特征；

图2-122 熊猫IP形象设计

③高科技手段目前也出现在表现型的艺术作品中，其内容应符合冬奥村整体表达口径，作品设置区域可以有多种选择，原则上应保证其更容易进入公众视野；

④实用型的融合公共艺术是将艺术融入街景小品之中，如长椅、扶手、铺地与照明设施等，这些作品将广泛分布于冬奥村各处；

图2-123 基于熊猫IP的H5交互界面设计

⑤沉浸式媒体体验服务网络标准应不低于表2-5中所列要求。

实现这些指标需要包括RAN边缘计算、MEC、视频网络切片等多项技术的支持。布设原则则是以最终作品形式进行划分，见表2-6。

沉浸式媒体体验服务对网络标准			表2-5
类型	Sync View	Omni View	Interactive Time Slice	360° VR Live
带宽	120Mbps	100Mbps	200Mbps	100Mbps
延迟	＜100msec	＜100msec	＜100msec	＜50msec

沉浸式媒体体验服务对网络标准	表2-6
表现主义	实用主义
表现主义的高科技公共艺术作品，可放置在范围较大的空间，亦可放置于开放空间，并作为该空间的中心焦点	可与特色街道、路口铺地设计结合，铺地的颜色、物料及设计应配合道路铺地设计，铺地应以现代设计及鲜明颜色为主，可以利用座椅、标志牌，及其他不同的街道景观小品作为表达媒体，放置于城市主要道路及开放空间，放置于跟其他街道景观小品相似的位置

（4）示例：

以北京小屋为例，目的在于体现北京文化，以及中国传统的春节文化。

①互动影像装置——《窗外的北京》（作者：段梅一、范思琦、孟坤炜、杨彦雯等，来自北京工业大学艺术设计学院）（图2-124）

灵感来源："车窗雾气"，运用显示屏触摸和感温技术，在展区模拟冬季车窗上的雾气。通过观众哈气、擦拭屏幕，使屏幕上的雾气散去，展示北京风景，使人身临其境。

具体内容展示方面：装置可以用在车上观看车外景色的滚动视频方式呈现，同时可以提前录制北京雪景、民俗表演等平常不易见到的北京景致，方便观众摆脱时空限制了解北京。

在北京小屋内可设立虚拟展位，观众不仅可以看到实物展品，同时可以通过虚拟现实技术和增强现实技术看到更多的北京传统技艺细节信息。

②互动媒体装置——《冬韵》（作者：田雨萱、孙威、郑雅琳、李子达，来自北京工业大学艺术设计学院）（图2-125）

在自然光下，装置为透明亚克力造型（图2-126），观众通过物理传感装置在室内模拟冰雪运动，运动使得观众的心率上升可通过心率传感器接收到，并经由控制板编程触发装置光效（图2-126）。

图2-124 互动影像装置——《窗外的北京》示意图

图2-125　互动媒体装置作品——《冬韵》作品效果与北京2022年冬奥会会徽对比图

（a）　　　　　　　　　　　　　　　　　　　　（b）

图2-126　互动媒体装置——《冬韵》作品
（a）自然光下的《冬韵》；（b）触发光效后的《冬韵》

第2篇

北京冬奥村（冬残奥村）科技与文化融合形象专项研究

第3章　北京冬奥会冬奥村形象综述①

从制定导则前对科技与文化融合的认知，到跨专业协同完成冬奥村（冬残奥村）形象导则的实践，再到冬奥村（冬残奥村）导则对后冬奥时期影响的赓续三个阶段，对基于服务设计思维的《北京2022年冬奥会和冬残奥会冬奥村（冬残奥村）科技与文化深度融合规划设计导则》的实践表征与内在逻辑进行探究。研究发现：①以科技手段和文化符号打造冬奥村（冬残奥村）国家形象的行动目标与以人为中心的服务设计理念的共同践行，使研究团队得以确定研究目标并搭建起导则架构；②跨专业团队在深入分析冬奥村（冬残奥村）功能属性及各方利益相关者需求的基础上，借由不同学科表征出了冬奥村（冬残奥村）科技与文化融合形象设计既联结又有差异的关系；科技、文化多元因素的共同作用赋予了冬奥村（冬残奥村）国家形象的意义，三村一致、一村一貌的设计原则实现了北京村、延庆村、张家口村形象的同质化和协同化，为各国运动员提供了临时的"家"的体验；③后冬奥效应推动了团队对冬奥村（冬残奥村）导则从冬奥会发展和构建国家形象的角度进行思考；不仅让《北京2022年冬奥会和冬残奥会冬奥村（冬残奥村）科技与文化深度融合规划设计导则》成为冬奥会和冬残奥会遗产叙事中的重要一环，而且使冬奥村（冬残奥村）在赛后作为冬奥文化遗产弘扬国家形象。

3.1　研究背景与问题提出

北京2022年冬奥会和冬残奥会（以下简称北京冬奥会）的冬奥村（冬残奥村）（以下简称冬奥村）其中国文化元素和一系列高新技术的应用，使来自世界各地的运动员不仅能够享受到中国春节文化所带来的热情和愉悦，而且能够领略到当前最新科技成果所带来的改变和超越，②通过科技与文化融合，冬奥村为参会的各国运动员和官员营造了一个安全、温馨、舒适的运动员之家，更彰显了中国新时代的国家形象，使"一起向未来"从愿景走进了现实。北京冬奥会冬奥村科技与文化融合形象得到了各国运动员、国际奥林匹克委员会（以下简称国际奥委会）的高度赞赏和评价，由此总结科技与文化如何具体应用于奥运村场景之中并发挥重要作用，将为未来奥运会奥运村整体形象导则的制定，以及主办国国家形象的构建提供参考。

1972年慕尼黑奥运会上"High-Tech Olympics"的使用，标志着科技奥运的正式开端。2004年雅典奥运会，希腊政府首次提出了"文化奥运"概念。随着科技手段的革新与应用程度的加深，以及强调世界和平、社会团结、信息化、传统与创新，不仅促进了奥运会的现代化转型③（卫才胜，2018④），而且拓展了奥运会对文化和社会的影响。如何以科技与文化的融合打造奥运村独特文化形象，同时为大型国际赛事留下宝贵遗产，是北京2022年冬奥会和冬残奥会组织委员会（以下简称北京冬奥组委）奥运村部提出的新课题。

受北京冬奥组委冬奥村部邀请，北京工业大学艺术设计学院集合工业设计系、环境艺术设计系、视觉传达设计系、数字媒体艺术设计系、传媒与艺术理论系师生组成跨学科研究团队，聚焦科技成果展示、文化氛围营造、服务质量提升和传播体系完善等内容，以"融合"为主题，开展了冬奥村（冬残奥村）科技与文化深度融合形象研究。作为这场盛事的具身实践者，对《北京2022年冬奥会和冬残奥会冬奥村（冬残奥村）科技与文化深度融合规划设计导则》（以下简称导则）制定过程进行反思与总结，我们将通过具体而细微的经验事实来梳理和解释北京冬奥会的宏大叙事。冬奥村科技与文化融合是如何在冬奥村形象中得以表征的、其内在运行逻辑是什么、后冬奥时代的效应又是什么，这一系列问题构成了本章的研究目标。基于此，本章总结回顾了北京

---

① 本章作者为胡鸿。

② 汪海波. 奥运会上的科技运用：历届回顾和2022年展望 [J]. 北方工业大学学报，2017，29（1）：87-91.

③ 郄双泽，关景媛. 科技冬奥与人文困境的消解探赜——以2022北京冬季奥林匹克运动会为中心的考察 [J]. 自然辩证法研究，2021，37（12）：116-121.

④ 卫才胜. 三次科技革命对奥林匹克运动技术化影响的哲学探析 [J]. 武汉体育学院学报，2018，52（5）：11-15.

工业大学艺术设计学院冬奥村导则研究团队，应用服务设计思维，为展现中国软实力，打造《北京2022年冬奥会和冬残奥会冬奥村（冬残奥村）科技与文化深度融合规划设计导则》的制定过程。从冬奥村科技与文化融合形象理念的内涵、科技与文化融合形象的基本内容，以及科技与文化融合形象的具象化应用及其实践表征与内在逻辑进行探究，为以后跨学科合作规划设计大型公共服务活动提供参考。

3.2　认知与布局：冬奥村科技与文化融合形象的定位思考

自17、18世纪科学主义从西方传入，近代科学主义思潮在中国经历了器物形式、制度形式，以及价值观念形式三个演化阶段，[①]由表及里逐渐形塑着中华民族的科学精神，为以科学为依据的科技发展打下了根基。然而随着科学技术的不断发展，技术知识开始从"掌握"自然力量扩转为"掌握"社会生活。[②]奥运会既是社会生活的缩影，同时也是充溢着各种复杂科学技术的场域空间，技术的运用不仅仅是器物层面的革新，更是价值观念层面的现实性表征。[③]

英国伯明翰学派领军人物斯图尔特·霍尔认为：文化总是体现为各种各样的符号，文化的创造在某种程度上就是符号的创造。[④]德国哲学家卡西尔把人类文化的各个方面视为符号化行为的结果，人类文化的各种现象，如语言、宗教、艺术、科学等，都以符号的形式构成了人类的知觉世界。[⑤]随着人类文明的出现，各种文化语言和艺术语言也应运而生，冬季奥林匹克运动会的会徽、核心图形，冬奥村形象等都属于文化符号的表征系统。文化符号超越各种"语言"传递信息的限度，从而实现不同民族、不同种族之间的内部交流和外部交流。[⑥]

中国早在2008年北京奥运会（以下简称北京奥运会）时就提出了"绿色奥运""科技奥运"和"人文奥运"的口号，其中"人文奥运"是三个理念中最为核心的理念，"绿色奥运"和"科技奥运"则为实现"人文奥运"以人为本的原则创造了前提条件。这是中国对现代奥林匹克运动新的诠释，并重新建构了完整而深刻的奥林匹克理念。北京冬奥会继承和发展了北京奥运会以人为中心的理念，科技与文化融合概念是从北京奥运会这三个理念中生发出来。北京冬奥会举办的时间恰逢中国的春节，中国的民族传统节日与现代奥林匹克盛会在冰雪之上相遇相融，成就了中华文化与奥运文化的和合共生；面对新冠疫情的挑战，科技创新贯穿冬奥会的场馆建设、基础设施、智慧服务、转播技术等方方面面，为世界奉献了一届特别、精彩、非凡、卓越的奥运盛会。透过北京冬奥会这扇窗口，世界既能看到5000多年文明的深厚积淀，也能一览当代中国日新月异的发展面貌。科技和文化使北京冬奥会彰显的"中国范儿"，不仅是器物层面的，更是价值、理念层面的，北京冬奥会全方位展现了中国的制度优势和文化特色，为奥林匹克运动发展贡献了中国经验、中国智慧与中国方案。

课题之初，如何发挥不同专业之所长，贯彻北京冬奥会以人为中心的理念，以人为主体视域，通过科技应用和人文关怀，让冬奥村为参会的各国运动员和官员提供食、住、行、医、康、乐等全面服务，营造一个安全、温馨、舒适的运动员之家的形象，是冬奥村导则研究团队首先需要统一的共识。于是，"以用户为中心、协同多方利益相关者，通过人员、环境、设施、信息等要素创新的综合集成，实现服务提供、流程、触点的系统创新，从而提升服务体验、效率和价值"[⑦]的服务设计思维，成为统一协调团队研究，实现冬奥村科技与文化融合形象总体规划目标，制定冬奥村导则的基础。

以习近平主席"北京冬奥会是我国重要历史节点的重大标志性活动，是展现国家形象、促进国家发展、振奋民族精神的重要契机"[⑧]的指示作为指导思想，结合科技文化融合在重大活动中，越来越成为展现国家形象重要手段的现状，分析历届冬奥会冬奥村形象所具有的独特性和重要性，经过与北京冬奥组委奥运村部的多次沟通，冬奥村导则研究团队深刻认识到打造冬奥村科技与文化深度融合形象的重要意义。首先，可以通过冬奥村向世界宣传中国的国家形象，同时结合北京村、延庆村、张家口村三个

① 龙观华，李小萍. 近代科学主义思潮与马克思主义在中国的传播 [J]. 江西社会科学，2012，32（3）：36-39.
② 伽达默尔. 科学时代的理性 [M]. 薛华，等，译，北京：国际文化出版公司，1988：63.
③ 杨冠强，汪毅，陈辉，等. 技术赋能与行动理性：科技冬奥理念的实践表征与内在逻辑 [J]. 体育与科学，2022，43（3）：1-6.
④ 刘平云. 民族性与世界性——论北京冬奥会吉祥物的时代特征 [J]. 美术观察，2020（5）：74-75.
⑤ 林玲. 卡西尔与"文学符号学"新探——重读《人论》札记 [J]. 改革与战略，2003（11）：83-85.
⑥ 张蕊，王瑾. 北京2022年冬奥会文化符号设计与传播价值研究 [J]. 包装工程，2022，43（10）：190-196.
⑦ 商务部，财政部，海关总署. 服务外包产业重点发展领域指导目录（2018年版）：2018年第105号 [Z]，2018-12-29.
⑧ 求是网评论员. 求是网评论员：冬奥，一次中国精神的生动展现 [OL]. 求是网，2022-04-07.

冬奥村各自的特点，营造与其自身匹配的公共空间、环境设施、形象景观、环境氛围和服务方式的形象；其次，可以弘扬中国文化，促进国际交流，实现文明互鉴，美美与共；此外，通过研究还可以提炼冬奥村科技与文化融合理论的内在逻辑，实现冬奥村科技与文化融合形象的方案化、规范化，塑造"冬奥之家"的家园文化，彰显冬奥村独特魅力。经过文献调研和现场踏勘，组织专家研讨，成员内部深入讨论（图3-1~图3-3），冬奥村导则研究团队确定了研究目标：通过对北京冬奥会冬奥村统一形象的研究，在实践中提炼、总结出一套切实有效的科技与文化深度融合的总体规划，用于指导冬奥村公共空间、环境设施、文化展示和服务提升的规划建设，将冬奥村打造成一个让世界能够记得住的文化IP。

　　根据冬奥村形象涉及的范畴和团队研究成员的专业构成，团队厘清了研究思路，确定了冬奥村科技与文化深度融合的主要内容：①在环境中的融合：既展现文化景观，又展现科技成果，突出科技冬奥的整体形象，形成文化符号，向世界展示中国形象和冬奥村的独特魅力。②在活动中的融合：在科技展示和文化活动中给予规定和限制，形成冬奥村区域设计和运行的独特规范。

图3-1　冬奥村—北京村踏勘

图3-1　冬奥村—北京村踏勘（续图）

图3-2　冬奥村—延庆村踏勘

图3-2 冬奥村—延庆村踏勘（续图）

③在服务中的融合：包括冬奥村交流、休闲、生活、娱乐、商业等多个层面服务，提出了"服务的文化表达"这个概念，把服务功能的表达从常规工作提升到文化传导的境界，形成承载着文化和科技全新品质的表达。④在传播中的融合：利用先进科技手段和不同载体，在静态、动态的文化传播中，丰富传播形式，提升传播效应，传达奥运精神、奥运信息、中国文化、中国声音和中国特色。

在对北京冬奥组委奥运村部提供的冬奥村运行区、居住区、广场区三个功能区域的不同功能属性材料进行整理、归类后，团队又从网络、期刊收集资料对往届奥运会奥运村的常规功能和特色服务进行分析、提炼，针对冬奥村科技与文化融合形象的定位初步搭建出冬奥村形象的策划方案框架（图3-4）。并在团队一致认同的研究内容基础上，从工作主旨、基本概念、总体计划、实施策略等四个方面构建了早期的冬奥村科技与文化深度融合的导则架构（图3-5）。

服务设计旨在创建有用的、可用的、理想的、高效的和有效的服务；这是一个整合了以用户为中心、基于团队的跨学科方法

图3-3　专家研讨和成员内部深入讨论

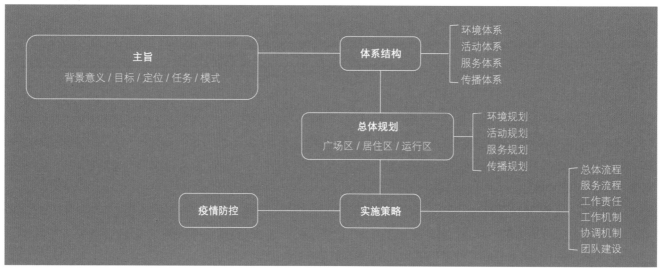

图3-4　冬奥村形象策划方案框架

图3-5　冬奥村形象导则框架（早期版）

的系统迭代过程。[1]冬奥村导则研究团队认真学习、剖析《奥林匹克运动会奥运村指南》，设身处地站在参会运动员（特别是冬残奥会运动员）和国际奥委会官员的立场，分析赛会期间他们在冬奥村的用户旅程，挖掘用户显性的和潜在的需求；同时也研究分析媒体记者、服务商、冬奥村管理，以及配套服务的各类工作人员、志愿者等各方利益相关者的需求。在深入洞察冬奥村的功能属性，以及各方利益相关者需求的基础上，跨专业团队深入讨论按照团队学科构成划分出的各分项内容既联结又有差异的关系，并深化迭代出了最终的《北京2022年冬奥会和冬残奥会冬奥村（冬残奥村）科技与文化深度融合规划设计导则》框架，见表1-3。

3.3　实践与赋能：冬奥村科技与文化融合的具象化应用

　　冬奥村导则根据研究的基本内容分为视觉导示规划、展示设计规划、环境空间规划、文化活动规划、服务形象规划、科技呈现规划6个分项内容，其中视觉导示、科技呈现分别对展示设计、环境空间、文化活动和服务形象提供视觉形象基础和呈现形象手段的支持。团队中视觉传达设计、展示设计、环境艺术设计、活动策划、数字媒体艺术设计和工业设计的教师们，针对冬奥村科技与文化融合形象规划的目标，发挥各自专业特点，在北京冬奥组委奥运村部的支持和参与下，协作共创，确定了打造冬奥村科技与文化融合总体形象的控制元素，并提供了应用示例。运用先进科技手段助推文化服务模式创新，建设生态化的科技与文化冬奥村国家形象，为后冬奥时代留下文化遗产，构建并弘扬奥运精神和中国文化的新思维、新方式的创新特色。

　　为了加快导则的实施，冬奥村导则研究团队采取了边研究、边探索、边对冬奥村形象设计进行指导的工作机制。在具体研究过程中，采取了由点及面的方法，对三村一致的国家形象规划进行了探讨。研究团队以北京村作为示范点，关注各国运动员和国际奥委会官员，以及各方参与者的需求，将科技与文化融合融入精准化管理和精细化服务中，以运动员为中心，严控各种风险，为运动员提供高标准、安全舒适的"家"的环境。除了强调严格按照《北京2022年冬奥会和冬残奥会色彩系统和核心图形设计方案》要求规范应用，还制定了运行区蓝白色系、居住区青绿色系、广场区红金色系——用色彩进行功能区划分的标准（图

———————
①　陈嘉嘉. 服务设计的重点在于界定服务本身——陈嘉嘉谈服务设计 [J]. 设计，2020，33（4）：42-48.

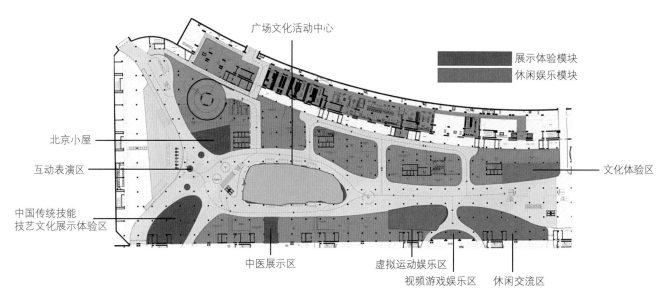

图3-6　广场区服务设计模块体验机会点

2-1），并将展示设计、环境空间、文化活动、服务形象等规划分项总结提炼出的北京村形象规范的各分项控制元素推广到延庆村和张家口村，形成三个冬奥村统一整体的规划标准，以科技手段和文化符号向全世界呈现一个"真实、多彩、全面"的大国形象。

以导则研究内容中的服务形象规划分项为例，分项团队采用了服务设计用户旅程分析的方法来洞察不同用户的需求。用户旅程是用户与组织、企业或服务之间的完整体验，它描绘了用户在服务流程中购买产品或享受服务中与企业或提供服务方产生的需求、看法或交互。与用户流程不同，用户旅程更注重每一个环节的体验。[①]用户旅程主要由体验阶段、行为、接触点、满意度、痛点和机会点等要素构成。通过对北京村不同用户和利益相关者提供或接受服务的流程分别进行分析，找出影响冬奥村形象的服务接触点，通过AHP层次分析法，从众多接触点中提炼出提升用户体验的痛点和机会点，从而作为科技与文化融合总体形象规划，以及服务形象规划的分项控制元素研究的重点。

服务形象规划分项团队首先对北京村广场区形象进行了规划。将广场区的主要功能划分为红色的展示体验模块、蓝色的休闲娱乐模块和粉色的商业服务模块，其中重点规划了展示科技创新、弘扬文化形象的展示体验模块和休闲娱乐模块的体验机会点（图3-6）。

然后，服务形象规划分项团队又分别对运行区和居住区的功能服务接触点进行了分析，分别提炼出这两个功能区科技与文化融合形象服务的体验痛点和机会点（图3-7、图3-8）。以科技手段和人文关怀针对运行区、居住区的各类特殊功能、不同用户需求进行规划，以提升服务体验。

通过对北京村广场区、运行区、居住区用户服务形象分项的服务流程、接触点、痛点和机会点分析，分项团队总结归纳出了构成冬奥村科技文化融合形象的服务形象的主要控制要素：客房服务、餐饮服务、商业服务、娱乐和休闲服务、安保服务、交通服务、医疗服务、其他综合服务。分项团队应用用户旅程针对每个控制要素梳理服务接触点，分析出其中的体验机会点，将体验机会点作为子要素，通过设立规范、细致的子要素把控，从而满足不同角色、参与者的诉求，整体优化了冬奥村用户旅程的体验。

虽然《北京2022年冬奥会和冬残奥会冬奥村（冬残奥村）科技与文化深度融合规划设计导则》强调三个冬奥村对外要形成统一的国家形象，各规划分项施行的控制元素三村一致；但由于北京村、延庆村和张家口村具体所处环境的差异，三村形象受到自然景观与人文景观双重元素的影响，作为奥林匹克文化与地方文化交互融合的结果，需要充分考虑区域发展影响和冬奥会后的用途。因此，导则也主张冬奥村形象在三村一致的前提下"一村一貌"，使各村突出自己的特色。

根据三村文化资源与元素、未来用途，总结地方形象特征并提炼出关键词，团队分别定义了北京村、延庆村和张家口村三村不同的形象特征。

北京村的关键词是"大都市文化"和"古都古韵"。北京村位于北京市朝阳区奥体中路，身处市区现代空间环境，具有北京

① 陈嘉嘉. 服务设计 [M]. 南京：江苏凤凰美术出版社，2016.

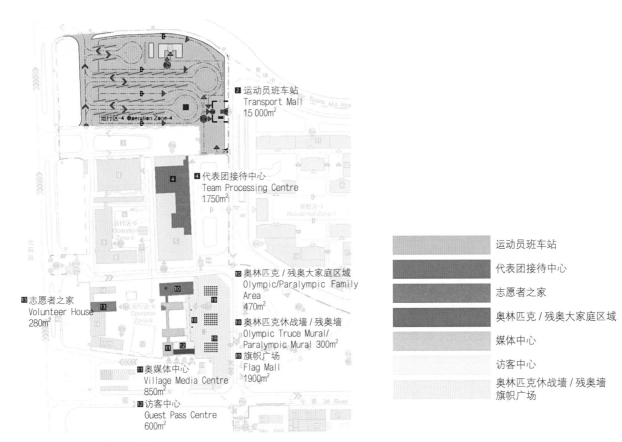

图3-7　运行区服务设计模块体验机会点

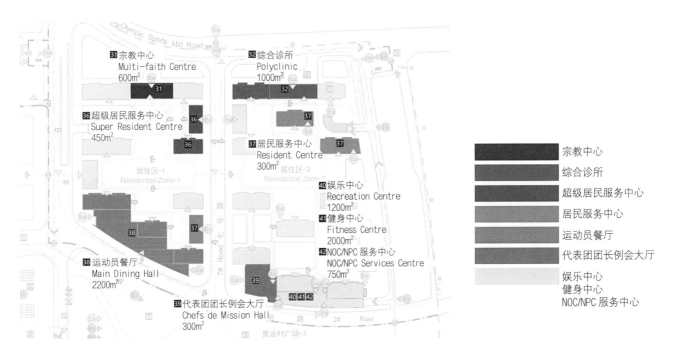

图3-8　居住区服务设计模块体验机会点

文化古都深厚的底蕴和丰富的文化遗产，有别于其他两村，在北京村广场区还特别设置了文化体验区展示中国文化。因此，在导则中北京村的个性形象应重视北京非遗文化，发挥传统文化烘托春节特点，体现中国传统文化的鲜活性。北京冬奥会举办时适逢新春佳节，中国剪纸、红灯笼、中国结等蕴含中国传统文化的物品，让"中国风"成为建成后的北京村的突出特点之一。

延庆村的关键词是"山村、自然、绿色"，其位于小海陀山下。采用低层、高密度的"山村"式建筑布局的延庆村，步行其间，俨然一幅山水自然与冬奥场馆和谐共生的中国北方美丽山村图景。延庆村形象规划突出体现绿色冬奥的特点，以花植设计的生态环境来展现该冬奥村的特点。建成后的延庆村与林立的树木融为一体，成为一道独特风景。

张家口村的关键词是"乡村、长城、遗址、多民族、冰雪运动"，导则建议充分体现太子城历史文化背景。实际实施的方案是对一栋栋具有北方山地民居特色的居住建筑，通过"科技赋能"进行智能控制，其中有"记忆功能"的智能床成为冬奥会期间运动员们"朋友圈"晒出的"网红"。

3.4 创新与赓续：科技与文化融合的奥运遗产建构

1. 科技助力冬奥战胜疫情困境

奥林匹克运动会的发展历史是一个不断被续写和更替的叙事过程。古代奥林匹克运动的落寂，现代奥林匹克运动的复兴，在这个过程中或大或小的叙事，都成为奥运历史的宝贵遗产。北京冬奥会为人类留下了丰富的奥运遗产，根据国际残疾人奥林匹克委员会和申办承诺的相关要求，围绕北京冬奥会筹办工作实际，结合主办城市发展目标和京津冀协同发展国家战略，制定了《北京2022年冬奥会和冬残奥会遗产战略计划》，[①]无论场馆设施等物质遗产，还是精神理念等非物质文化遗产都详实地书写了北京冬奥的精彩叙事，冬奥村科技与文化融合国家形象的塑造，以及在奥林匹克运动会历史上第一个冬奥村形象规划导则是这个宏大叙事中的华丽篇章。

冬奥会文化遗产的内涵是不断变化的，在《北京2022年冬奥会和冬残奥会遗产案例报告集（2022）》指出，北京冬奥会的奥运遗产涵盖了"体育、经济、社会、文化、环境、城市发展和区域发展"7个方面35个领域，成果已逐渐从有形遗产、无形遗产层面，扩展到能影响到人类和社会可持续发展的精神和文化范畴。筹办冬奥会是一项系统工程，冬奥村导则的制定和指导，面对突如其来的新冠肺炎疫情，在冬奥会前保证了冬奥村建设节奏不变、目标不变、标准不变，让3个冬奥村如期交付使用；冬奥会期间让冬奥村成为进一步增强中国与世界了解互信的窗口，除了为各代表团提供24小时优质保障服务，为保证冬奥会期间避免疫情的传播和感染的风险，还实行了数字治理有效操控下的封闭环管理。由核酸检测、健康码，以及技术消杀设备组成的"技术物"对于身体的治理和管控，形成一种视觉表象。这种视觉表象的背后，是基于人的生命意义的彰显，呈现出一种现实的主体关怀和社会意涵。《北京2022年冬奥会和冬残奥会冬奥村（冬残奥村）科技与文化深度融合规划设计导则》，不仅有助于3个冬奥村按照既定目标如期开村，而且通过科技与文化的融合，使充满"黑科技"的冬奥村，热情洋溢的志愿者，完善可靠的防疫措施……以最真实直接的方式，向世界展示了中国负责任的大国形象，展示了团结一致、万众一心战胜疫情的伟大成果。冬奥会后，通过冬奥村导则指导突破疫情困境，实现科技与文化融合国家形象，已成为冬奥会遗产叙事中的重要一环，为后续的奥运会奥运村形象建设和实现提供了可行的参考。

2. 赓续冬奥文化弘扬国家形象

秉持"节俭办奥"的理念，冬奥村在规划之初，已经为后冬奥时代的赛后利用作好了准备。以北京村为例，其运行区的注册中心，一排排红砖楼是老厂房翻新改建的，也是2008年北京奥运会的基础设施；居住区的运动员公寓在冬奥会之后将作为北京市高端人才公寓；广场区将作为向公众开放的大型商业广场，不仅实现了场地资源的最大化利用，而且丰富和满足了北京村周边社区的需求。此外，延庆冬奥村按照四、五星级两个酒店模式进行建设和赛后运营；张家口村将在赛后作为滑雪公寓出租或出售，总体来看，冬奥村的有形遗产（冬奥村建筑、设施）与无形遗产（包括整个冬奥会周期对人、城市和社会发展等方面带来的影响），最终以文化遗产的形式体现出来，既与所在区域发展有延续性，又与国家形象建构存在着必然的联系。

基于服务设计以综合方式考虑战略、系统、流程和触点设计决策的整体方法，冬奥村导则制定势必要考虑冬奥会后对冬奥村

① 新华社. 北京冬奥会和冬残奥会遗产战略计划发布 [OL]. 中国政府网，2019-02-19.

文化遗产治理和保护，优化和改善经济、旅游、城市、社会等方面遗产效益，最大幅度提升国家形象。首先，面对动态变化的复杂风险，需要精准做好冬奥村文化遗产评估，特别是做好经济、社会、文化、生态等效应方面遗产评估。其次，做好遗产品牌战略规划。冬奥村文化遗产融合了科技与文化的资源，可将冬奥村文化遗产包装成为一个强势IP，北京、张家口旅游资源与独特的旅游产品相结合，继续深度挖掘"智慧冬奥"相关场景和应用，进一步加强对"双奥之城"的城市遗产品牌战略理论和实践经验的探索。此外，要努力促进冬奥村遗产转化。如在文化形象方面，利用艺术手段促进冬奥村文化遗产的创造性转化与创新性发展，可将文化遗产转化为特色文创产品，助力建构富有艺术创造力的中国形象；在经济形象方面，发挥后冬奥遗产效应，加快与京津冀地区冰雪、旅游、休闲等相关产业的融合，[①]完善文化遗产传承和利用方案，使冬奥会文化遗产效益最大化。随着北京冬奥会文化遗产成果逐步凸显，将为广大民众与主办城市发展带来更多长期收益，后冬奥经济效应还将持续释放，"双奥之城"将进一步提升北京的国际影响力和城市竞争力。在后冬奥时代，基于《北京2022年冬奥会和冬残奥会遗产战略计划》框架，要继续强化战略引领，以京津冀协同发展助推治理，创新协同推进机制，实现北京冬奥会文化遗产"可利用、可经营、可持续"目标，为再次形塑和延展我国国家形象提供重要保障。

在科技和文化的作用下，奥林匹克运动从古代到现代发生了根本性的变革，科技与文化融合成为本届冬奥会冬奥村的特色。基于服务设计思维，冬奥村导则研究团队从冬奥村科技与文化融合形象建设的整体布局，到提出规划设计冬奥村国家形象的指导原则，到考虑冬奥会后的冬奥遗产的治理和保护，通过冬奥村广受赞誉的"中国风"和"黑科技"形象的实践表征，使科技与文化深度融合的理念进一步得到阐释。《北京2022年冬奥会和冬残奥会冬奥村（冬残奥村）科技与文化深度融合规划设计导则》，是中国贡献给国际奥委会的一份重礼，开创了奥运村设计导则制定的先河，成为新时代建构国家形象的重要载体与精神内核。冬奥村形象导则为未来奥运会奥运村规划建设和塑造主办国的国家形象提供了经验，是北京2022年冬奥会（冬残奥会）给举办冬奥会的国家留下的一份宝贵财富。

---

① 胡建秋，雷晓艳. 北京冬奥会文化遗产建构国家形象实践经验与优化策略 [J]. 体育文化导刊，2022（4）：1-6+21.

第4章　科技与文化融合形象研究

4.1　冬奥视觉形象研究 [①]

北京冬奥会和冬残奥会冬奥村（冬残奥村）的视觉形象向世界展现了中华灿烂文化与奥林匹克精神的完美融合，表达着中国本土独特文化参与全球文化多元性的愿景。本节研究关注冬奥村（冬残奥村）中广泛应用的北京冬奥会和冬残奥会视觉形象，如何在相同的本土符号运用中进行了时代更迭演进、在全球视野回避了"刻意本土化"和"过度国际化"的形象范式的情况下在本土化和国际化微妙之度完成了合理的双重融合，延续了奥林匹克运动会（以下简称奥运会）视觉形象的文化导向。

奥运会是体育精神、民族精神和国际主义于一身的世界级运动盛会，代表着世界最优秀的精神体魄、文化层次和艺术水准，它的国际交流诉求最为突出，其视觉系统的国际展现也成为备受关注的议题，这也使它与视觉艺术形态的联系日趋紧密。很多主办国家突出强调奥林匹克精神与艺术发展的融合，如1976年蒙特利尔奥运会与其同名双年展、2000年悉尼奥运会与其同名双年展，[②] 以及"色彩与奥林匹克"为主题的北京国际双年展等。奥运会的视觉形象的展示，也成为奥运精神与艺术融合的重要窗口，它通过会徽、海报、吉祥物、奖牌、纪念品，以及具有时代特色的奥运会建筑景观等多种艺术形式，向世界传递着主办国的民族历史文化观和审美价值取向。2022年2月在中国北京市和张家口市联合举办的第24届冬季奥林匹克运动会（以下简称北京冬奥会），给了中国在国际平台上再次展示自己的机会，也给奥运会视觉形象设计开拓了新的空间。中央美术学院（设计学院）、清华大学（美术学院）、北京工业大学（艺术设计学院）等高等院校积极参与北京冬奥会视觉设计，创造出北京冬奥会独特的视觉形象系统，这些视觉形象作品从正式亮相的那一刻起，就生动地传达出奥运精神的视觉意象，体现奥林匹克独特的价值取向和文化内涵，将中华灿烂文化与奥林匹克精神完美融合，表达着中国本土独特文化参与全球文化多元性的愿景，诠释出了奥林匹克精神和艺术双重维度的重要意义。

4.1.1　本土在场：中国文化符号的写意呈现

2022年北京冬奥会视觉形象最大的特征，就是无处不在地呈现着中国文化的本土符号的运用。

北京冬奥会视觉形象系统首先是围绕奥运会会徽的设计而展开的，奥运会会徽是一届奥林匹克运动会的奥林匹克徽记，也称为奥运会会标，现代奥运会的组织委员会都为所举办的奥运会设计一种独特的会徽。北京冬奥会会徽，命名为"冬梦"，以汉字"冬"为灵感来源，以中国书法"冬"字为创作主体。会徽图形上半部分展现滑冰运动员的造型，下半部分表现滑雪运动员的动态、动感、英姿。并用书法与剪纸的风格设计出"BEIJING2022"的字体，该标志融汇了中国书法及冰雪运动元素，将抽象的滑道、冰雪运动形态与书法结合，"人书一体，天人合一"；"冬"字下方两点融为2022，标识展现了冬季运动的活力与激情，吻合了北京冬奥会"纯洁的冰雪，激情的约会"的申办愿景，传递出中国文化的独特魅力。北京冬奥会吉祥物形象也运用了中国传统文化符号——灯笼和国宝熊猫元素，同时书法、剪纸和春节等元素交融在一起，寓意北京冬季奥运会将在中国传统节日——春节期间举行，创造出了极具中国特色的奥运会视觉形象；北京冬奥会"五环同心"奖牌也呈现出浓郁的中国传统文化气息，以殷墟妇好墓出土的五弦玉璧为视觉来源，延续2008年北京奥运会（以下简称北京奥运会）奖牌"金镶玉"的玉文化概念，体现双奥之城的历史脉络。奖牌正面纹刻了祥云纹和冰雪纹，祥云纹是对北京奥运会的文化传承，传达吉祥寓意，冰雪纹则体现冬奥会特点。奖牌背面是"星辰大海"——圆环上散布24个点及运动弧线，寓意冬奥会运动员驰骋赛场，如群星璀璨，也象征浩瀚无垠的星空、

---

① 本节部分转载自：张雯，李志强. 守望·分享·共创：北京冬奥会视觉形象内涵解读 [J]. 美术，2022（1）：23-29. 内容有删改。

② 陶勤. 奥林匹克精神与艺术追求的完美交融——第三届中国北京国际美术双年展圆满落幕 [J]. 美术，2008（9）：7-11.

人与自然的和谐。

由北京工业大学艺术设计学院设计，位于北京村的北京冬奥会奥林匹克休战墙（以下简称休战墙）设计主题是"和平之光"，奥林匹克休战传统理念源远流长，承载世界人民渴望和平、守望相助的美好追求。奥林匹克的和平理想与联合国维护国际和平与安全的初心使命一脉相承。休战墙主要由一个直径6m、高3m的"灯笼"造型的休战壁画墙主体和地面上一块直径1.5m的象征奥运精神的金牌铜雕组成。采用中国春节文化的典型符号"灯笼"作为休战墙主体造型，寓意北京冬奥会与中国农历虎年春节"完美邂逅"。设计者把代表中国文化的春节元素加入休战墙的设计之中，希望来自全世界的运动员可以通过休战墙了解中国传统文化，也希望全世界的国际友人了解真实、立体、全面的中国，把中国传统文化传播到世界各地。休战墙的设计只用一个简单的灯笼造型是不够丰富的，所以在设计中，没有采用单一形态，而是试图不断地打破"墙"的形态对设计思维的束缚，通过设计来解构原有的形式逻辑、重新组合，并进行造型语言的抽象化升级，通过对奥运精神的凝练和造型语言的重组来突破"墙"的概念，使之延伸到"画"的形式逻辑理念。

在奥运会视觉设计史中，承办国家重视本国独特本土文化的视觉展示，形成一种悠久的约定俗成的传统。如2000年悉尼奥运会的会徽象征澳大利亚的悉尼歌剧院并以奥运圣火的形态出现，象征澳洲原住民的"飞去来器"（俗称回旋镖）则构成了一个奔跑的运动员形象。2010年温哥华冬奥会的会徽其设计形态是以居住在加拿大北部因纽特人的巨型石雕为原型所设计而来的，这个石雕被当地的因纽特人称呼为"伊拉纳克"，在他们的土著语中意为"朋友"。整个会徽由五块彩色的巨石构成一个张开双臂名叫"朋友"的巨型石雕，极具加拿大本土特色。[①]对本土性表现的追求也反映在奥运会的吉祥物视觉形象中，2000年悉尼奥运会选择了笑翠鸟、鸭嘴兽和食蚁针鼹三个澳大利亚本土特产动物作为吉祥物的原型，它们分别在空中、水中和地上生活，代表了澳大利亚的天空、水分和土地。2002年盐湖城冬奥会的吉祥物是三种在美国西部印第安神话中深受喜爱的小动物——雪靴兔、北美草原小狼和美洲黑熊，并以三只动物本地文化内涵对应奥运会"更快、更高、更强"的奥林匹克格言。[②]

为延续奥林匹克视觉设计的传统，北京冬奥会视觉设计团队自受邀创作之初，就确定了在体现奥运理念的前提下，把本土文化的精神融入其中的核心思想。视觉设计者团队通过标志，以及整体的形象景观设计，努力找到中国的文化和奥运会的目标之间的契合点，赋予中国文化载体一种新的符号，从而实现中国传统人文符号与奥运精神的完美结合。

北京工业大学艺术设计学院在设计北京冬奥会休战墙时曾明确表达，"休战墙"的造型设计正是中国的"玉龙""石榴"形象和寓意的写照；中央美术学院设计学院的会徽设计者团队领队林存真在访谈中曾说："我在德国留学的时候就注意到，世界各国的优秀设计师都有很鲜明的民族特色……优秀的中国设计师，就必须要懂中国文化，会展示中国文化。"[③]北京冬奥会同心系列奖牌设计小组成员林帆和高艺桐于2021年接受采访时，也在访谈中表达了北京冬奥会奖牌"同心"的概念是受中国古典双环玉璧和古代铜镜的启发；[④]这些深度访谈的资料记录，反映了北京冬奥会视觉形象设计者主动运用本土符号的意识。

细细审视这些本土文化符号的运用，又绝非中国本土元素的纯粹组合，它经历了明显地精神抽取和写意重构，犹如中国水墨写意手法，将要表达的视觉形象凝练成为高度意象化的符号，使每一种视觉呈现成为一种"有意味的形式"。

以"墨舞冬奥"命名的北京冬奥会会徽，从名字就感受着扑面浓浓的中国本土文化气息，它的表现形式选择了中国墨笔挥洒的汉字书法形式。借用本土文字表现会徽的核心图形，在奥运会视觉历史中，中国并非首创，2018年平昌冬奥会会徽就是将韩文中"平昌"两个字的子音加以形象化后而形成的。奥运会优秀的视觉形象资源，给了北京冬奥会视觉设计深厚的滋养和启发，林存真说："汉字配合书法，可以很好地展示中国文化的特色。在设计时，我们也看到2018年平昌冬奥会的会徽，他们是用'平昌'的韩文来表现的。但它有一个缺点，就是不认识韩文的人就不明白其中的含义。我们设计的这个汉字的'冬'，是由运动员和冰雪滑道组成的，不认识汉字的人也可以看出滑道。"[⑤]从这段访谈中，可以看出北京冬奥会会徽形象的产生渊源虽然为中国文字，最终的"冬"字会徽利用了视觉象形特征，但形象更重要的意义体现是将中国本土汉字符号进行开放、写意的拓延，为了让不认识汉字"冬"的观者"依然看出滑道"形象，体现了本土视觉对应全球观者的国际交流的意识。

———————————

① 胡月. 基于奥运会徽比较研究的北京冬奥会徽设计思考 [D]. 西安：西安工程大学，2014.
② 刘平云. 扎根本土　面向未来——冬奥吉祥物设计的实践与思考 [J]. 装饰，2020（1）：84-87.
③ 北京获 2022 年冬奥会举办权！深度解析申奥标志背后的故事 [J]. 工业设计，2015（8）：28-29.
④ 刘晶，黄家馨，殷铄. 五环同心共享冬奥：《中国美术报》专访 2022 北京冬奥会奖牌设计团队 [N]. 中国美术报，2021-11-08（2）.
⑤ 北京获 2022 年冬奥会举办权！深度解析申奥标志背后的故事 [J]. 工业设计，2015（8）：28-29.

寓意着"天地合·人心同"以中国玉璧形象为视觉核心的北京冬奥会"五环同心"奖牌，由于本土符号的巧妙运用一经亮相就引发惊赞。设计者杭海在阐释同心形象的内涵时表明，同心圆给人凝聚、团结之感，象征全世界人民受奥林匹克精神的感召，共同分享冬奥的快乐，相互理解，共存共融。"五环同心"的理念，可以跨越文化和国界。[1]设计者强调了从千古汉代穿越当下的中国文化的本土符号，此时承载的视觉的终极意义，是要"跨越文化和国界"，表达共享共融的"同心"。

北京工业大学艺术设计学院设计的北京冬奥会"和平之光"主题休战墙，以中国典型的民俗符号"灯笼"为外部造型，从上方俯瞰，又可以看出一朵完整的雪花，雪花侧面都采用了来自新石器时代的中国"玉龙"作为造型元素。"玉龙"的腾飞升华，"石榴"的紧密相连，都象征着国家繁荣昌盛，展示了对国家发展的美好期许，诠释出"张开怀抱，彼此理解，求同存异，共同为构建人类命运共同体而努力"的理念。

北京冬奥会视觉形象的表现话语，虽然以中国文化的本土符号为内容，但经重构，被赋予特定的情景与内涵后，表达出北京冬奥会区别于其他冬季奥林匹克运动会的视觉呈现，进行了意象的重新提取凝练，既不过于抽象难辨，同时又将中国举办好北京冬奥会的真诚情怀，从视觉形态和精神内涵双重角度，向世界作出传递。以本土符号为视觉核心的形态，格外关注了世界视觉观者接受的范畴，毕竟，冬奥会视觉形象交流的终极目的，首先是审美的、情感的、视觉的，其次才是东道主的本土特色。低调、大气的设计格调表达了一种本土在场却绝不喧宾夺主的大国风范的真诚，实现了视觉写实至写意的转换、形象至情怀的升华。

4.1.2　语义演进：2022年北京冬奥会与2008年北京奥运会视觉延承

冬季奥林匹克运动会（以下简称冬奥会）的诞生晚于夏季奥林匹克运动会（以下简称夏奥会），在会徽的设计上也继承了夏奥会会徽的设计理念。如首届1924年夏蒙尼冬奥会会徽延续了前6届夏奥会会徽的设计理念与风格。[2]1972—1992年，这30年举办了6场冬奥会，所有的设计都显得非常整齐划一，只在细部有一些调整。这6场冬奥会的设计基础，则来源于1972年慕尼黑奥运会（即第二十届夏季奥林匹克运动会）的图标设计。而这组图标也可以说是利用率最广、使用时间跨度最大的运动赛事视觉形象，其经典程度深入人心，即便到了今天，依然能在各种体育场中见过它的运用，[3]可见不同时代的奥运会视觉形象个性十分注重传统历史延承的共性。

和历届奥运会视觉形象的呈现策略一样，北京冬奥会视觉系统也致力于体现北京作为双奥之城的历史脉络，在吉祥物、会徽、标识牌等核心视觉图形方面，对2008年北京奥运会视觉形象元素进行了传承，延续了北京奥运会视觉形象以本土文化独特性参与全球奥林匹克精神的特征。对北京奥运本土符号形象的再次运用，一方面加深和稳固世界对自身民族传统文化符号的认知，另一方面，吻合了中国提出"简约办奥"的理念，合理利用已有的资源。北京奥运会标志"舞动的北京"，将书法和印章和书法等艺术形式与运动相结合，用夸张的动感，以一个向前奔跑、舞动着迎接胜利的运动人形，传递着具有浓郁中国韵味的奥运精神，其图案以"京"字为主体，巧妙运用了中国字"象形"的内涵，使"京"字的每个部位都对应上人的五体，使得整个字动了起来。时至今日，看到这个标志时大众仍能从其中联想到奥运会的种种，以及北京的人文，这是传统艺术与现代设计的碰撞所出现的新的活力。[4]14年后，2022年中国即将迎来冬奥会，这次的会徽和图标设计也和北京奥运会一样，采用了书法、篆刻、印章的形式完成，与2008年的"秦篆"图标有所区别的是，这次的印章更偏重"汉印"风格，一方面是对北京奥运会"舞动北京"篆刻风格会徽的致敬与传承，另一方面，从文化内涵上用"汉印"对应"秦篆"，从汉字演进的角度将秦汉时期最具有代表性的两种典型艺术形式对应。[5]

回望这种传承，并不是简单的重复，而是呈现了本土文化象征语义的时代演进，即使同为传统内涵的相同符号，也是具有时代差异的。2008年北京初次承办夏奥会，"京"字作为中华民族传统符号内涵，承载着中国首都作为窗口向全世界展示首次作为承办城市的意义，而2022年北京冬奥会会徽汉字的形象，不仅仅代表一种让世界前来认识自己的邀请，更是面向国际进一步展

① 刘峣. 冬奥设计的中国式浪漫 [N]. 人民日报海外版，2021-11-03.
② 董宇. 冬奥会会徽探究 [J]. 体育文化导刊，2014（5）：192-195.
③ 日站君. 又是印章：北京冬奥会图标是江郎才尽还是经典传承 [N/OL]. 腾讯新闻，2021-01-07.
④ 李逸帆，甘中流. 汉肖形印与中世纪欧洲纹章比较研究 [J]. 艺术百家，2020，36（2）：182-188.
⑤ 张洺贯. 北京 2022 冬奥会和冬残奥会体育图标篆刻风格创作谈 [J]. 山东工艺美术学院学报，2021（3）：45-49.

示自己新时代的发展变化。在"墨舞冬奥"视觉形象形成之前，以北京地域符号作为主体的方案也曾被考虑，但最终"墨舞冬奥"设计以面向国际展现新时代的鲜活意境而予以采用。经过了14年的变迁，同以汉字作为基础形象的视觉设计，以更积极的情怀参与奥运精神拓展和延承，更加积极关注世界环境、参与人类命运共同体事业的推动。

2008年北京奥运会的"金镶玉"奖牌，被公认为史上最美的奥运奖牌之一，奖牌正面的金属图形上镌刻着北京奥运会会徽，背面则镶嵌着取自中国古代龙纹玉璧造型的玉璧，体现了对获胜者的礼赞，也形象地诠释了中华民族自古以来以"玉"比"德"的价值观。2022年北京冬奥会"同心"奖牌，依然保留了金镶玉的本土文化素材，以殷墟妇好墓出土的五弦玉璧等作为视觉来源，将外围圆环设计成五弦造型，弦纹之间做打凹处理，以接近五弦玉璧的意象，表达与中国的奥运会奖牌"金镶玉"的玉璧形制的一致性，体现双奥之城的文化联系。如果说，2008年北京奥运会"金镶玉"奖牌突出了"以玉比德"的自我修养，而北京冬奥会"五环同心"概念的奖牌视觉设计，更迈向了超越个人、倡导世界和平的全球价值认同。更高的境界、更广的格局，更新的时代，在高度意象化的本土符号中延伸。

这种象征语义演进，在吉祥物"熊猫"形象选择表现也十分突出。熊猫形象作为吉祥物，从1990年北京亚运会的"盼盼"就已开始，到2008年北京奥运会的"福娃"，再到现在的"冰墩墩"，熊猫元素在国际体育赛事吉祥物设计中多次使用，十分明确显现了中华民族本土文化传承的脉络。[①]熊猫作为中国国宝，是中国典型的本土符号，西方《功夫熊猫》系列大电影助力拓展了世界对这一憨态可掬又侠行仗义的东方萌宠形象的认知与传播，北京冬奥会吉祥物"冰墩墩"再次选择熊猫形象，运用了熊猫已有的全球传播成效基础，突破了本土符号的纯粹性。2022年北京冬奥会吉祥物"冰墩墩"身披冰晶外壳的设计，成为这次吉祥物不同于以往的最大特点，这虽然是紧扣"冰雪运动"这一相关性的结果，但更是为了在审美熟悉的视觉基础上强化了科技性能，利用"冰"的透明性和反射性，根据所处环境的变化映射出不同的景象，在特定的环境下可以利用多媒体技术在其身上投射各式各样的信息，成为一个包罗万象的显示屏，全方位地与全世界人民互动。[②]同时，冰墩墩的手心是一个爱心，利用熊猫本身是有掌心的视觉处理，结合"友谊"这一相关性将它设计成了一颗爱心，代表五大洲的和平与友谊，也代表了中华民族的友好与和善，表达了中国与世界交流的显著意愿。国际奥林匹克委员会（以下简称国际奥委会）主席巴赫先生在发布会上对"冰墩墩"的点评："北京冬奥会吉祥物集中国和中国人民最精华的元素和特色于一身，一定会成为中国和北京2022年冬奥会的杰出大使。"

从亚运会吉祥物对熊猫"原汁原味"地呈现到北京奥运会将熊猫元素"解构重组"为福娃形态，再到如今"凸显科技与未来"意愿的冰墩墩的加入，中国用很熟悉但又有创新的本土符号，向世界展现了中国人民敦厚、勤劳、和善的核心形象；经历着时光的发展、沉淀、积累、变迁，中国呈现传统文化的态度已经有着巨大的拓展和超越，展现出将优秀的中华民族传统传播给全世界的更为积极、开放的态度。

4.1.3 全球观看：本土化与国际化交融的微妙之"度"

本土化与国际化多元交融，已成为奥运会视觉形象普遍采用的方式，历届承办国家都不约而同地展现了融合本土化与国际化的双重愿望。"同样表现奥林匹克更快、更高、更强的主题，各国艺术家除了用具象写实的、表现的、象征的、抽象的语言加以描写外，还把本民族传统文化的一些元素用于自己的艺术创作"。[③]但由于世界文化符号的多元性，奥运会视觉形象刻意或者过度本土化，也往往会造成国际文化交流的障碍。在关于奥运会视觉形象的研究领域，已有学者关注到了中国奥运会视觉形象本土化和国际化融合之"度"的问题，罗晓欢在《论中国当代设计的本土化与国际化的双重焦虑——以东京、北京和伦敦的奥运会标志设计为例》文中比较了中国奥运会视觉形象的"本土化"状态，建议"本土化"不要成为设计负担，提倡"自主、自信、自然"的设计；[④]祝帅也针对北京奥运会视觉设计"中国元素"问题撰文提出"民族性和国际视野"的关系。[⑤]的确，根据接受美学的"审美期待"规律，当视觉形式与接受者的"期待视野"过于重叠，没有形成"陌生化"的空间，观者就不会产生接受欲望；反之，

① 刘平云. 扎根本土 面向未来——冬奥吉祥物设计的实践与思考 [J]. 装饰，2020（1）：84-87.
② 陈子瑜，曹雪. 冬奥会吉祥物的设计探讨：以北京冬奥会吉祥物"冰墩墩"为例 [J]. 美术学报，2020（3）：18-23.
③ 邵大箴. 共同的理念，丰富多样的语言追求——"第三届中国北京国际美术双年展"观后 [J]. 美术，2008（8）：24-25.
④ 罗晓欢. 论中国当代设计的本土化与国际化的双重焦虑——以东京、北京和伦敦的奥运会标志设计为例 [J]. 装饰，2009（11）：114-115.
⑤ 祝帅. 陈氏设计的得与失——对陈绍华设计的认同与焦虑 [J]. 美术观察，2004（5）：31-32.

距离期待视野太远，太过于"陌生化"，观者会失去判断不知所云，也无法产生有效接受的意义。①从这个角度考虑，冬奥会视觉形象本土化与国际化交融的微妙之"度"，其实是更为值得深思关注的问题。

在"国际化"设计方向做出最具突破性尝试的是2012年伦敦奥运会会徽，它一改以展现民族文化为主的会徽形象，没有把设计形象建立在本土文化的基础之上，而是采用了纯国际化的设计形态来进行表达，由单纯的大色块作为主体图案设计元素，而且弹性组合蓝、橙、绿、粉四种颜色形态，以达到根据不同的使用场合选择不同颜色的会徽。正因为由不规则几何图形组成的会徽将来可以拆分出来或者变形应用在不同场合，所以使得整个会徽象征着活力、现代与灵活。②在奥运会视觉设计史上是一次减弱本土化、更多倾向国际化的令人争议的突破。

如何将所独有的本土文化特色与全球性、世界性的奥运精神有机地融合在一起，对于2022年北京冬奥会视觉形象的设计，同样是最具挑战性的同时又是最具有趣味性的议题。从北京冬奥会视觉形象，可以看出它在国际化交流话语也致力开拓。

1. 以"人的体魄"作为核心的视觉探索话语，以视觉叙述了对世界普及认知的"人"的健康状态的写意想象

现代奥运会源于古希腊体育思想的继承，古希腊体育思想强调一个完整的人是必须有健壮的身体和高尚的思想，既要重视身体的锻炼，发挥身体的作用，也要提高思想的高度，达到身心统一，实现身体价值和精神价值的一致性。③而奥运会之所以在世界生生不息地延续，遵循的就是这种体育精神的展现，西方文艺复兴的人本主义和东方天人合一的美学思维，都蕴含着让身体和思维达到充分的融合，使身体和思维达到高度统一，真正成为一个理性的人。因此，以强调"人的健康身心形态"为核心的国际认同，成为此次北京冬奥会视觉形态国际交流的首要话语。北京冬奥会会徽，虽然采用的是本土汉字"冬"的形态，但最核心的是表现运动的"人"在冰雪滑道中的健美体魄，汉字"冬"字中浑然一体的滑道、动态，既凝聚成"人"的形态，也凸显于"人"的精神，尤其是篆刻艺术中雕、刻、篆等创作生成方式与冬奥冰雪运动以"冰刀切雪"相对应，石屑散飞、雪沫迸溅，镜像交错，篆刻的艺术特征更具冲击力地突出了"人的体魄和动感"在冰雪运动中的激烈性，"纯洁的冰雪，激情的约会"视觉意境、以"人"为核心的写意想象和视觉传达，提升了北京冬奥会视觉形象效果"本土化"与"国际化"相互关联的顺畅。

2. 对尊重自然环境的认同，是北京冬奥会视觉形象对本土化与国际化交流话语的强调

奥运会能够持续举办、各国人民团圆并且和自然和谐相处，呈现的是以人为本、使人自然发展的思想，以及人与自然和谐相处的哲学态度。大自然是无比神圣的，我们敬畏它，就能够得到它的庇佑，并享受着大自然赐予我们的各种资源；大自然是充满秘密的，我们探索它，就能发现它的奥秘，让我们人类不得不佩服大自然的神奇；大自然是非常友好的，我们改造它，就能发现它的顽强，让我们人类折服于大自然的怀抱中。④北京冬奥会在申办之初就倡导了本着一种可持续发展的观念与自然和谐相处，在北京冬奥成功申办后，习近平总书记对办好北京冬奥会作出重要指示强调，要坚持绿色办奥、共享办奥、开放办奥、廉洁办奥，确保把北京冬奥会办成一届精彩、非凡、卓越的奥运盛会。⑤事实上，2022年北京冬奥会直接揭示了一种人和自然共生共存的理念，这种理念尤其体现在"距冬奥100天"时发布的冬奥会制服视觉视形象创意方案，服装画面取《千里江山图》的青山绿水之法，运用中国水墨画笔触、浓厚淡薄的线条、远近虚实的层次，融合了京张赛区山形、长城形态，水墨流动、雪山绵延，展现了中国传统的"道法自然、天人合一"关乎人与自然环境关系的思想，对应"简约办奥"倡议，冬奥会制服装备中使用了北京冬奥会和北京冬残奥会双会会徽，提升制服装备的可持续性，减少冬残奥会制服发放数量。以本土视觉符号自信、自然地对应全球共同尊重环境的国际追求。

3. 对世界和平信念的认同支持，也是北京冬奥会视觉形象的国际话语叙述

奥运会是将不断拼搏的体育精神、自强不息的民族精神和向往和平的国际主义精神融为一体的运动盛会。它始终期待着没有战乱纷争的和平世界、人与人之间亲密友好关系、各族人民之间紧密团结的美好愿景。⑥这是奥林匹克精神最崇高的表现，也是中国申办奥运会的终极目标和梦想。宛如玉璧的"同心"奖牌——北京冬奥会和冬残奥会奖牌取名"同心"，一方面是和奖牌的形象设计来源有关，它来源于中国古代同心圆玉璧，五环同心，同心归圆；另一方面"同心"也表达了"天地合·人心同"的中

① 王宏建. 艺术概论 [M]. 北京：文化艺术出版社，2010.
② 胡月. 基于奥运会徽比较研究的北京冬奥会徽设计思考 [D]. 西安：西安工程大学，2014.
③④ 黄二青. 图像学视域下的冬奥会会徽研究 [D]. 芜湖：安徽师范大学，2017.
⑤ 习近平对办好北京冬奥会作出重要指示 [OL]. 新华网，2015-11-24.
⑥ 黄二青. 图像学视域下的冬奥会会徽研究 [D]. 芜湖：安徽师范大学，2017.

华文化内涵，同时也象征奥林匹克精神将人们凝聚在一起，"参与冬奥、共享冬奥"。北京工业大学艺术设计学院设计的北京冬奥会奥林匹克休战墙，直接以"和平之光"作为设计主题。2022年2月1日，国际奥委会主席巴赫先生为"和平之光"——北京冬奥会奥林匹克休战墙及壁画揭幕并在上面签名；在北京冬奥会开幕之后，来自全世界的运动员和北京冬奥组委的工作人员都纷纷在这里签字、涂鸦、写下对冬奥会送上祝福，留下期盼和平的美好愿望。"各美其美，美人之美，美美与共，天下大同"，北京冬奥会视觉形象，以本土符号诠释对世界和平的国际理念的深刻理解、以视觉文化形象向倡导世界和平的国际精神致以认同和支持。

奥运会所承载的全球性开放、交流的特质与内涵，使它被注入越来越多元的文化因素，奥运会视觉形象成为当今世界上艺术形态最为丰富多彩的视觉系统之一。也正是由于它承载全球性开放、交流的特质与内涵，对它的设计、观看、研究、推动，都带上了国际化和本土化交融的色彩。黑格尔说："真正不朽的艺术作品当然是一切时代和一切民族所共赏的。"在北京奥运会视觉文化依然在生生不息地发展中，期望我们继续有勇气、有胆识和付出更多心血，以多元的姿态回应着中国本土文化的"在场"和全球视野的"观望"。

4.2　展陈策划形象研究 ①

展陈策划形象可以从人文与社会的角度出发，再从美育的角度进行拓展，特别是社会美育与公共文化空间在物理属性与公共、文化属性上具备同一性。以北京与张家口两地北京冬奥会展示中心为例，从物理维度、文化中心词、国家主流意识形态三个层级入手，明确北京冬奥会展示中心这个特殊的公共文化空间，在充分利用科技为手段的展陈形式策划中，结合中国精神与国际设计语言，将奥运文化、冬奥文化、中国文化适度呈现。使北京冬奥会展示中心不仅符合公共服务发展趋向及公众文化需求，更实现了在社会美育维度中展现较强现实意义的建构。

北京冬奥会展示中心作为我国重大历史节点及标志性活动的展陈类公共文化空间，在北京和张家口赛区都进行了建造。就北京和张家口两个地区而言，是在社会美育狭义范畴内的一种公共文化空间场域，从北京冬奥会对我国和全世界的影响效应来说，则是社会美育广义概念中，国家文化意识形态建设重要维度的充分践行。

在针对北京冬奥会展示中心的展陈策划中，通过对冬奥会、冬残奥会历史，比赛项目，北京冬奥会申办、筹办、举办过程，北京冬奥会场馆展示与介绍，冬奥英雄人物等内容的梳理与统筹，结合运用多样性的展陈手段，让参观者在展场形成直接性、具身性、趣味性、知识性的官能感受体验和审美共通；在浸润式展陈文化带入中实现与冬奥会相关联的社会美育过程，完成个人在公共空间群体氛围中的个体情感升华，使受众潜移默化地感知个人生活命运与宏大叙事之间的联结。

4.2.1　社会美育与公共文化空间的同一性

1. 社会美育概念的提出

"社会美育"的概念在"美育"一词引入中国后也随之形成，近年来随着人们生活精神物质水平的提升，对美育的侧重也相继从学校、家庭逐渐形成到社会层面的全覆盖。社会美育的研究也从早期视其为学校和家庭美育之外的补充，发展为重视艺术与社会人生联结的大社会美育体系的建构。

18世纪德国作家、美学家席勒在所著的《美育书简》中首次提出"美育"的概念，本义为"感性教育"。1912年蔡元培先生通过德文意译将"美育"引入到中国，称为美感教育，并逐步确立了"美育教育"为国家教育方针，是培育"健全的人格"不可缺失环节。并提出就时间而言，美育贯穿人的一生；就空间而言，美育"可分为学校、家庭、社会三方面"。②

2. 社会美育概念狭义与广义的解读

社会美育是美育的次一级概念，"社会"两字不仅定义了美育的实践领域，还界定了人文意义产生特点。就狭义而言是"家庭与学校美育之外的、伴随人终生的、贯穿于各类社会活动、人与自然关系中的社会美育文化"。③家庭与学校之外，能进行各类社会活动的场域，主要指博物馆、美术馆、音乐厅、文化中心等多种空间类型，这些社会美育涉及的物理范畴，统称为公共文

① 本节作者为徐爽。
② 蔡元培. 蔡元培全集 [M]. 杭州：浙江教育出版社：1998.
③ 孔新苗. "社会美育"三题：含义、实践、功能 [J]. 美术，2021（2）：10-14.

化空间。在此类空间中进行活动的人们往往不存在家庭或单位关联隶属，多为自发进行的公共性活动，美育内容相比于家庭和学校来说在形式上看似零散，却更加丰富，以不同的文化空间类型承担着人与自然关系中的社会美育职能，社会美育在物理维度上与公共文化空间有着统一的公共性和文化性。

广义上，社会美育也是"现代国家治理体系中体现国家文化意识形态建设的一个重要维度"，①它贯穿于家庭、学校、社会这一整体的系统之中，更加突出美育的"社会性"，与社会精神文明、消费行为等社会活动息息相关。在这一层面中，社会美育意在通过各种文化机构开展的文化活动来塑造大众对国家认同的审美文化价值观，是国家主流意识形态的体现。在形式多样的公共文化空间实施的以实现大众与国家审美文化价值同一的所有文化活动，都属于社会美育范畴。这就让社会美育在精神维度也与公共文化空间有着一致的社会公共属性和文化属性。蔡元培先生在《现代美育理论》一书中就已从社会公共文化建设角度提倡"社会美育"，他将与家庭、学校美育相区别的社会文化机构、环境建设，作为衡量一个社会文明发展水平的重要标尺。

2020年10月29日中国共产党第十九届中央委员会第五次全体会议通过的《中共中央关于制定国民经济和社会发展第十四个五年规划和二〇三五年远景目标的建议》中提出"推进城乡公共文化服务体系一体建设，创新实施文化惠民工程，广泛开展群众性文化活动"，②将公共文化服务切实地提上日程，对公共文化空间的创新拓展已成为关乎民生的重要任务。

除了在软硬件方面加大对公共文化服务机构的建设外，公共文化服务机构开展的各项文化活动，也应从内容到精神进行一体化融合创新。社会美育与公共文化空间的同一性，让公共文化空间建设有了更明确的对标指引，将社会美育与公共文化空间融汇，达成专属空间造就人们对国家文化意识形态从自发到自觉认知的有效思考，让每一个公共文化空间在完成主题文化的同时，成为守正创新建构中国理论、传播中国声音的最佳场域。

4.2.2　展陈内容策划对社会美育的实现

北京冬奥会展示中心在展陈策划中，聚焦实现这三个层级的内容：基于物理层面的专属公共文化空间策划，基于专属文化层面的冬奥会宣传窗口策划，基于国家意识形态层面的申办、筹办、举办过程中的中国智慧。这三个层级内容也反映出北京冬奥会展示中心的从物理维度到精神维度实现了社会美育的建构。

1．专属公共文化空间策划

1）公共文化空间

北京冬奥会展示中心在最基础的使用功能上是供所有人可自由使用的公共文化空间。公共文化空间本指有文化意义或性质的公共性物理空间、场所、地点，与社会美育共享物理性空间，且具有社会性和公共性两种属性，其可成为人与人、人与社会、社会与文化连接的纽带。③公共文化空间不仅与社会美育同源性，更有着其他文化产品不具备的类型多样、平等普惠、艺术审美的优越特性，针对此层面的策划，以满足公共文化空间具备的特征特性为要务，其中也包括社会美育这一重要功能。

公共文化空间可以分为社会型和商业型两大类，图书馆、文化广场、博物馆等属于社会型，实体书店、音乐厅、影剧院等则为商业型；人们在这些场所已可以方便地获取文化资源，民众可随时进入其中满足自身参与公共文化空间的需求，而对于公共文化空间的分类也越来越具备专属性。北京冬奥会展示中心基于其展示性特质可以隶属于博物馆，但与博物馆以实物作为展出主体、用实物架构展陈主题不同，北京冬奥会展示中心的内容载体并不拘泥于某一类，实物展品出于多样性考虑虽然应是重要组成部分，但就展陈内容而言，不会在展出类别上有针对性地侧重。特别在一些展示中心的展陈策划中，既有空间在建造初始并非针对某场展示，造成了在策划中的诸多限制。

2）公共文化空间基本诉求的实现

以北京2022年冬奥会和冬残奥会张家口赛区展示中心为例，通过展示中心二层入口处一块方正区域后，穿过走廊进入后面正方形挑高大厅，大厅左侧为上楼台阶，右侧与底部各有一长方形外凸空间；三层为半包围环廊，可以俯视二层大厅，并在二层入口处和右侧与底部相同的位置可作为展陈使用空间。如何展示出较为大量的展陈内容，符合展示逻辑并匹配展场现有空间，设

① 孔新苗．"社会美育"三题：含义、实践、功能 [J]．美术，2021（2）：10-14.
② 新华社．中共中央关于制定国民经济和社会发展第十四个五年规划和二〇三五年远景目标的建议 [OL]．中国政府网，2020-11-03.
③ 黄放．城市公共文化空间的融合发展路径 [J]．图书馆研究与工作．2020（5）：5-9.

计合理人流动线，引导参观是作为策划的首要内容。

在策划中，全面考虑作为北京冬奥会展示中心的建筑所在地，以及现有建筑空间情况，按照既有空间情况设计了6个展区，匹配冬奥会历史发展与知识，北京冬奥会张家口赛区规划与建设，张家口赛区申办、筹办到举办的过程，以及冬奥会项目、运动员等介绍，突出冬奥会文化的同时，突显张家口赛区的独特之处；将挑高大厅的下层设计为艺术装置沙盘，作为观者可以在上下两层进行观看的主要展项，此处占据在整个展场设置的6个驻足点中的2个；观者通过逆时针的走向，浏览4个向外突起的较小空间，每个空间设置一个主题，拱卫着象征冬奥会规划全貌的中心沙盘。观者会在大沙盘的震撼中被成功带入到张家口赛区的北京冬奥会情节中，并经过30~60min在多个驻足点的观展过程中，对张家口赛区形成较为完整的全方面印象，随后在三层俯视中心沙盘，可以印证在小空间展厅中看到的展示内容，在出口处更可以看到冬奥村实景，与整个展示内容产生呼应，形成渐入佳境的延展性展示。

作为展示性公共文化空间，在空间有限的情况下更要合理地策划内容，最大可能地运用既有空间，让展场有充足的可观展空间，实现公共空间的基本诉求。

2. 冬奥会宣传窗口的策划

北京冬奥会的举办正值冬季奥运会百年临近之际，也是全面落实《奥林匹克2020议程》的第一届奥运会。北京也将成为历史上第一个既举办过夏奥会，又将举办冬奥会的城市。但人们对于奥运会普遍的认知多停留在夏奥会上，对冬奥会的历史和知识知之甚少，北京冬奥会展示中心以"冬奥会"为中心词，势必要在内容与形式上充分表现冬奥会。在北京首钢和张家口崇礼两处北京冬奥会展示中心的内容策划中，对于冬奥会的宣传都占据了相当大的比例，也成为对展示中心"文化中心词"的有效诠释。

在北京冬奥会展示中心的策划中，序厅就出现了历届冬奥会和冬残奥会的时间轴，清晰呈现冬奥会历史；并将奥林匹克会旗和残奥会会旗作为实物展示；在"让奥林匹克点亮青年梦想"部分，可以历数我国的冬奥英雄和他们的参赛事迹。3号厅全部介绍了冬奥体育项目及冬残奥体育项目。并展出冬残奥会实物，以及雪车、跳台滑雪、高山滑雪的模拟器。人们通过观看展览可以全面了解冬奥会的发展历史和项目情况，这部分内容在对于冬奥会的所有介绍中犹如最基础的基石，在此之上则是针对本届2022年北京冬奥会具体情况的内容介绍。此时的"文化中心词"增加了定语"北京"：序言展区出现了北京冬奥会和冬残奥会愿景，并表明北京是世界上第一个既举办过夏奥会、又将举办冬奥会的城市。在筹办展区介绍了北京冬奥会的基本情况、亮点及组织结构，随后的"冬奥进行时"历数北京冬奥会筹办工作的节点事件，对已经发生的事件根据情况具体到年月或年月日，对于开馆后直到北京冬奥会举行4年间的重大事件，也进行了年度化的事件点罗列。

"冬奥进行时"将2015年的4件事、到2016年的11件、2017年的21件，直到2018年更是分成了上半年12件和下半年14件，一件件列出，尽量用一句话概括，长句如：2016年"7月31日，申办成功一周年，北京冬奥组委官方网站上线，面向全球征集会徽"；短句如：2018年"8月，制定票务计划"。对于收录在"冬奥进行时"里面的事件也是方方面面，以2017年为例，共有21个节点事件，涉及国家领导人关怀、官方合作伙伴、面向全球招聘工作人员、场馆开工、国际奥委会官员到访、人员培训等，许多在日常中不会引起观众注意的事件被一件件用时间串联起来，犹如一串多彩的珠子，让观众对筹办工作有了全方位的了解。看似有些冗繁的逐一列举，却可以显现出北京冬奥会筹办工作的紧锣密鼓与按部就班，观众在全面感受北京冬奥会筹办是一个复杂而又专业的大型工程的同时，甚至可以引起一丝感同身受的紧迫感。

3. 基于申办、筹办、举办过程中的中国智慧的策划

对于该部分的策划是以实施主体的角度展开的，中国作为北京冬奥会的主体，以冬奥会为契机向世界展示自身的发展，也是整个北京冬奥会展示中心的意识形态主线。北京冬奥会展示中心的定位，从践行《奥林匹克2020议程》开始，面向世界传播北京冬奥会声音；到将中国特有的冬奥会筹办理念、愿景，以及可持续发展成果加以传播，通过北京冬奥会促进世界和平友谊；再到弘扬中国悠久的冰雪运动文化，带动"三亿人参与冰雪运动"。这就是对中国智慧的具体内容性解读，也是在北京冬奥会展示中心得到的社会美育精神层面的对接内容。

在北京冬奥会展示中心策划中，将中国传统与现代文化元素强力植入到展陈中，让参观者被一种中国味道的大国气息所包裹。序厅出现的"北京2022年冬奥会和冬残奥会愿景"中"让奥林匹克点亮青年梦想""让冬季运动融入亿万民众""让奥运盛会惠及发展进步""让世界更加相知相融"四点，也成为一号厅4个单元的标题，成为愿景实现的最佳答卷。

"让奥林匹克点亮青年梦想"作为第一单元，从介绍冬奥会获奖者开始，通过对国家体育总局正式公布《2022年北京冬奥会

参赛实施纲要》《2022年北京冬奥会参赛服务保障工作计划》《2022年北京冬奥会参赛科技保障工作计划》《2022年北京冬奥会参赛反兴奋剂工作计划》和《"带动三亿人参与冰雪运动"实施纲要（2018—2022年）》的介绍。我国对此次冬奥会的积极备战，北京冬奥会109个小项全面建队、全项参赛；力争冰上项目跃上新台阶，雪上项目实现新突破，带动越来越多的群众特别是青少年参与冰雪运动的积极性。随后顺理成章地进入到对北京、河北两地提升冰雪竞技水平的介绍，以一组组数据让观众清晰了解到自申办北京冬奥会成功之后，在运动员的储备、选拔、训练、获奖上的逐年进步，以及针对教练员、裁判员的资格评审标准的完善，实训基地的建设，显示出我国就冰雪竞技运动水平整体提升所做的努力。

在"让冬季运动融入亿万民众"单元，展示了我国从传统冰雪运动到现代冰雪运动的发展。近代冰雪运动以有历史感的照片、实物为主，如1953年在什刹海举行的华北区冰上运动会的优胜奖杯、20世纪50年代的"黑龙"牌速滑冰刀、"火星"牌花滑冰刀等；较为特殊的非常规物品会格外显眼，姚明在拍摄冬奥会申办宣传片时扮演一名冰球守门员，所穿的56码冰鞋。有名人效应的实物展品会成为众多同类展品中的跳跃音符，让观众本来较为平稳的观展状态出现起伏。由首钢老厂房的"水塔"改造而成的独立展区，将故宫博物院文物《冰嬉图》在数字影像技术的作用下"活了起来"。再现了清朝皇帝每年农历腊月在中南海冰面检阅八旗士卒冰上训练成果的场景，这些类似于今天"冬季两项"的训练项目既展示了我国传统冰雪运动的智慧，也展示了今天数字科技发展。

"让奥运盛会惠及发展进步"单元部分，首先是"促进残疾人事业发展"，一份"2015—2017年全国投入使用的各级残疾人综合服务设施统计表"表达着冬残奥会对残疾人事业发展的促进作用，以及我国对残疾人事业的关注度与实施成果。"与京津冀协同发展战略同行"作为这个单元的主要展示内容，在京津冀协同发展重大战略部署的指导下从京张携手对口帮扶、交通网络互联互通、生态环境协同保护、公共服务层层深入，让观众切实体会两个赛区的共融与发展，印证着国家重大战略的智慧。在实物展品的策划中筛选出国家发展和巨大变迁的展品，最具代表性的是：中国人自主设计的第一条铁路，京张铁路上的路轨，这根产于1906年比利时的铁轨既有时代标注又有当年落后的烙印；与之产生巨大对比的是北京冬奥会期间将要运行在京张高铁上的"复兴号"智能列车模型，这条以最高设计时速为350km/h穿越高寒、大风沙地区的高速铁路，不由得唤起了人们对中国科技发展的赞美。

"让世界更加相知相融"单元，则反映出我国在外交与行政的智慧。开放合作的部分，从中国积极参加国际奥委会的各项会议，到对国际奥委会等组织的深入考察，加强了我国与国际奥委会、国际残疾人奥林匹克委员会（以下简称国际残奥委会）、国际单项体育联合会的沟通合作。采用全球招聘的方式，以全球视野和战略眼光开发人才，建立特聘专家制度，选聘的20位国际一流专家，他们在解决关键性技术问题方面发挥了重要作用；此外在国内公开招募，建立了雪上项目专业人才储备库、有双板滑雪技能的医疗专业人才、专业志愿者储备库，使得北京冬奥会服务人员质优量足。官方外交和民间外交齐头并进，获得了良好的国际评价。市场开发与公开廉洁，通过北京冬奥会赞助商logo墙，进入到公开招标、廉政监督等管理体系的介绍，展示有关管理制度、流程，体现北京冬奥组委的廉洁透明。

此时展线已经来到了一号厅的尾端，相约北京形象墙播放平昌冬奥会闭幕式"北京八分钟"表演、残奥会闭幕式八分钟演出视频，以及习近平总书记向世界发出邀请的视频，向世界发出邀请，作为筹办工作与成果展示部分的高潮完结。

基于以上三个层级的内容策划，将北京冬奥会展示中心开展社会美育的内容加以明确，从物理维度的策划到围绕北京冬奥会这一"主题词"展开的策划，最后将内容锁定在国家意识形态圆满输出。在展示内容准确性与可读性的先导下，策划工作将与形式设计密切合作，从观众参观行为及展陈视觉效果角度出发，达成展陈内容与形式的和谐，完成对观众认知与情感的调动，进一步实现展陈的社会美育功能。

4.2.3　展陈形式策划对社会美育的实现

北京冬奥会展示中心的内容策划如同一个影片拍摄中的编剧情编排，一个好的展陈剧本，要自上而下考虑意识形态与调性定位，在具体操作中，要充分掌握海量材料，从中筛选最能支撑展陈逻辑和内容的部分进行再加工。在展陈调性的统筹下，展陈内容与上层建筑紧密连接、与实事政策环环相扣；在具体内容的实现操作上，于现实情况全面覆盖、于焦点热点浓缩提炼、于上展图文准确精彩。在展示内容的逻辑架构、层级关系、具体细节逐一确认后，进入到展陈呈现形式的策划。

此时的策划工作又犹如一个乐团的指挥，全盘掌握展陈的叙事方式与节奏，不仅应做到展示形式多样，还要注意在设置中的间隔度。虽然作为策划不具体就展项的艺术设计实现进行操作，但却犹如指挥，调整哪个展项是加强的重音，哪个展项在观看前需要铺陈停顿。

1. 艺术形象装置

艺术形象装置是在展陈中常用的烘托展场氛围手段，在北京冬奥会展示中心的入口处，首先映入眼帘的就是一组艺术装置，雪坡造型之上是代表冰上和雪上的两尊人物雕塑，上方从浓厚工业遗迹厂房下悬挂包括甲骨文、韩文、俄文在内的"冰""雪""冬"含义的灯饰文字，形成了浓郁的冬季冰雪氛围，将参观者带入到冰雪世界之中。在一号展厅结尾处平昌冬奥会闭幕式北京八分钟文艺演出中的"熊猫队长"现身于此，高约2.3m的它，是我国四川传统的非物质文化遗产大木偶工艺与现代的碳纤维材料相结合的产物，具备灵活度高、耐冲击等特点，整体重量不超过10kg。既是一件有意义的申奥实物展品，也是作为一件艺术形象装置，调节了观展气氛，成功入口处呼应。

2. 多媒体与互动展项

北京冬奥会展示中心的二号展厅是规划建设部分，介绍场馆与基础设施规划建设情况。展厅主体是一个横跨京张地区的北京冬奥会整体规划沙盘，1∶9000比例的沙盘中对重要场馆设施、交通线路进行标注，同时还以三维雕刻等技术反映出赛区山形地貌等自然地理信息。配合投影效果变化和LED屏幕影像内容，可展现高铁穿梭、赛区变化等内容，实现裸眼立体效果。异形设计的观看平台，让参观者犹如置身于赛区之中，全面了解规划整体情况，感受北京冬奥会的浓郁氛围。由于二号厅有了这个巨大而别致的沙盘作为亮点，在41个展项中只设置了2处多媒体视频播放；而一号厅在74个展项中设置19处视频播放，扩展着展示内容，也调剂了观展体验。

三号展厅在中央利用原有厂房的支撑柱改造为7个多功能LED柱屏，用以展示北京冬奥会7个分项内容。其余20余展项，没有设计多媒体展项，既区别于中央展区，也要给最后的互动部分进行铺垫。与观众的多媒体互动，包括模拟器与视听区。雪车、跳台滑雪、高山滑雪模拟器互动设置，是带有体感震动和HTC Vive体验的单人雪车雪橇模拟器，当有人体验时，其他观众可以通过体育柱上的LED观看；同时，雪车雪橇模拟器有着练习和比赛两条赛道，比赛前通过扫描微信二维码登录，赛后可获得最近比赛的比分横向比较，还可将比赛成绩分享朋友圈。

视听区通过10组单独的视听装置区（含显示设备及耳机），观众可自由选择内容并站在屏幕前戴上耳麦来观看相应的影片。观看播放的有关冬奥会历史影片、中国运动员采访、冰雪爱好者采访、延庆及张家口地区居民采访，讲述亲身经历冬奥会，体现区域协调发展。互动区让每一个参观者都更进一步地了解了北京冬奥会，使其也成为冰雪运动的参与者，切实在观展中响应了"三亿人参与冰雪运动"的号召，这种从艺术开始、图文展板知识注入、多媒体展项有效补充、互动体验完美收官的观展进程，兼具了信息获取和共情产生，成为与社会美育实施十分匹配的方式方法。

4.2.4 结语

正如弗兰克·奥本海默所说"要避免展品一贯的乏味，才让人产生好感"，如何让内容与设计呈现匹配，合理并与时俱进地运用展陈手段，既是展示空间设计的主要设计方向，也是在展示空间中更好地实现社会美育效能的方式方法。

北京冬奥会展示中心在展陈策划中从北京冬奥会全方位知识内容信息普及到调动观者情绪，任何参观者都可以自由地获取知识与信息，平等地享受和利用展场资源。在更易于被大众接受的展陈策划中，实现了将展场空间作为多层级文化联结的输出口，既符合时代要求和政策导向，又符合当下公共服务的发展趋向与公众的文化需求，让社会美育在此处具有了较强的现实意义。

4.3 环境空间形象研究

冬奥村是北京冬奥会的主要场所之一，作为接待奥运会运动员和相关人员的居住区，其环境空间设计既要体现科技美的现代感和时尚感，又要展现文化美的深厚历史底蕴和民族特色。

在科技美方面，北京冬奥会冬奥村的环境空间设计充分应用了现代科技手段，如智能化控制系统、高效能建筑材料等，使得整个村落的能源消耗、水资源利用等方面都得到了有效的优化，体现了现代科技的先进性和可持续性。

在文化美方面，北京冬奥会冬奥村的环境空间设计注重挖掘本土文化资源，融入北京及中国的传统文化元素，如仿古建筑风格、传统园林景观、民俗艺术装饰等，让运动员和相关人员在冬奥村居住期间感受到浓厚的中国文化氛围和历史文化底蕴。

总之，在北京冬奥村的环境空间形象中，科技美和文化美相辅相成，既符合现代建筑的需求，又展现出中国文化的独特魅力，为北京冬奥会增添了独特的人文氛围和现代感。

4.3.1　北京冬奥会冬奥村环境空间中的科技美与文化美[①]

本节基于环境美学理论，通过分析北京冬奥村环境空间布局现状，结合城市与奥运文化特点，归纳和总结科技美与文化美要素，提炼科技美与文化美的设计方法，最终利用科学技术与文化内涵相融合的形式，为2022年北京冬奥会冬奥村环境空间设计提供有价值的参考依据。

关于冬奥村环境空间中的科技美与文化美营造，首先需要充分地理解科技美与文化美的内涵要素；其次需要协调融合科技美与文化美在环境空间中的表现形式；最后通过设计语言将环境空间中的科技与文化美感体现出来。本节将从科技与文化的观念角度探讨环境空间中美的设计呈现基本要素、理念逻辑、营造方法等。尝试为北京冬奥会的科技与文化融合提供参考，为北京冬奥会环境空间设计提供美学依据。

本节具体研究科技美与文化美的营造要素与营造方法，研究目的在于更好地将科学技术与当地文化相结合，归纳适合北京冬奥会主题下的设计语言与方法，将奥林匹克精神更好地融入冬奥村环境空间中。研究意义在于为本次北京冬奥会冬奥村环境空间设计提供依据，为未来举办冬奥会城市提供理论参考。研究方法主要通过文献法与理论推理法，结合北京冬奥会冬奥村环境空间状况进行理论性梳理，总结科技美与文化美的核心要素，并通过美的要素归纳冬奥村设计秩序，尝试通过形式化的设计语言来表达奥运精神与美的内涵。本节总体通过理论指导实践指导设计，研究内容主要围绕科技理念与文化内在展开，针对具体的科技形式与文化载体，深入研究两者的关联性，充分分析两者的融合要素与表达形式。

1. 北京冬奥会冬奥村环境空间分析

北京冬奥会冬奥村（冬残奥村）由北京村、延庆村和张家口村组成，三村的环境空间相互独立，冬奥村风格各具特色，主要强调奥林匹克文化与当地文化的结合。三村形象的设计由自然景观与人文景观双重元素构成，并充分考虑冬奥会赛事结束后的功能用途，并与整个城市和地方文化相协调。由此可见，整体冬奥村环境空间的特点在于相对分散，但布局协调统一，建筑风格紧密结合当地文化。

反观主场馆的设计形式，在近50年的奥运建筑发展历史中，大跨度空间结构技术一直处于核心地位。现代奥运工程中的各种大跨度空间结构根据结构类型和结构特点可分为薄壳结构、空间网络结构、索杆张力结构和杂交结构等几个类型。[②]本次北京冬奥会主场馆，国家速滑馆"冰丝带"，采用了超大跨度技术，使其空间上更加开阔，视觉美感上更加明朗透彻。因此，结合北京冬奥会主场馆的建筑形式，在冬奥村的环境空间中提议加入大跨度的设计语言，来呼应主场馆的设计形式，达到相得益彰的效果。与此同时，在研究环境空间的同时，我们不仅要关注物理层面的空间，也应该更多地关注精神层面的空间营造。"《人民日报》海外版对2012年伦敦奥运会的报道体现了中华民族一体化的媒介空间，此种空间的建构既与民族复兴的话语相组接，又与国际传播话语相对接。研究发现，奥运会传播与中国建设成就的互文式表述、与党的十八大报道的语境衔接不仅纵向构筑了民族国家一体化的历史血缘，也在横向层面搭建了民族国家的全球坐标。值得注意的是，以海外版为代表的党报对外传播话语强调了民族认同的同一性而淡化了身份及认同的差异性"。[③]如此，通过媒介空间提升民族认同，在注重物理层面空间塑造的同时，媒介空间的营造也十分重要，甚至情感与心理空间的塑造也必不可少。除此之外，从2008年北京奥运会的经验中可以发现，城市社会空间的意义更加重大。"在当下的环境中，围绕经济、文化、体育诸角度的奥运会研究都未将城市本身作为研究的主体，研究认为在后奥运会时期，城市本身特别是城市社会空间应该逐步成为研究和实践关注的主要论题，北京应该取代奥运会成为研究的主体，从城市本身出发，以全球化、国家治理和市民社会空间的优化多个层面的出发来思考奥运会对于北京城市形塑的历史效应，从深层次实现'人文奥运'的理念价值，扩大城市公共物品的阶层交流与共享，促进社会结构的优化，实现社会建设和谐的重要目标，从此种意义上讲，公共空间与社会空间必将成为后奥运会时期的北京城市研究的主要方向"。[④]因此，在2022年北京

① 本节作者为吕鑫，成稿于北京冬奥会之前。

② 庞崇安. 大跨空间结构在奥运场馆中的实践与发展 [J]. 建筑技术，2010，41（2）：102-105.

③ 李鲤. 想象的共同体：奥运传播与民族空间建构——以《人民日报》海外版为例 [J]. 新闻知识，2013（1）：3-5.

④ 焦若水，胡浩. 城市社会空间的扩展：北京奥运会的城市社会学分析 [J]. 北京体育大学学报，2008，31（12）：1598-1600+1622.

冬奥村环境空间设计中提倡"三村一致"与"独具特色"的设计原则，将城市作为主体，围绕城市总体环境空间本身进行设计规划，这样更加有利于冬奥会举办城市的未来发展。

2. 北京冬奥会冬奥村环境空间中的科技美营造

北京冬奥会冬奥村环境空间中的科技美营造重点在于科技感的外在表现与科技力的内在核心在环境空间中综合体现。应该注意科技的设计外表与科技的真实实力相结合的表达。在表达过程中，更应该注重科技与人的关系、科技与自然的关系，因为"从应用层面上看，科技看上去是中性的，无所谓美丑，但从科技产生的源头和终极可能性、科技与善的结合来看，科技确实是美的。科学揭示世界的内在秩序和结构，技术把这种秩序外化为物的形式，它们体现一种内在的深层的美。人把握科技美的能力是有限的，但这不是否定科技美的根据，反而印证了科技美背后的那种超越性的、永恒的、完善的美"。[①]因此，在营造科技美的同时，需要注重内在秩序与结构的外在呈现，以及科技内涵美。

事实上，"美学"（Aesthetics）一词首次使用于哲学论述中，出现于1735年德国哲学家亚历山大·戈特利布·鲍姆加滕（Alexander Gottlieb Baumgarten）的一篇文章中。仅仅几十年后，它就被纳入了大多数其他欧洲语言中，并在18世纪90年代被广泛用作哲学研究的核心领域中（Reiss，1994）。[②]由此可以看出，一开始美学并没有与科技领域产生交集，更多的是两个相互独立的状态，并且目前的科技美学更多的是指神经美学、进化美学、认知美学等理论，在某种程度上，科技美是利用科技手段探索美的过程。而在本节中，科技美是科技手段营造美的设计理念。

在北京冬奥会冬奥村环境空间中的科技美营造中，我们可以提炼相关科技元素，例如在北京村，可以结合北京地区国际化城市的属性，利用前沿科技要素，展现最先进技术，注重人文与科技的融合，可以使用更加先进的智慧能源、环保材料、智能体系、机器人等技术，来表达北京科技美的整体形象。在延庆村，可以结合延庆城市文化，利用传统科技的特色化表达，结合当地环境与冬奥会的特点，注重自然与科技的融合，使用自然符号等美学元素，结合科技手段展现延庆村的科技美。在张家口村，结合张家口城市特点，以及独特的曲艺文化，将科技融入沉浸式体验，强调声音与视觉上的感官升级，注重感官与科技的融合，从视觉与听觉上展现张家口村的科技美。除此之外，"每一种艺术实践，无论是明确的还是隐含的，都暗示着一个形而上学的框架，在这个框架内可以理解其专门的活动。在促进交流和感官连接方面，远程信息处理艺术与计算机系统对接，生物技术艺术与生物系统对接，雕刻数字界面与虚拟世界系统对接"。[③]在科技美的营造上，始终需要强调形式服从内容，应从科技本身的内在价值出发，发掘科技美。并且，在冬奥会赛事结束后，还应考虑科技美如何延续，环境空间中的设计，应该跟随自然主义，因为"风景园林遗产的核心是生态思想"，[④]我们应该充分考虑科技美的营造在以后的时间中与自然的融合，所以在设计之初，就应该充分考虑科技美与自然的协调。"生态设计要作为一种环境愿景融合在一起"。[⑤]不应将科技独立成一个模块，而应是与环境、与空间、与人的美好愿景相关联起来。

3. 北京冬奥会冬奥村环境空间中的文化美营造

北京冬奥会冬奥村环境空间中的文化美营造重点在于文化凝练之后，体现在环境空间中的符号化设计。在文化艺术中，东方美学不同于西方注重现实表现。相反，东方美学重点是内容本质，并且东方艺术力求捕捉思想精神内涵与抽象的韵律。东方艺术倾向于允许更多的抽象化表达，并通过线条、纹理和其他方法来引起人们对美的关注。空间视角也不同于西方，在艺术作品中，西方注重透视关系，力图展示最真实的空间，而东方更加注重反映空间层次，注重抽象化的精神外现，而不是空间的现实。由此可见，在表达文化美的时候，应该注意传统美学与现代美学的交融。

我们还应该注意，"与美学中的其他重大问题一样，美的分类，也是美学史上一直没有规范解决的问题。传统美学中常见的分类是根据审美对象自身性质作出的，如自然美、社会美、艺术美、形式美等，这种分类最大的缺陷是把'美'的分类变成对'美的事物'的机械归类，没有也无法揭示美自身的不同生成特征和规律。从系统美学角度讲，美是不能脱离审美关系系统而独立存在的，美只是审美关系中客体的系统质。依据审美关系生成性质，应将美划分为前文化美、文化美与复合美三大类，这一新

①　吴海燕. 为什么科技是美的 ?[J]. 艺术百家，2014，30（3）：217-218.

②　Anglada-Tort M, Skov M. What Counts as Aesthetics in Science[J]. A Bibliometric Analysis and Visualization of the Scientific Literature from 1970 to 2018, 2020.

③　Vita-More N. Aesthetics of the Radically Enhanced Human[J]. Technoetic Arts, 2010, 8（2）: 207-214.

④⑤　Mozingo L. A. The Aesthetics of Ecological Design: Seeing Science as Culture[J]. Landscape journal, 1997, 16（1）: 46-59.

的分类方式既有助于美学学科的规范，也有助于我们对美学和艺术现象认识的深化"。①由此，在文化美营造时，应该强调审美关系，不能脱离审美系统。展现在外国友人面前的文化美，可以用西方美学方式营造，使他们更好地接收中国文化。在国人面前展示的文化美，应该使用东方美学方式营造，同样是为更好地传播文化。甚至可以在文化美营造时，结合东西方抽象与现实交融的形式，使其具有更高的接受度，强调在不同审美关系中、不同审美系统中，突出美的内涵，提升文化美的接受度、传播性，以及提高文化输出的广泛性。

在北京冬奥会冬奥村环境空间中的文化美营造中，可以提炼现实文化元素与抽象文化元素，例如在北京村，北京的现实文化元素可以从燕京八景、京剧、胡同、四合院等文化特色中汲取，抽象文化元素可以是院落美景、砖瓦纹样、吉祥如意等符号。在延庆村，延庆的现实文化元素，可以是长城文化、古崖文化、山戎文化、硅化木国家地质公园等，抽象文化元素可以是长城的符号性特色，硅化木国家地质自然风光等人文符号与自然符号的结合。在张家口村，现实文化元素可以从蔚县剪纸、口梆子、东路二人台、蔚县打树花、蔚县拜灯山、社火、秧歌，赤城马栅子戏，阳原县曲长城木偶戏、竹林寺寺庙音乐，张北曲艺大鼓等文化特色中提炼，抽象文化元素，可以从曲艺和剪纸的特色中提取灵感，然后应用于环境空间中视觉和听觉的智能设施上，使其更能与科技美相结合。

科技美与文化美是相互独立的，但在设计中是相互联系的，我们无法脱离文化去设计科技，也无法脱离科技去设计文化，因为现在的世界是人类命运共同体，我们无法独立于某一方面而存在，科技随着文化进步而进步，文化随着科技的改变而改变，世界中的每一个角色相互关联，我们在看待科技与文化概念时，应当立足新时代，紧随党和国家的根本理念，并将其充分结合于当下，发挥出最大价值。因此，在北京冬奥会冬奥村环境空间中的科技美与文化美营造中，我们提倡科技美与文化美充分结合，注重科技、人文、自然的相互关系，着重环境空间的设计元素提炼，将科技美元素与文化美元素，通过现实与抽象结合的方式，利用符号化设计语言，加之充分理解审美关系，表现在相应的审美系统中，使其更好地传播中国科技与中国文化。

4.3.2　冬奥会形象景观设计研究②

新时代引领人们对美好生活的向往，不仅影响和丰富人们的精神生活，同时也有利于促进积极社会心态的形成。近年来，大型体育赛事在发展壮大的过程中，逐渐由单纯体育运活的盛会发展成为多元文化的交流平台，赛事形象景观设计为举办地的形象传播与传扬、提升人们的审美教育与素养搭建了特殊平台。本节从"引美入治"的角度，对赛事形象景观设计进行了大量的数据搜集与文献分析，重点从艺术空间、艺术活动、艺术场景、艺术作品四要素入手，挖掘其设计方法，最后结合北京冬奥会国家体育馆为例加以验证。

党的十九大报告明确指出，我国社会主要矛盾已经转化为人民日益增长的美好生活需要和不平衡不充分的发展之间的矛盾，并首次将"美丽"作为社会主义现代化强国的建设目标。在报告中，"美"字出现了27次。③其中的"美好生活"既指物质条件，又指精神生活，它充分表明当前人民群众对于文化艺术等美育的内在需求在不断增强，而美育也应渗透在人民的日常生活中。在冬奥会举办之际，我们要充分发挥该平台的独特影响力，加强社会美育在社会治理中的作用，以文化人、以美育人，提高全民的审美水平和人文素养，努力建设美好生活与美丽中国。

1. 引美入治介入赛事形象景观设计研究

"兴于诗，立于礼，成于乐"，中华民族自古以来重视美育对人和社会发展的重要意义，加强审美教育、提升审美素养，将社会美育工作纳入社会治理，是建设新时代美丽中国，实现人民对美好生活愿望的时代使命。④其中，体育治理作为社会治理的一部分、体育赛事作为"世界语言"的一种，它们能全方位、立体化地展现一个国家或城市的精神面貌，给举办地创造巨大的无形价值。因此各届大型赛事形象景观设计都蕴含着各地域的历史文化元素，折射出其政治、经济、文化和艺术设计的时代特征，并力求在这一举世瞩目的舞台上，令地域文化元素能够在更大范围内得到更大限度、更为直接地展现与交流。

赛事形象景观分为两部分，即赛事形象和赛事景观。赛事形象指基于赛事的基本属性、价值和宗旨等而专门设计的能够引起

①　杨曾宪. 文化美、前文化美与复合美 [J]. 东岳论丛，1999（1）：116-122.

②　本节作者为薛洋静、杨忠军、张爱莉。

③　周海宏. 美育有什么用 [N]. 文艺报. 2021-05-10（2）.

④　翟杉. 新时代社会治理应注重"引美入治" [N]. 学习时报. 2021-04-07（6）.

人们符合赛事的心理联系和思想活动的各类感知觉要素符号，包括基本色彩和各种相关的视觉图形符号等；赛事景观则是指为了营造符合赛事品味的气氛而专门设计、制作和实施的各类物质景物。在本质上，两者是相统一的，赛事形象是赛事景观的实施基础，赛事景观是对赛事形象可视化、艺术化的表达。

赛事形象景观作为城市景观的特殊类型，其文化内涵的展现必须与时代的发展同步进行并不断创新，而新时代中国美学是既根植于中国传统又具有现代意义的美学理论，将"引美入治"的美学理念与大型赛事形象景观设计相结合，有助于提升整个社会审美水准与文明程度。[①] "引美入治"的凝聚力与社会整合作用是通过各种艺术空间、艺术活动、艺术场景和艺术作品得以营造的。当参加艺术活动、欣赏艺术作品时，人们会严格按照现场的规定来规范自身的行为，并按照展览的先后次序欣赏艺术作品，甚至认真地参考作品的说明来解读艺术作品。在艺术活动结束后，还会在专门的艺术空间里进行交流与探讨。由此，"引美入治"便成为社会良性互动的推动力，为实现美好生活提供了有力支撑。

2. 赛事形象景观设计方法

本节从"引美入治"的视角切入，分析艺术空间、艺术活动、艺术场景和艺术作品四个方面，并结合国内外案例，总结与归纳赛事形象景观设计方法，以期为众多赛事形象景观的展现提供可借鉴的策略，并充分展示赛事理念、愿景与文化。

1）形象景观空间

艺术空间是形象景观的重要表现形式，是人们认知外部世界的一种手段，也是使新进入空间的人对该环境产生直观印象的媒介。[②] 所谓"赛事形象景观空间"是基于赛事主题，系统地创设出来的独特氛围与意象，进一步丰富与提升参与者的体验感。其氛围的营造并不是单一地由赛事形象所决定，同时依赖于空间的形态打造、视觉元素、材质选择、灯光设置等多种设计要素的协同作用。赛事形象景观空间氛围的营造是以举办城市形象景观为主体，以场馆形象景观为依托。奥林匹克运动会作为国际性大型体育赛事活动，其涵盖的所有竞赛场馆和非竞赛场馆都需营造赛事相关的盛会气氛和竞技氛围。其中，赛事形象作为一种能够直观折射赛事主题的语言符号与视觉符号，在提升举办地竞赛空间的打造上具有不可或缺的作用。如雅典的赛事景观设计就努力打造"雅典2004""奥林匹克""希腊文化"的主题形象气氛。

2）形象景观活动

艺术活动是打造优秀形象景观的关键环节，是群众与艺术之间沟通与交流的重要桥梁。艺术诞生于人类生活，公众是艺术服务的主体。因此，在多角度融合下开展文化艺术活动是极其有必要的。大型赛事举办国家与城市所开展的各类形象景观活动，不仅有助于赛事文化的推广，也更能让人民群众在积极健康的文化氛围下不断增强民众文化自信心和提升文化凝聚力，从而进一步推动赛事文化为全民了解、全民享用。1994年竣工的日本利川市著名公共艺术项目"FARET立川"便是典型案例，策展人北川弗拉姆组织了来自36个国家的92位艺术家，并将所创造109件艺术品置于城市各个公共空间，让这个本来历史不长、并曾是美军空军基地的、充满负面形象的小城重新得到活化，并建立起艺术社区概念，提升市民的生活质量及文化品位，使利川市成为第二次世界大战后日本一个重要的公共艺术试验场，在世界各国间引起很大反响。[③] 除此之外，借助城市开放性公共空间进行相关主题的各类艺术展览是打造赛事举办国家与城市文化氛围的有效途径之一。

3）形象景观场景

形象景观场景的不断更新是城市景观升级的重要环节，艺术场景的设置是赛事形象景观内涵的外在表达方式之一。赛事形象景观场景的打造是在尊重人与自然和谐共生的原则上，借助当地地方特色和区域优势，借助赛事文化符号、艺术形象、鲜明色彩等表现形式展现赛事理念的。随着数字技术的不断发展，艺术场景的营造需结合先进技术，以提升赛事形象景观的质量和水平，进而使整个场都散发出艺术气息。赛事景观的景观位置和景观形式较多选择在人流较为密集的城市区域，如城市主干道、城市广场、机场、标志性建筑等，主要利用街旗、大型喷绘、城市雕塑、花卉组合形象标志景观等元素。[④] 优秀的赛事景观能够营造温馨、乐观、友好的城市体育盛会气氛，从而感染每个人、提高赛事的全民参与度和社会价值。2010年上海世博会的"海宝"吉祥物以多种形式出现城市中，烘托活动氛围，宣传活动理念。同时，诸如以赛事价值属性为精神蓝本的雕像、铜像等赛事景观

① 李庚香，石长平. 论新时代中国美学 [J]. 河南社会科学. 2020，28（10）：12.
② 大庭三奈. 从"公共艺术"到"艺术项目"：日本公共艺术的历史及其发展现状 [J]. 公共艺术，2019（3）：8.
③ 傅毅，冯亦. 艺术氛围塑造在博物馆空间中的应用与研究 [J]. 家具与室内装饰，2021（7）：131–133.
④ 王丽霞. 中华优秀传统文化创造性转化和创新性发展路径探析 [J]. 山东社会科学. 2021（11）：85–92.

能够为带来永久性的城市赛事文化遗产，如厦门国际马拉松赛的环岛路奔跑铜像系列景观。

4）形象景观作品

艺术作品是赛事形象景观的视觉化语言，是城市形象与赛事主题推广的载体，高度传递着其文化内涵与赛事精神，主要包含形象作品和景观作品两大类。它们与活动的主题密切相关因而承担着推广、宣传的重要使命，观赏者在面对艺术作品时并非被动地接受艺术作品所传达的客观信息，而是创造性地参与到艺术作品中。因此，优秀的艺术作品在赛事文化传播的同时会散发出意想不到的多种能量，比如，经济效益、生态效益、社会效益等。[①]巴塞罗那以艺术雕塑为载体进行老城空间更新，撬动了周边众多城市片区的价值升级，也让整个城市变身成为"开放空间的雕塑美术馆"。除此之外，近几年的"文创热潮"也给博物馆文化的复兴带来了生机。2017年销售就已突破15亿元的故宫博物院是榜上有名的"网红"。

体育赛事的形象作品与景观作品的设计主要体现在赛事吉祥物与赛事景观装置上，赛事吉祥物作为一种标志越发受到人们的广泛关注，是连接人民群众与体育赛事的纽带；赛事景观装置是结合多种艺术手段来表达赛事主题的重要载体，对赛事文化的表达与传播具有一定的积极影响。赛事景观装置的设计是在具有装置艺术基本特征的基础上，将体育赛事的主题性与景观设计的公共性相结合，共同潜移默化地凸显赛事理念。

3.　北京冬奥会国家体育馆形象景观设计方法实践

北京冬奥会是展示中华文化之美的国际舞台。前国际奥林匹克委员会主席胡安·安东尼奥·萨马兰奇曾说过："一所花费几千万盖起来的体育馆如果没有奥运景观，那它就不是奥运场馆。"[②]北京冬奥会国家体育馆是奥林匹克中心区的标志性建筑之一，经2008年北京奥运会后进行改造，承担起2022年北京冬奥会体育项目的举办任务。该场馆形象景观设计充分将"引美入治"的理念融入其中，根据赛事形象景观设计的四要素："空间美""活动美""场景美""作品美"，在塑造中国形象的同时对人民群众具有良好的美育功能。

1）立足中国传统文化，演绎冬奥会形象景观空间

北京冬奥会形象景观空间其核心元素包括会徽、色彩系统、核心图形等，其设计灵感多源自中国传统文化。其中，会徽设计是以中国书法和冰雪运动的形态为原型经组合、演变而成；核心图形设计则遵循了我国道家"道法自然，天人合一"的设计理念。[③]国家体育馆形象景观布置以冬奥会核心图案为主，其他视觉元素为辅，将场馆形象景观与北京冬奥会紧密联结。

色彩系统源自对中国矿物质颜料颜色的提取，是对中国传统代表色彩的挖掘和中国文化色彩的提炼。国家体育馆训练馆的色调以蓝色和蓝白渐变为主，整体造型以中国传统水墨画《千里江山图》——青山绿水为母版，如图4-1所示。

主馆以冰蓝和蓝白渐变为主，搭配以竹绿色，并通过观众席和媒体看台的装饰条及座椅颜色，营造出层次感，如图4-2所示。其目的就是强化和丰富场馆的形象景观效果，体现北京冬奥会的中国特色。与此同时，正值中国农历新年之际，中国传统的春节装饰与冬奥会蓝色相映，将节日气氛与冬奥会的整体文化融为一体，展现出大国风范。[④]

国家体育馆内北京冬奥会形象景观空间的展现不仅体现在视觉艺术上，作为冬奥会的东道主，在冰球的比赛中的诸多环节，具有中国特色民族元素的《本草纲目》《霍元甲》等国潮曲目，将体育与音乐完美融合，充分展现了冰球运动的张力及中国文化的多元性。

2）坚持以人为本理念，共享冬奥会形象景观活动

国家体育馆是北京冬残奥会冰球项目赛事的主要场馆，场馆的无障碍设计便成为形象景观的重要方面，场馆在生理与心理两方面充分考虑残障人士的需求，尽显人文关怀。

（1）无障碍看台

国家体育馆内的无障碍看台原集中设置在场馆北侧开阔的观众平台处，但由于北侧观赛效果不佳，遵循"以人为本"的设计理念，于东侧的普通席位处均等地拆除了部分座椅，改造成无障碍座椅，从而达到很好的观赛效果。[⑤]场馆内没有一处门槛，残

① 陈立松，王浩远，谢晓曼. 体育赛事形象景观研究综述 [J]. 体育世界：学术版. 2014（7）：61-62.
② 林存真，赵沅沣. 奥运形象景观与冬奥会会徽设计 [J]. 美术观察. 2022（2）：8-10.
③ 韦梅，陈锡尧. 形象景观：体育赛事的价值符号 [J]. 体育科研，2010（1）：40-43.
④ 林存真. 融入中国元素展现中国形象讲述中国故事——浅论北京 2022 年冬奥形象景观设计 [J]. 中国艺术. 2022（1）：4-11.
⑤ 李硕，历衍飞，李洋. 全方位测试无障碍通行 [N]. 人民日报. 2021-4-10（6）.

图4-1　千里江山图应用场景

图4-2　观众台与媒体台

障人士可从各个入口直达比赛场地及看台，如图4-3所示。此外，国家体育馆在诸多区域铺设仿真冰板及坡道，并且用透明的隔板代替了赛场运动员席与受罚席前方的板墙，在保护运动员的同时，也利于冬残奥会冰球运动员的视线能够始终集中在场地内，如图4-4所示。

（2）无障碍卫生间

一般意义上讲，并非只有坐轮椅出行才称为残障人士行走不便，而行动不便的老年人都有对无障碍设施也有需求。因此，场馆将二层平台的各卫生间内均安装了无障碍设施。除此之外，为满足运动员在更衣室的如厕需求，在无障碍更衣室内的卫生间同样增加了无障碍设施。

（3）其他无障碍设施

由于冬残奥会的特殊性，尊重残疾人运动员的尊严，以及保障残疾人运动员的个人隐私是场馆景观设计中始终贯穿的原则之一。例如运动员更衣室内的淋浴间出于尊重残疾人运动员的隐私权，在所有淋浴器之间均加设了软质遮挡隔帘。此外，馆内还设

图4-3 无障碍冰板　　　　　　　　　　　　　　　　　图4-4 无障碍看台

置了由中国残疾人辅助器具中心提供的专业服务——轮椅假肢维修站，方便随时对运动员的比赛装备进行更换和维修，确保比赛顺利进行，充分体现"以人为本"的设计理念。

3）科技赋能文化传播，助力冬奥会形象景观场景

2022年北京冬奥会是奥运史上科技含量最高的一届奥运会，为世界贡献了中国方案与中国智慧。国家体育馆致力于打造数字化及智慧奥运场馆，以往奥运形象景观的表达方式多以平面、静态的形式呈现，而国家体育馆形象景观多采用多媒体显示、互动装置等形式，使观众和景观互动起来，充分体现了信息时代奥运会的特点。"场馆领先智慧坐席系统"将GIS辅助定位技术与AR实景导航技术等完美结合，有效地解决了观众初进场馆不认路、找座位难的问题；坎德拉机器人通过"激光+可视"的自助避障导航系统，轻松实现垃圾清扫和转运、物品配送、空气消毒等各项服务工作，成为智慧场馆的标配，如图4-5所示。多维度观赛和VR直播技术大大提升了人们的观赛体验，观众人员只需下载相关软件便可体验自由视角观赛，突破了传统固定视角和被动式的观赛模式，可以沉浸式地感受比赛的激烈。①

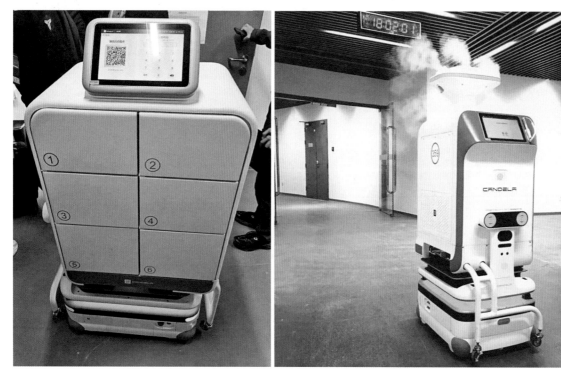

图4-5 坎德拉机器人（图片来源：国家体育馆官方媒体）

---

① 刘占省，孙佳佳，李久林，等. 基于"科技冬奥"的智慧场馆需求分析与系统功能设计 [J]. 图学学报，2019，40（6）：1093-1098.

图4-6　冬奥会吉祥物在场馆的应用

国家体育馆内诸多数字化的景观形式进一步促进了人们深层次体验场馆"科技+体育+文化"的魅力。北京冬季奥运会从运动员比赛装备到场馆建设，再到媒体转播技术，无不闪耀着时代前沿的科技智慧。中国通过各种高科技手段立体、多维、全面、真实地塑造了"科技中国"与"创新中国"的国际传播形象。

4）创新继承文化遗产，打造冬奥会形象景观作品

奥运会吉祥物是构成奥运会形象特征和视觉形象景观的主要内容，吉祥物的设计代表了一个国家或民族的思想境界，它体现的是这个国家或民族对于吉祥物及所代表的活动之间的理解高度。[①]自1968年格勒诺布尔冬奥会使用第一个非官方吉祥物以来，奥运会吉祥物因其所承载的民族性、包容性越来越得到国际奥林匹克委员会及各个主办国家的厚爱，逐渐从一种公共符号转变为主办国家文化精粹、地域特色和时代风貌的世界文化符号，在跨文化传播中不断更新着它的价值与意义。

"冰墩墩"与"雪容融"是北京冬奥会的吉祥物，受到全世界民众的喜爱，先后成为"冬奥顶流""顶级网红"，甚至出现了"墩融难求"的抢购热潮。"冰墩墩"形象取自大熊猫，光滑圆润，左手掌心的心形图案象征了"友好"，招手欢迎的姿势让人倍感亲切，温和乖顺的熊猫形象结合充满活力的冰壳，也体现了北京冬奥会与科技的融合。"雪容融"以我国的大红灯笼为原型，灯笼是中国优秀传统文化的具象代表，是能够表现国人审美观念的文化意象，也是世界公认的中国符号。在其顶部装饰纹样中以和平鸽的形象融入中国传统剪纸艺术，凸显了对世界各地的朋友们热烈欢迎，以及到中国共襄冬奥盛会的美好寓意。北京冬奥会吉祥物"冰墩墩""雪容融"大量出现在国家体育馆的室外形象景观中，吉祥物的巨型海报张贴于整个建筑的外立面，如图4-6所示。除此之外，场馆的一层设置了巨型雪容融打卡点——头戴冰球头盔，坐在轮椅上挥舞着冰球杆，憨态可掬。吉祥物可加深人们对于中国文化的整体印象——国宝、灯笼等元素汇聚于吉祥物本身，将中国文化通过视觉形式传播向世界各地。

4.3.3　结语

奥林匹克运动会是国际性赛事，在宣扬奥林匹克体育精神的同时，也是中国向世界展示自身形象和城市风采的重要窗口。当前，"引美入治"是建设新时代"美丽中国"、实现人民对"美好生活"愿望的时代使命。由此，我们将目光投向2022年北京冬奥会，并以场馆之———国家体育馆为例进行形象景观设计方法的探索。国家体育馆作为见证诸多精彩时刻的"双奥"场馆，对其形象景观设计的分析具有典型代表意义。本节以"引美入治"为前提，将形象景观"四要素"与北京冬奥会国家体育馆结合起来进行研究，尝试为形象景观设计提供可借鉴的方法与理论。

---

① 刘平云. 扎根本土面向未来——冬奥吉祥物设计的实践与思考[J]. 装饰. 2020（1）：84-87.

4.4　文化活动形象研究

本节旨在探讨文化活动形象的构建和传播对于冬奥文化产业的发展和推广的作用。首先，本节对文化活动的概念和特征进行了界定和阐述，并从形象传播的角度探讨了文化活动形象的意义和价值。其次，本研究通过对国内外文化活动形象案例的分析和比较，提出了构建和传播文化活动形象的几点原则和策略。最后，进一步分析了文化活动形象的传播效果，并提出了完善和优化文化活动形象传播的建议和措施，以促进文化产业的健康发展。该研究对于深入理解冬奥文化活动形象构建和传播的作用，对提高文化产业的市场竞争力具有一定的理论和实践意义。

4.4.1　城市更新与文化营造[①]

进入21世纪，世界诸多城市为自己冠以"活动之城""事件之城"或"节庆城市"之名，通过在一年里不断地举办各种主题与形式的活动实现城市更新和品牌化，吸引全球旅行者与投资，同时满足本地居民提升生活质量的要求，增强文化认同。这一现象与20世纪末的后工业城市经济转型有关，是各种文化引领的城市更新模式中的一种，并常常与其他手段协同运作。

1. 以文化规划的城市

城市更新可以简单地定义为对城市贫困街区或地区的重建或恢复。20世纪70年代中期，面对制造业衰败和整个经济结构的全球化发展，工业化城市急于寻找新的生存方式。城市在去工业化进程中，出现以文化和创意规划城市的转向。城市研究者沙朗·祖金指出，一种基于旅游、传媒和娱乐产业的象征经济在后现代城市塑造场所和身份方面具有最重要作用。电影、音乐、广告、建筑、设计和创意艺术都参与界定和再现空间，并生成了可能的身份与风格的范围。[②]

欧洲"文化之都"是以文化引导城市更新的模式之一，并很快在全球范围产生影响力。"文化之都"项目是透过城市文化政策，围绕本土文化资源展开，兼顾经济发展的硬性指标和重振社区，提高地方生活质量的软性指标。组织活动是其中一个整合性的政策工具。活动不仅可以突出地方性和民族性，定义一个与众不同的地方，更为重要的是，其可以组合各种单一领域、空间和文化形式，为受众提供多样化的主题和丰富的感官体验。地方性的仪式和庆典能够激活现代化和全球化覆盖下的本土文化基因，也可以快速地调动游客和外来者的情绪，使之放松并真正沉浸在城市文化中。2022年意大利南端的岛屿普罗奇达（Procida）[③]文化之都项目计划利用岛上的22个象征性场所，开展为期330天、44个文化项目和150个展示和演出等系列活动。[④]城市的活动战略不仅是指活动数量和频率的密集，还包括对非传统意义上的空间利用，包括在滨水区、广场、购物区、花园、火车站、废旧的生产空间和社区空间举办活动。传统意义上的文化空间，比如音乐厅、剧院、博物馆、遗产地和艺术中心等同样持一种开放的姿态，不断地变形以适应各种活动的要求。城市因此具有一种无处不在的"节日化"氛围，为不同的物理环境增添动态的文化体验。

随着活动与城市营造的关系日益密切，研究者开始探讨如何在环境和社会建构方面共同创造优质的活动场所。西班牙加泰罗尼亚理工大学和美国麻省理工学院合作并分别成立了跨学科研究小组，连接活动管理、城市设计、文化政策、人类学、艺术和媒介研究等领域，针对欧洲和北美兴起的活动场所现象，提出以活动为基础的地方营造思路：[⑤]

（1）形式和活动交织。好的活动场所支持人们与其物理环境对话，无论是情绪、形状、节奏、颜色、音阶还是其他一些品质总是在互动中发生变化，并实现整体性。

（2）发展社会资本。基于地点的活动是对社区价值的肯定，可以帮助维持和发展社区。高质量和持久的节庆活动都是关于空间和地点的叙事，呈现了由这些位置定义的人的身份。

（3）唤起记忆和连续性。活动是集体记忆的中介，活动场所选择往往与该地的遗产、文化和体验相关联，通过重现地方遗产的传统和标志等方式为各种参与者提供一个共同的线索，物理环境的设计应再现和强化这些特征。

（4）与城市产生共鸣。好的活动场所不是装饰物，而是优质的城市核心结构的一部分，可以有效地吸引人口、商业和投资，

① 本节作者为刘永孜。
② Sharon Zukin. The Cultures of Cities[M]. New Jersey: Blackwell Publishers, 1995.
③ 普罗奇达（Procida）是意大利那不勒斯湾最小的岛屿。在国际旅游市场上并不出名，甚至缺乏文化魅力，主要以岛上风景和海滩吸引一日游的游客。
④ Procida Capital of Culture 2022 program[A]. 2022-03-22.
⑤ Dennis Frenchman. Event-Places in North America: City Meaning and Making[J]. Places, 2004, 16（3）: 36-49.

为城市带来活力。

由于活动具有广泛聚集人群和共享经验的力量，研究者认为，活动不仅可以再现地方性，甚至可以在某个特定时间形成新的地方感。理查德·普兰提斯和薇薇安·安德森针对爱丁堡艺术节的实证研究显示，活动的群体共享体验与反复性可能独立于任何特定的地方传统、文化和过往形象，使活动自身成为一个目的地。而使一个节日目的地凸显出来的因素是其基于创意过程产生的独特性、品质和氛围。①

从规模角度看，城市活动一般分为小型、大型和超大型活动三类。小型活动是指社区范围的实践，比如，花园派对、市集和街头节庆活动；大型活动是地区性或国家层面的活动和庆典，包括各种体育赛事、戏剧节和国庆日；超大型活动是全球性的，比如奥运会、世博会和其他跨大洲的艺术节。②大型和超大型活动一般需要大量资金的支持，往往发展出稳定的商业模式，以利于全球复制和地理移动。如今，文化之都往往是以大型和超大型活动为主导，多种类型、主题和不同规模的活动并存，产生更广泛的文化影响力。

2. 超大型活动奥运会与地方文化的交互

1）赛会时代的沿革与全球化

19世纪的历史学家布克哈特追溯了公元6世纪前的希腊"赛会时代"，③即由大众节庆活动和运动会主导希腊人生活方式的时期。在这一时期，运动会是希腊人生活中最突出的特征，个人的全面发展、自我评价，乃至保持公民权都有赖于他是否经常参与竞技运动。胜利者不仅可以获得物质奖赏，往往还会产生更持久的荣耀，转化为英雄崇拜和集体记忆。运动会总是与各种祭祀和节庆活动结合在一起，并伴以各种音乐、戏剧和视觉艺术的方式再现和赞美运动员的身姿，使得运动员成为一种艺术风格。同时，城市是否拥有最好的艺术品也构成城市竞赛与荣耀的一部分。现代奥林匹克运动会不仅是对早期传统与精神的继承，在很大程度上也是人类全球化的象征，一个富于空间流动性的组织，众多参与者围绕一套共同的机制和符号运作。

国际奥林匹克委员会成立于19世纪末，是全球化过程中形成的国际性非营利性组织之一。奥运会的商业模式实际上是基于同时代的另一个新兴产物——世界博览会。现代奥林匹克运动的发起人顾拜旦倾向采取轮换模式，让奥运会像世博会那样在不同城市和大陆之间移动。在交通尚不够发达的时候，这一模式可以为更多人提供体验，同时节省大多数人的旅行时间和金钱。20世纪末，全球格局发生变化，并进一步深化国家、区域和城市间的经济、政治、社会、文化和象征关系，也为新的"赛会时代"提供了一个更庞大的舞台。自20世纪90年代，举办奥林匹克运动会成为城市更新的战略，并真正地将运动竞赛结构为一种全球瞩目的文化现象。将一件地方性事务转化为全球性事件和四海一家的欢庆仪式很大程度有赖于大众媒介技术的发明和应用，包括卫星电视、实况转播、互联网和社交媒体的推动。在讨论超大型活动、大众媒介和文化政策间的关系时，专门从事奥运会和文化政策研究的作者比阿特丽斯·加西亚指出，参与超大型活动的人数众多，参与者和观众都更为国际化。200多个国家一起参加的奥运会比赛还代表了民族国家的多样性，这意味着更多数量的、不同文化背景的观众观看现场直播。因此，超大型活动要求更高规格的国际化报道与曝光率，那么，针对超大型活动的地方文化政策必须与更广泛的传播与媒介政策相关，并以形象为中心。④

2）全球—本土化的城市形象展示

城市举办奥运会的根本目标是借助其发展的全球舞台和号召力，传播城市目的地形象。这意味着在符合奥运会商业模式和标准化的符号系统与组织框架中寻求和展示地方个性形象。这一形象既需要在国家内部产生共鸣和自豪感，也需要为外部观众所理解，进而欣赏，并产生向往。

国际奥委会不仅是一个运动竞赛组织，还在悠久的历史中创造了自己的符号系统和哲学意义，积累了大量文化与象征资产的文化机构。奥运会主办国和城市在彼此竞争中也共同发展了文化展示模式，直观呈现的是极度追求创造力、表演性与文化个性的开幕式和闭幕式演出，以及透过镜头展示规划和建设一新的城市景观与竞赛空间。这些历届更换的国家和城市文化主题、内容与美学亦丰富了标准化的奥运会品牌。这也构成了全球与地方之间长期和短期的互动与融合关系，以及以人类体育运动和地方文化为主题的基于形象塑造的双重叙事。

① Richard Prentice, Vivien Andersen. Festival as Creative Destination [J]. Annals of Tourism Research, 2003, 30（1）：7-30.
② Chris Rojeka. Global Event Management: A Critique [J]. Leisure Studies, 2014, 33（1）：32-47.
③ 雅各布·布克哈特. 希腊人和希腊文明 [M]. 王大庆，译. 上海：上海人民出版社，2012：225-280.
④ Beatriz Garcia. Cultural Policy and Mega-events [C]// In Victoria Durrer, Toby Miller, Dave O'Brien. Handbook of Global Cultural Policy. London: Routledge, 2017: 365-381.

加西亚列举了奥运会举办过程中文化价值创造的来源，我们可以将之看作是一个具有弹性的，奥运城市品牌建设的框架，它反映了举办城市可以在多大程度上，从哪些途径创造出独特的奥运城市文化：[①]

①奥运会的宣传策略和主办城市"品牌形象"：包括城市营销策略的构建，各种用于城市促销的特征整合；

②奥运会和奥林匹克运动的"符号"：包括历届奥运会的标志和会徽、吉祥物、所有特许经营的物料和这些符号的商业应用（例如配饰、服装和装饰品）；奥运海报、企业设计或"奥运会外观"（包括象形图、奥运建筑设计、工作人员制服、文具设计、出版物设计等）和其他符号，如传统的奥运钱币（邮票和硬币）、奥林匹克口号和奥运歌曲；

③奥运会庆典和仪式：其中开幕和闭幕式是最调动公众意识和兴趣的高峰活动，也是世界范围观看次数最多的活动；火炬传递因其社会价值是奥林匹克运动中最重要的体验之一；最后是颁奖仪式的整个过程；

④文化活动项目：奥运会举办期间和奥运城市轮换之间举办的特殊文化艺术活动，这是所有领域中监管最少的领域。

在具体分析1992年巴塞罗那奥运会的城市形象生产机制时，西班牙学者米克尔·德·莫拉加斯指出，要优先考虑适合摄影和视听表达的可识别性标志，以满足运动会传播的要求。这包括选择本土各种视觉艺术门类的代表性人物和他们的作品，如现代主义建筑师高迪，艺术家毕加索、米罗等；选择独特的建筑和纪念碑作为体育和奥林匹克建筑的主要标志性符号；选择已经具有国际影响力的文化价值观与奥林匹克主义融合，透过视觉元素的综合使用凸显和赞美巴塞罗那的现代性、时尚感、艺术性和先锋精神。[②]奥运会之后，巴塞罗那和众多奥运主办城市一样，继续了以活动主导的文化议程。如今，巴塞罗那每年举办约6000场广受欢迎的节庆和地方活动。根据理查德·格雷格等学者的研究，巴塞罗那的活动战略主要由大型和超大型活动主导，并利用各种规模的活动发展全球文化网络，再借助网络将地方性活动出口，创造了另一种地方生产的，奥运会式的"流动的空间"。[③]

3."双奥之城"北京：营造全球地方感

与巴塞罗那、伦敦这些欧洲早期工业城市不同，北京真正意义上的大规模工业化进程是在中华人民共和国成立之后。改革开放将中国工业化战略推向开放型经济，对外进入全球产业链，对内以市场分配资源，城市空间出现新的产业置换。作为首都，北京是国内外各种力量聚集、竞争、互动和融合的空间，也是由传统中国向现代中国文化蜕变过程最激烈，也最精彩的舞台。

全球化让我们意识到，城市营造是一个不断发生和发展的过程；全球化的历史和地方性历史成为彼此的重要内容，地方文化和生活与更广阔世界之间产生复杂的联系。人文地理学者多琳·梅西提出，在人口、商品、信息和形象流动为主导的环境中，产生了两种地方感：一种内在于地方特性，由特定的社会关系群落构成的面貌；另一种是外向的地方感或全球地方感，因不同的文化在特定地点相遇和编织在一起而产生。[④]

北京当代城市空间和功能扩展确实得益于战略性地举办超大型国际体育竞赛，这包括1990年的亚运会、2008年的夏季奥运会和2022年的冬季奥运会。标准化的奥运会商业模式没有消磨掉地方个性，而是在时空交叠中，激发举办国、城市与人民的自我表现，并对地方作出新的文化阐释。

1）北京城市空间的延展与重塑

根据国际奥委会的要求，主办国和城市需要投资于运动会使用的建筑、基础设施和空间环境的建设。借此契机，北京不仅兴建了全新的奥运会场馆，还将城市原有的空间扩展，并发展出全新的功能区。奥运会主要运动场馆、奥林匹克公园和其他附属设施建设选址在北京城市中轴线向北延伸的区域。在奥林匹克中心区的基础上，改建了国家会议中心，新建中国共产党历史展览馆、中国工艺美术馆（中国非物质文化遗产馆），以及不断扩建中国科学技术馆等，使这里成为中国国家文化、首都文化与奥林匹克文化和国际文化互动、交织和融合的文化区，承担了城市体育、文化、生活和休闲功能。与之对应的是中轴线向南延伸的区域，大兴国际机场和计划中的大红门地区的博物馆群同样反映了全球与地方之间的连接。

这些区域的规划和建设不仅基于城市化发展的考量，还具有极强的象征意味，是对北京这座古老城市和国家首都定位和意义的新阐释。21世纪，北京作为国际化大都市与其他世界城市有着越来越密切的合作，外来文化以不同方式重塑其面貌，而中轴线的延长锚定其中国文化的本质与内涵。北京中轴线贯穿城市南北，沿线坐落着北京最具代表性的14座古代建筑，轴线两侧是

①②　Beatriz Garcia. One Hundred Years of Cultural Programming within the Olympic Games （1912-2012）: Origins, Evolution and Projections [J]. International Journal of Cultural Policy. 2008, 14（4）: 361-376.

③④　Alba Colombo, Greg Richards. Eventful Cities as Global Innovation Catalysts: The Sónar Festival Network [J]. Event Management, 2017, 21（5）, 621-634.

胡同社区，它们共同建构了北京传统的象征性空间和视觉符号系统。超大型国际活动带动的投资建设将历史和遗产的中轴线延长，拉入现代时间和全球空间。奥运会既定的和专门为北京运动会设计的视觉形象系统，以及在此期间组织的各种活动共同将北京冬奥会标记为一个特殊的主题文化空间，创造了与别处不同的地方感。奥运会场馆其建筑也成为当代北京的风格化地标，标记了当代中国全球化发展的历史。

此外，北京冬奥会还建设了世界首个与工业遗产再利用相结合的奥运设施。位于石景山区的原首钢工业生产空间被转化为文化、休闲、旅游和娱乐的消费空间。其中，滑雪大跳台与工业遗产的象征物烟囱共同结构出后工业城市景观和酷炫的风格。烟囱一度是工业城市的标志，北京城区曾拥有1.4万多根工业烟囱。2008年北京奥运会是北京"脱煤"、治理大气污染的一个节点。经过大量改造和重建，截至2007年，城区至少减少了几千根烟囱。[①]城市的工业化和去工业化的历史与中轴线的演变产生一种空间对话，呈现出后现代城市精神所标榜的多元性和丰富性，在恢宏严谨的秩序中存在跳跃、幻想和自由的变革精神，破解了全球旅游市场中长期存在的——北京是由大量遗迹和废墟堆积的刻板印象。

2）多重时间系统感知下的北京

时间，或日常生活的节奏是地方自然环境和社会结构共同的成果，透过重复的事务和惯例、祭祀和节庆活动呈现为文化景观。奥运会是一个架构在不同大陆和国家日历之外的全球性活动。在每四年为一周期的特定时刻与地方的日常生活相遇重叠，并透过一系列特定的日程和活动使这一段时间从平常的日子里凸显出来，标记一段特殊的时刻和经验。"双奥之城"北京在夏、冬两季，两次与奥运会形成交集。2022年北京冬奥会举办时间选择在中国农历春节，开幕仪式为立春日，呈现了两种空间、两种文化景观的交织，形成多种时间节奏下的新的地方感。

因为疫情的缘故，当年春节的欢乐气氛没有释放出来，但是透过其他形式，两种不同时间系统的交互得以展示。奥运会开幕式表演设有一个倒计时环节，主办方会利用这个环节的创意设计展现地方文化个性。2012年伦敦奥运会开幕式以工业革命为起点，展现英格兰为人类现代生活所作的贡献。倒计时环节使用快速剪辑的手法，串联伦敦街头拍摄的各种样式的数字，按照时钟读秒的节奏完成倒计时。而北京冬奥会倒计时环节则采用中国农历二十四节气设计。画面忽略秒的概念，以大量慢动作刻意拉长秒的单位速度，以悠缓抒情的形式再现自然与时间的美感。列斐伏尔对日常生活节奏的分析中说：

> "日常生活以抽象的、量化的时间、钟表的时间为模型。这个时间是在手表发明之后，在进入社会实践的过程中一点一点地引入西方的……然而，日常生活仍然被巨大的宇宙和生命的节奏所穿透和穿越：白天和黑夜，几个月和季节，更准确地说是生物节律……日常生活的研究已经证明了周期性和线性之间、有节奏的时间和残酷重复的时间之间的这种平庸但鲜为人知的区别。"[②]

追求速度和效率是工业革命的成果，现代社会生活和全球劳动分工已习以为常地通过单一的线性时间系统进行组织。人们体会过激烈的社会竞争和运动竞赛中时常出现的毫秒差异与胜败间的残酷，就更容易感受和欣赏这段设计创造出的文化与情绪。面对源于西方文明的奥运会、竞赛时代和现代时间系统，北京冬奥会倒计时环节提供了一种深深植根于土地和自然的地方性表达，符合观众对古老中国的认知；更富深意的是，它重新连接了被劳动异化的人类和宇宙。感受自然节律非常符合在加速工业化社会中人们普遍存在的对休憩的渴望和怀旧的情绪。

"立春"在中国岁时节日里具有特殊地位。"一年之计在于春"反映了春天在农业社会中的重要性。不过，选择在立春日不仅是强调中国作为农业大国的传统，也暗示了这个国家生生不息，是一个能够容纳和孕育未来和想象的地方。各种高新技术和媒介应用使得体育馆和奥运村都笼罩在强烈的科幻感和未来感之中。物理的空间和城市，与媒介/屏幕的城市和数字的城市缝合在一起，将一个扎根于土地的有机系统的国家及其自然的生活节律关联到一个以科技系统主导的时代和未来生活。北京仍具有鲜明的地方文化个性，同时也成为一个流动的，可以通向世界的富于想象力的空间。

4. 小结：北京城市活动的可持续发展

2008年之后，北京国家体育场（鸟巢）的利用和经营模式基本上是以组织活动为核心。北京冬奥会期间也举办了国际、国内、各地城市和社区层面的不同规模的活动，综合使用各种城市空间和设施，包括奥运会场馆、标志性遗产建筑、博物馆、美术

---

① 北京十年减少数千根烟囱，烟囱少了蓝天多了 [A].（2012-06-01）[2022-05-01].

② Henri Lefebvre. Rhythm Analysis: Space, Time and Everyday Life [M]. London: Continuum, 2004: 73.

馆、剧院和公园广场，并与同时期举办的国际性艺术节形成联合。根据"人民城市人民建，人民城市为人民"的理念，我们建议从以下三个方向思考城市和奥运遗产的可持续发展：

第一，发展群众性体育活动和建设运动之城。冬奥会是冰雪运动和产业的发展契机，但由于自然条件和经济成本的缘故，形成大众化的冰雪运动需要更长时间的准备。群众性体育运动在中国城市有着非常好的传统。比如，1956年举办的北京市胜利杯环城赛跑，是国内历史最悠久的群众性体育活动之一。全球范围举办的城市马拉松，以节庆化和时尚化的方式增添了城市文化景观。此外，将具有地方文化基因，又富于观赏性和娱乐性的民族体育活动打造为具有流动性和对话性的文化场景，诸如赛龙舟、舞狮、荡秋千等都是民族性和国际性兼具的选择，并且可以在很多城市空间中实现。

第二，建立城市活动日历。将不同规模的传统节庆、民族国家庆典、艺术和创意活动、流行文化活动、体育活动和会展活动等，有序地编织和串联起来形成城市活动日历。丰富和多样的活动连接传统与现代、地方与世界，构成当代城市人的日常生活节奏。在高度紧张的市场竞争之下，活动可以真正地赋能城市和城市劳动者，为人们提供心理放松、情绪调节，与更广泛的人们建立联结和交流的机会。

第三，以活动为基础的社区营造。如今，社区是个多重意义的概念：①划定城市行政管理最基层的组织边界；②共享地理边界和生活方式的共同体；③后现代以生活方式、兴趣和爱好为基础凝聚的趣缘群体。从人类学角度看，节庆活动的最重要功能是实现社会化功能。无论是春节还是奥运会或露天音乐会，人们通过共同参与，由特定的着装、场景、装饰、物品、饮食、仪式、行为和语言共同作用，唤起身份认同。以社区或社群生活为基础的活动是对"人民性"的诠释，其符合广大人民的愿望和利益，可以激发人民的文化自觉和能动性，从而共同创造城市美好生活。

4.4.2　作为奥运文化遗产的公共艺术[①]

回顾整个艺术史，艺术和人类的活动有密切的关系，艺术是人类具有创造性的一种活动，它也是一种兼顾脑力和体力的活动。原始人类在追捕野兽、采集果实的生存实践中发现了体育的魅力，与此同时在描绘奔跑、投石、打击的过程中又发现了艺术的魅力。不管是西方史前的阿尔塔米拉洞窟、肖韦洞窟，还是中国的花山岩画、阴山岩画，快速运动的动物和人体都曾经是艺术图像的主角。随着人类进入到文明世界，体育活动逐渐体系化和制度化，形成了奥林匹克运动的雏形。古希腊雕塑家创造了大量运动中的完美人体雕塑，如《拭垢者》《掷铁饼者》等，通过那些经历了严格训练而练就健美的身体，进一步打通了人和神的界限，也重新发现了人本身存在的意义，奠定了雕塑艺术和奥林匹克运动之间亲缘关系的基础。

1894年，在现代奥运之父顾拜旦的倡议下，国际体育运动代表大会在巴黎举行，会议通过了《复兴奥林匹克运动》的相关决议，由顾拜旦本人担任秘书长，现代奥林匹克运动诞生。希腊雅典1896年举办了第一届现代奥林匹克运动会，中断千年的传统穿越时空被再次延续。现代奥林匹克运动会诞生不久，人类世界就经历了异常惨烈的两次世界大战，但在"相互理解、友谊长久、团结一致、公平竞争"的奥运精神感召下，它还是被各主办国克服重重困难坚持举办。奥林匹克运动会不仅是体育的盛会，还是文化的盛会，特别是在萨马兰奇担任奥组委主席期间，他还特别提出了文化+体育的新概念，至此奥运会不仅仅成为运动员的大聚会，还逐渐发展成为全球化时代超国家、超文化、超种族和超阶级的民众狂欢节。"根据CSM35中心城市收视率数据，本届冬奥会赛事最高收视率超过了2018年平昌冬奥会和2014年索契冬奥会的赛事最高收视率，其中短道速滑男子1000m决赛、短道速滑女子500m决赛、短道速滑男子1000m半决赛、短道速滑女子3000m接力半决赛，以及短道速滑女子500m半决赛5场赛事收视率均超过4%，20余场赛事收视率超过3%，收视率超过1%的赛事更是达到了102场"。[②]奥林匹克广播公司CEO伊阿尼斯·艾克萨克斯也通过数据研究认为："北京冬奥会已经成为收视最高的一届冬奥会。"从这些数据可以看出民众参与度的深广，在奥林匹克运动会的平台上，不仅体育健儿努力拼搏，运动员所承载的不同地域和种族的文化之花也竞相开放。奥运会竞技的时间是短暂的，但是交融、平等、尊重的文化之脉却会永远镌刻在参与者的心中。

奥运遗产（Olympic Legacy）的概念发端于1956年墨尔本奥运会，墨尔本时任市长在陈述申奥文件时强调"澳大利亚将建设运动员中心，并以此作为第16届夏季奥林匹克运动会的遗产来发扬和延续奥林匹克在推动业余体育运动发展方面的崇高理

---

① 本节作者为盛静。

② 扬子晚报. 有多少人看北京冬奥？超百场赛事收视破 1%[OL]. 长江网，2022-02-22.

想"。随着奥运会影响面的逐渐扩大，奥运遗产从单纯的建筑遗产扩展到更多的层面。2002年国际奥委会在洛桑召开了遗产大会，把遗产分为文化、经济、环境、形象、信息与教育、纪念、奥林匹克运动、政策、心理、社会、运动、可持续发展、市政及其他十四大类。除了奥林匹克的官方分类，从学术研究的角度，还有一些其他的分类。"从奥运遗产的形式与分类可以看出，奥运遗产概念所涉及的因素繁多而且不能被完全地界定清楚，但可以确定的是奥运遗产必须具备以下几方面要素：一是奥运会有关联的，二是对举办地及其居民产生长远影响的，并且这种影响通常是正面的"。①

在诸多关于奥运遗产的讨论中，大致分为城市遗产、环境遗产和场馆遗产几类，艺术或文化相关遗产并未纳入讨论范围。"城市遗产主要指与奥运相关的城市基础设施、无障碍设备、保障服务等；环境遗产是指奥运会筹办期间的环境建设与生态建设；场馆遗产主要指与赛事相关的场馆设施"。②实际上，自第二次世界大战结束以后，从1964年东京奥运会起，奥运雕塑就逐渐发展成为雕塑艺术中一个颇具特色的独特类型，它既遵循雕塑创作的规律和手段，又随着创作观念和材料的变化而大胆革新，围绕着奥林匹克这一庞大的主题，表现与之相关的运动图像、历史文化、具体事件、精神内涵等，其目的是谨守"更高、更快、更强——更团结"的奥运格言，使奥运会真正成为体育和文化的盛会。1963年日本的富士箱根雕塑公园开始建设，至1969年正式开园，已经成为展示全世界著名雕塑家，如布德尔、马约尔、贾科梅蒂、马里尼、安东尼·格姆雷等优秀作品的公共艺术园区，其中还有一个特别展区，专门展出毕加索的300余件作品。箱根雕塑公园的策划和实施与彼时日本政府重塑日本国家形象的愿景不无关系。在尽心尽力筹办历史上最好的奥运盛会的同时，日本通过富士箱根雕塑公园的建设，向世界也展示出其文化上的雄心壮志，引入全世界最好的雕塑家及其作品，通过文化讲述主办国的具有东方文化色彩奥运理念和企盼世界和平的精神风貌，奥运雕塑公园成为日本国家崭新形象塑造中的重要环节被赋予了厚重的历史使命。更为重要的是，作为奥运会重要的文化遗产，富士箱根雕塑公园到今天还在为普通的日本市民提供文化的滋养。奥运雕塑作为人类创造性实践重要的组成部分，提供了极富影响力的奥运经验，开辟了奥运体育情境之外的参与式体验场景，不仅有助于普通民众通过雕塑艺术亲近奥运，也深刻诠释了体育和文化的渗透和交融。

作为见证人类创造力的雕塑艺术，构成不同历史阶段物质、科技、文化等因素综合创造的图像历史，它是物质性和精神性的结合。从雕塑的传统回溯可以看出，雕塑是一种特殊的物质实体，是非物质文化的物质表达形式，它借助物质材料矗立，却无实用性，人类借用这团物质来表达和隐喻精神性和创造性的理念。从古希腊时期的奥林匹克运动会到现代奥林匹克运动会，从对人个体的赞颂到对时代的反映，奥林匹克雕塑跨越了漫长的岁月，逐渐建构成为某个特定社会历史环境下被赋予特殊使命的文化现象。结合不同时期奥运雕塑对内容的拓展，可以将奥运雕塑分为四个类型：

①对奥运会运动员个体或者体育运动重新演绎，多为具象；

②对奥运项目参与者的塑造，旨在突出参与为第一原则；

③对较为抽象的奥运精神和奥运格言的形象化塑造；

④对奥运主办国传统优秀文化的表现或再现。

配合1988年汉城（现称首尔）奥运会即第二十四届夏季奥林匹克运动会，首尔奥林匹克雕塑公园从1986年5月开始筹建，并依托雕塑公园的场地举办了两届国际露天雕塑研讨会和雕塑大赛，吸引了大批雕塑家前来参展参赛，并落成了204件雕塑作品。这次雕塑活动作为奥运主题活动——首尔文化艺术庆典中世界现代美术节的一部分，为首尔普通民众提供了一个非奥运场馆式的奥运文化体验场景，至今仍十分受欢迎，成为1988年汉城奥运会文化遗产的重要组成部分。

经历2008年第二十九届夏季奥林匹克运动会和2022年第二十四届冬季奥林匹克运动会之后，北京已然成为"双奥之城"，在这14年间，对奥运会、奥运遗产等相关名词的理解的维度更加丰富，从两次奥运会开闭幕式呈现的视觉图像，中国已经建立起在全球化语境下表达国家形象的整体框架。从两次奥运雕塑的征集方案的题目来分析，最显著的不同来自于"景观雕塑"和公共艺术的基本概念。自改革开放开始，伴随着新的城市建设高潮迭起，城市雕塑逐渐成为雕塑家为社会服务的重要方向，早期的城市雕塑并没有建立"为城市，与城市"的创作观念，大多还是雕塑家个人审美意志和情趣的物质化，"准确地说，它们只是放置

①　闫静，Becca Leopkey. 奥运遗产溯源、兴起与演进研究 [J]. 北京体育大学学报，2016，39（12）：14-19+36.

②　于世波，梁鑫，程靖雯，等. 北京冬奥会有形遗产可持续发展理念、价值与路径研究 [J]. 辽宁师范大学学报（社会科学版），2022，45（1）：23-28.

在公共空间中的艺术品，而不能称之为公共艺术"。[①]2008年的雕塑作品征集方案的概念是"景观雕塑"，已经强调了雕塑和景观之间有机联系，时隔10多年，2022年北京冬奥会已经把"景观雕塑"的概念转换成"公共艺术"。公共艺术强调的是雕塑的"公共性"。这种公共性有若干含义，其一是要求艺术家关注公共问题，诸如生态、文化、社会现象等，审美不是公共艺术的唯一价值指向，"公共艺术比其他艺术形态承载了更多的社会学与政治学的意义，成为在城市化进程中缓冲协调建筑与环境、个体与社会群体、社会精神与经济发展之间无处不在的矛盾的调和剂……"[②]其二是公众参与，公共艺术具有开放性的特征，"在艺术家的引导下，公众的审美体验也从被动的习得，转为自主的学习，在参与、实践中提升审美品位"。[③]其三是公共价值，中国正处于"百年未有之大变局"，特别是自2019年党的十九届四中全会通过《中共中央关于坚持和完善中国特色社会主义制度　推进国家治理体系和治理能力现代化若干重大问题的决定》首次提出"三次分配的概念"，如何以公平正义为目标，尽力地满足人民群众对美好生活的需求成为公共艺术的价值归属。

从两次征集方案的情况来看，2005年由北京2008年奥运会和残奥会组织委员会文化活动部、中国美术家协会雕塑艺术委员会和北京金台艺术馆联合主办发起，开展的2008年北京奥运会景观雕塑的征集工作，截至当年的12月底，收到雕塑方案接近700件；2020年，北京2022年冬奥会和冬残奥会组织委员会（以下简称北京冬奥组委）、北京市人民政府、河北省人民政府联合主办的北京2022年冬奥会和冬残奥会公共艺术作品全球征集活动，截至2021年年中，收到全世界各种投标方案1600余件。无论从组委会的规格、征集作品的数量，还是从影响力来说，2022年北京冬奥会对公共艺术的征集都广泛吸取了2008年北京奥运会的经验，把奥运文化传播提高到前所未有的高度；从组委会对主题、对规划来看，2008年，奥运景观雕塑征集要求为"雕塑既要体现本国民族传统精神也同时体现'同一个世界，同一个梦想'的世界精神"。2022年，则要求公共艺术"以'纯洁的冰雪，激情的约会'为愿景，秉持'绿色、共享、开放、廉洁'理念，'让奥林匹克点亮青年梦想、让冬季运动融入亿万民众、让奥运盛会惠及发展进步、让世界更加相知相融'，倡导'人类命运共同体'意识"。奥运口号从世界精神塑造到聚会平台打造，凭借强烈乐观的聚会场景表达了新时代中国人民的民族自信和文化自信。

值得注意的是，北京冬奥会组委会从组建之初就十分重视对奥运遗产的规划和管理，2017年在总体策划部单独设置遗产处，全面规划和管理冬奥会相关场馆、公共艺术等有形遗产，以及奥运精神等无形遗产，且形成从机构设置、遗产战略、遗产报告等全链条的遗产管理和利用体系。秉承"绿色冬奥、低碳冬奥、科技冬奥"的理念，从2022年北京冬奥会筹办之初，北京冬奥组委就以可持续作为办奥目标，开始全面规划、管理奥运遗产，这是第二十四届冬季奥林匹克运动会首创的工作模式。在奥运会公共艺术的征集、评选、落地过程中，这种工作方法和模式始终贯穿其中。北京冬奥会公共艺术专家委员会在千余件公共艺术投稿作品中评选入围奖44件，提名奖20件，落地作品7件，落地作品仅占投稿作品的约$\frac{4}{1000}$。在公布获奖名单之时，北京市规划和自然资源委员会宣布将这些公共艺术资产移交属地管理，这是对奥运遗产保护再利用新工作方法的贯彻和落实。落地的7件公共艺术作品并不只是在奥运区域，如冬奥会场馆周边建成，亦有部分在城市公园落地，冬奥会不仅让3亿人"上冰雪"，冬奥精神也随着这些城市的标志性景观传播到社区和民众当中。

落地的7件雕塑具体情况，见表4-1。

落地的7件雕塑具体情况　　　　　　　　　　　　　　　　　　表4-1

名称	作者	材质	作品特色	安放位置
《雪舞》	景育民	不锈钢	风动、冬奥元素	国家速滑馆西北角
《一路风景·生命的律动》	邓乐	不锈钢	机械动力、环境融合	北京冬（残）奥村一下沉广场入口
《舟》	张冕、郅敏	不锈钢、陶瓷颗粒	传统文化、奥运精神	通州城市绿心森林公园
《张灯结彩》	涂啦啦	不锈钢	传统文化、冬奥元素	延庆赛区主入口广场

①　朱建邦. 从城市雕塑到公共艺术——北京市公共艺术建设机制研究 [J]. 经济师，2010（5）：11-14.
②　赵志红. 当代公共艺术研究 [M]. 北京：商务印书馆，2015：96.
③　何小青，王燕斐. 上海公共艺术发展趋势研究 [M]. 上海：上海大学出版社，2019：98.

续表

名称	作者	材质	作品特色	安放位置
《新ET》	里卡多·科德罗（意大利）	不锈钢	极少主义与具象融合	北京石景山游乐园南广场
《赤韧》	任哲	不锈钢	传统文化、冬奥元素	国家速滑馆内部
《No.3 来自另一个平行宇宙的单板滑雪运动员》	肖鹏	不锈钢	二次元蒸汽朋克、冬奥元素	首钢园—三号高炉东南侧绿地

从奥运雕塑到公共艺术，不仅仅是名称上的变化，还是艺术家自身对公共性认识的不断加深，他们通过对奥运主题的理解和阐释，不断运用个人意识去触碰和阐释社会事件，或面向冬奥会这一全世界人民关注的焦点，或面向中国当代社会中对传统文化的追溯与创新，或面向人类共同的未来，并以最新的材料和创作观念呈现出来。《雪舞》是天津美术学院景育民的作品，作品由9组不锈钢立柱组成，立柱呈矩形排列，每一根立柱上都延伸出和冬奥火炬形态相似的雪花，北风吹过，卷起真实的雪花，也带动钢质的不锈钢雪花在风中摇曳。《雪舞》落地在国家速滑馆，随着速滑馆灯光变化，作品则以动态的方式和冬奥场景互动，成为冬奥会相关艺术作品中艺术与科技结合的典范。肖鹏创作的《No.3 来自另一个平行宇宙的单板滑雪运动员》坐落在北京冬奥组委所在的首钢园。首钢园作为工业遗产保护再利用的标杆项目为北京冬奥会作出了巨大的贡献，这件作品坐落在三号高炉之前，构建了历史与未来的沟通渠道，来自二次元世界的单板滑雪运动员被传送器送到冬奥会的世界，一起参与这次盛会，既贴切主题，又自然向未来延伸，联系起谷爱凌为中国夺得两枚自由式滑雪金牌的伟大时刻，更使这件雕塑显得弥足珍贵。

在奥运会公共艺术征集落地作品之外，另外两件立体形态的公共艺术更加引人注目，奥运主火炬《雪花》和奥林匹克休战墙作为奥运精神的承载实体在冬奥会期间大放异彩，诠释了"绿色、低碳、科技"的时代强音。《雪花》是奥运历史上最小的主火炬，冰与火相融，燃放光彩，以氢气为主要燃料，节约了99%以上的碳排放，艺术和科技结合的公共艺术新形态直面国际社会关注的环保绿色等主要议题，晶莹剔透的主火炬用微火与显示屏结合，每片小雪花上的LED屏可以单独调整亮度，不同亮度的光点集合营造出梦幻般的视觉效果。《雪花》中对氢气的使用得益于航天科技的发展，在长征系列运载火箭中，中国已经规模化应用了液氢，为奥运火炬的燃烧技术奠定了坚实的基础，艺术团队和技术团队紧密合作，解决了氢燃料存储、氢气焰喷射状态和可视性、复杂曲面适应等多个技术难题，并在航天工程管理经验的加持下，体系化地解决运动状态控制和故障模式分析等问题，为奥运火炬艺术化呈现助力。《雪花》成为艺术与科技结合发展方向中里程碑似的作品，这种开拓进取、敢为人先的创新态度也是奥运公共艺术给我们留下的宝贵精神遗产。

2022年北京冬奥会奥林匹克休战墙（以下简称休战墙）是北京工业大学邹锋团队的作品，被命名为"和平之光"，分别安置在北京、延庆和张家口冬奥村。邹锋团队曾参与大量的公共艺术创作项目，对占据立体空间的公共艺术形式研究着力尤深。为奥运盛会修建休战墙是1993年联合国大会通过奥林匹克休战决议之后的传统项目，联合国成员商议决定"通过体育运动建设一个更加美好的和平世界"，各成员国在奥运会开幕前一周、闭幕后一周应停止一切战争行为，违反决议者将被禁止参加奥运会，以示对奥运精神的尊重，而休战墙就是停战行为的见证物。自1994年挪威冬奥会期间波斯尼亚停战再到2000年悉尼奥运会朝鲜半岛两国运动会携手进入奥运会场，奥运休战理念逐渐深入人心，北京冬奥会也延续了建立休战墙的传统。此前历届奥运会休战墙都是以墙的形式存在，如何在休战墙的整体理念框架下推陈出新？邹锋团队结合冬奥会举办正值中国春节的时间节点，利用"中国灯笼"造型使休战墙的形式语言取得了突破，从平面转向立体，使休战墙的观看视点更加多元，并且在各个视点都融入了中国传统文化元素。休战墙俯瞰形似雪花，和冬奥会的主题相呼应，暗合"燕山雪花大如席"的美好意境，单片造型来源于早期中国典型器物"玉龙"的造型，而围合在一起又贴近"石榴"，诠释"张开怀抱，彼此理解，求同存异，共同为构建人类命运共同体而努力"的理念。在休战墙的设计制作环节中，团队采用虚拟仿真技术，对冬奥村三村的实地环境进行多次模拟，再通过3D打印技术制作微缩模型，极大节约了验证效率，使工作得以顺利推进。"和平之光"实物采用了钢架龙骨，结合不锈钢彩绘镀膜工艺，洋溢着吉祥喜庆的节日气氛。其中镶嵌的奖牌采用了黄铜蚀刻工艺，镌刻着冬奥会和奥运休战两种标志，象征着体育让人类更团结的美好愿望。

从2008年到2022年，时隔14年的两届奥运会的举办，中国社会发生了剧烈变化，通过奥运活动的开展，奥运精神的传播和奥运文化的弘扬，进一步铸牢"人类命运共同体"的意识，邀请世界来参与东方的奥运、中国的奥运，中国在文化上愈加自信；景观和公共艺术作品实施的主办方理念在变化，从为奥运发声到为公众带来具有公共价值、承载在地文化基因的作品，使公共艺术作为奥运文化遗产来丰富历史文脉，创造艺术化的生存空间，传递可持续的发展理念，营造人与自然和谐发展的社会氛围；参与征集的艺术家同样在发生变化，他们更加注重公共议题，关注作品与公众的互动，强调在冬奥会平台上通过艺术作品含蓄地传达中国优秀传统文化和中国年轻人对未来的想象。因为这些变化，作为奥运文化遗产的公共艺术作为奥运视觉系统的重要组成部分，得以实现在国家形象塑造、城市文化发展、公众审美提升等方面的多元价值。

4.4.3　以中华审美文化点亮"和平之光"[①]

现代奥林匹克运动会源于古希腊，古代奥运会强调人的身心和谐发展，不仅仅是身体的比拼，更加倡导道德高尚、人格健全、追求美与善。为了给奥林匹克运动会搭建一个安全、和平的竞争环境，古代希腊通过了"奥林匹克休战"制度（Olympic Truce），制度规定每当举行奥运会期间，各交战城邦之间必须停战，以便各地的运动员参加比赛，并让各地观众前往观看，违反者将被禁止参加以后的奥运会，这便是奥运休战的由来。1992年巴塞罗那奥运会第二十五届夏季奥林匹克运动会，挪威提议恢复奥林匹克休战的精神，在奥运开幕前一周起至闭幕后一周之间的期间停止一切战争。1993年10月25日出席联合国第四十八次大会的121个国家一致通过了这一提案。自此，来自古代希腊的休战制度延续到了现代奥林匹克运动会，而由举办城市设立"奥林匹克休战墙（壁画）"（Olympic Truce Mural）也就是成为一项重要的传统。

时至今日，奥运会不再仅仅作为一项体育赛事，更多的是世界公认的一套公平竞争的原则和方法。因此，放弃成见、摒弃强权政治，加强平等对话成为奥运会的精神内核。今天的奥运会，除去紧张激烈的体育赛事之外，更多成为各国文化交流和传播的舞台，文化的多样性极大地丰富了现代奥运的精神内核。而历届奥运会休战墙的设立，不仅能够让来自世界各地的运动员，为世界和平留下祝愿，表达对奥林匹克休战理念的支持之外，也无疑同开闭幕式一样，演变成为成承载着各个国家审美文化的一件重要的公共艺术作品。

北京工业大学艺术设计学院承担了2022年北京冬奥会休战墙及壁画的设计工作。设计团队在负责人邹锋的带领下，确立了"以中华传统审美文化为核心"的总体设计导向，深入挖掘传统文化资源，大胆尝试设计语言，拓展创新设计思路，综合运用现代科技手段，历经6个月，完成了此次休战墙设计。最终题为"和平之光"的休战墙设计项目于冬奥三村同时亮相，受到了国际奥林匹克组委会官员，以及众多国际运动员的赞誉。

与以往奥运会休战设计不同，此次冬奥会休战墙设计团队从设计立意、造型语言、交互方式等方面都进行了创新探索。无论从整体的设计方向上还是具体的每一个细节，都结合了中国传统文化特征，运用现代设计语言向世界描绘了"中国式"的和平愿景。

1. 文化符号的选取

作为一种通用的视觉语言，带有典型民族气质和文化品格的文化符号，往往是向世界人民传递设计意图和设计内容的有效工具。而此次设计的重中之重，也正是文化符号的选择与凝练。

首先，考虑到此次冬奥会举办恰逢中国农历新年期间，为了突出过年期间喜庆祥和的节日气氛，设计团队确立了以"灯笼"作为设计的文化符号来源。灯笼对于每一个中国人而言都不陌生，虽然作为传统照明工具的一种典型代表，灯笼最早出现的年代已不可考，但据推测应不晚于汉代。[②]从传统的便携式移动照明器具转变为兼具观赏性、叙事性功能性于一体的节庆装饰，灯笼早已与古代中国人的生活密不可分，不管是达官贵族，还是普通的黎民百姓，都在灯笼当中寄予了很多美好的期望。灯笼的出现，不仅丰富了人们的物质生活，同样也丰富了人们的精神生活。因此，灯笼作为一种中国典型的节庆文化符号，包含有团圆、兴旺、红火、幸福、光明、活力、圆满等多种象征性意义。而本身作为一种中国最为典型的照明器具，象征着光明与希望的"灯笼"恰好与"和平之光"的"光"一重要设计元素能够很好地契合。既能够符合中国农历新年的气氛，也能够传递出中国人对于世界和平的美好愿景。

其次，在总体上选择了以圆形围合式的灯笼造型作为造型主体后，设计团队进一步地深化了设计细节，将中国特有的"玉

①　本节作者为邹锋、张翀。
②　刘园园. 坚持与守望——关于三兆灯笼现状的文化思考 [J]. 苏州工艺美术职业技术学院学报，2012（3）：39-42.

龙"造型纳入到了方案设计。众所周知，"玉"是中国特有的传统文化原型符号，玉石材质的美学特点，常常被赋予超越材质美的精神审美价值，例如"宁为玉碎"的爱国民族气节；"化干戈为玉帛"的团结友爱风尚；"润泽以温"的无私奉献品德；"瑕不掩瑜"的清正廉洁气魄……可以说玉器承载了几千年华夏子民在民族信仰、礼仪制度、精神文化、道德情操等方面的认知和观念。而来自于我国红山文化的"玉龙"，更是我国"玉文化"传统的典型视觉化符号。"龙及有关成组玉器的出现象征着当时社会某种等级、权力观念的存在，已经具有'礼'的雏形；龙的孕育、出现，意味着中国远古文明的黎明时期已经到来"。[①] 基于此，设计团队对"玉龙"进行了抽象化处理，简化了龙的头部造型，改为顶端翘起的"C"形结构，好似一条昂首飞升的巨龙。在此基础上，并置三条玉龙造型构成一组单体结构，并调整前后错落关系，使其在整体服从圆形围合趋势基础上，避免结构单一造成的呆板现象（图4-7、图4-8）。

2. 布局形式的突破

为了强调开放、合作、团结的理念，国际奥委会曾在2018年平昌冬奥会即第二十三届冬季奥林匹克会期间对于"奥林匹克休战墙"的英文官方名称进行了修改，放弃了意为"墙壁、围墙"的单词Wall，还是选择了有"墙画、壁画"意思的单词Mural。但即便如此，从以往历届冬奥会休战墙的呈现形式来看，其实大多方案都未能摆脱"墙"这一固有概念，即便像平昌冬奥会的休战墙设计，以较为直接的方式将墙体打破，从而在意义上突出"打破隔阂"含义，但这种平面化呈现形态和布局方式，无论从视觉形式上还是在实际环境中，以及与观众的互动形式上都在一定程度上受到了限制。而这恰恰与最初设立奥林匹克休战墙的出发点相背离。

基于以上原因，北京工业大学艺术设计学院设计团队在此次休战墙设计的初期，对于设计项目的具体呈现形式进行了重新思考，在充分调研了以往其他国家奥运会休战墙设计后，对于"墙"这一概念提出了大胆的设想——不破不立，即打破原有"平面化、格栏化、屏风化"的布局形式，转换思路，打造"向心围合"的"开放空间"。

在具体设计过程中，设计团队在围合造型总体结构的基础上，进一步凝练造型特征，将原本围合一体的造型打散为互相分离的6瓣单体造型，使其既在排列构成上与雪花造型相呼应，突出出题，也能够在空间上打破固有格局。6瓣造型虽然互相分离，但每一组造型顶端向心汇聚，视觉上较好地构成整体连贯之感。落成后，观众不仅可以在周围环视休战墙，也可以步入内部，签字留念。这无疑在空间上拓展了休战墙的使用面积，在视觉上打破了平面化单一的观看感受，同时在交互形式上增强了与人的互动性。通过以上创新性尝试，既可以避免因平面布局对空间进行的两极化分割，进而弱化设计项目前、后、正、反给人带来的"两极化"的视觉固有概念，又能够在理念上巧妙地突出"四面八方，欢聚一堂"的设计内涵，真正体现出"一起向未来"的奥

图4-7　玉龙　红山文化（约公元前4700年—前2900年）　　图4-8　2022北京冬奥会休战墙（壁画）"和平之光"
注：1971年内蒙古翁牛特旗赛沁塔拉出土，现藏于中国国家博物馆

---

① 孙守道，郭大顺. 论辽河流域的原始文明与龙的起源 [J]. 文物，1984（6）：11-17+20+99.

运理念。"发散与汇聚"空间布局形式，寓意在和平之光照耀之下，全世界不同文化背景的民族都感召凝聚，诠释出"天下一家"的理念。张开怀抱，彼此理解，求同存异，既体现出中国人对于"和"的理解，也深刻地向世界传递了中国对共同构建人类命运共同体发出的强烈号召。

3. 色彩系统的调整与意象表达

如果说对于文化元素的凝练是赋予设计鲜活的灵魂，布局形式的破与立是建筑设计的身躯，那么颜色系统的调整和搭建则是赋予设计以诗意的语言系统。设计团队在本届冬奥会休战墙的设计的色彩系统的构建和调整方面，同样从民族文化角度出发，在符合整体设计思路的基础上，力求使设计突出中国传统美学韵味。

首先，在休战墙整体颜色的规划与搭配方面，最初是存在争议的。中国文化崇尚红色，因为在我国的社会文化环境之中，红色具有喜庆、祥和、幸福的含义，古往今来人们经常在重大节日期间使用红色来装饰环境、渲染氛围。但世界上不同民族由于文化的不同对于颜色认知是存在差异的，国际奥委会也曾提出改用蓝绿色作为主体色调的建议。但在实际设计过程中，设计团队综合考量了设计整体立意，对比了多种造型与色彩搭配方案的视觉效果，经过多方考虑，最终确定了使用中国文化中对于色彩的认知模式。选用能够突出节日气氛的"红色"作为主体色彩，并加入象征着"冰雪"的"白色"，以及象征着"力量"与"荣誉"的"金色"予以呼应，使得整体配色协调统一。

其次，在色彩具体排布方面，设计团队也加入了深入的思考：在每一组造型的内部通体施以红色，这样原本互相独立的6组造型在色彩的加持下达到了视觉上的整体统一，同时空间上的穿插错落也能够极大地减弱单一色彩带来的单调突兀之感，加之红色与灯笼造型意象能够较好地匹配，最终使得休战墙设计整体达到了"色""型""意"三者的协调统一。

最后，在冬奥会主视觉的运用上，设计团队也充分考虑了冬奥会期间户外天气环境带来的视觉影响。"春耕夏耘，秋收冬藏"，作为具有悠久农耕历史和智慧的中华民族，自古就对于四季变化有着自身的认知体系，其背后蕴含了中华民族悠久的文化内涵和历史积淀。而所谓"瑞雪兆丰年"，中华民族对"冬"总是寄托以对"丰收"的期盼，这种期盼既可以看作是古老的农耕民族应对四季变化的智慧，也是中国文化中对于幸福追求一种体现，其内核是人们对于美好生活的向往。那么如何利用色彩系统来制造中国式的浪漫，营造冬日氛围，是设计团队需要解决的难题。基于以上分析，设计团队结合墙体外立面造型弧度，将主视觉图像进行渐变处理，使得象征着"冰雪"的"白色"由顶端逐渐向底端过渡到红色，运用"比拟"的方式表现了"雪落"的效果，既创新地展现了"雪"这一符号，又以一种较为含蓄的表述方式，将中国人对于"美好"的期盼"可视化"，通过诗句般浪漫的语言传递给世界（图4-9）。

2022年1月27日，从方案设计到制作安装历经6个多月的北京冬奥会奥林匹克休战墙，伴随着冬奥村的开放，正式与各国运动员见面。2月1日，国际奥委会主席巴赫来到北京冬奥村，为休战壁画揭幕并在上面签名。多个代表团运动员也慕名来到墙体前签上自己的名字，表达自己对和平、团结的美好愿景。

2021年7月20日，国际奥委会将"更团结（Together）"加入奥运格言中，至此奥运格言变更为"更快、更高、更强——更

图4-9　色彩系统的调整与意象表达

团结"。108年来奥运格言的首次更新，也反映出人类社会所面临的全新挑战，如何摒弃成见、合作共赢、求同存异、和平相处成为世界发展主题。中国自古对于"和"有着独特的理解。此次休战墙设计的核心词汇无论是和平、和睦还是和谐，其中无不蕴含着华夏儿女"天人合一的宇宙观、协和万邦的国际观、和而不同的社会观、人心和善的道德观"。党的十八大以来，习近平总书记倡导并亲自推动人类命运共同体构建，将中国传统文化中的天下观进行了新时代的诠释，同时也为全球化时代人类发展提供了新的范式。而"相互了解、友谊、团结和公平竞争"的奥运精神，与中国倡导的和平、发展、公平、正义、民主、自由的全人类共同价值高度契合，也与中国共产党为人民谋幸福、为民族谋复兴、为世界谋大同的使命同向，与推动构建人类命运共同体的目标一致。伴随着经济全球化的深入和数字文明时代的到来，将5000年历史文化积淀与改革开放40年的现代成果相融合，以中国立场深入解读奥林匹克精神，将中华文化注入奥林匹克文化也毫无疑问成为未来中国将肩负的使命。

在此背景之下，北京工业大学艺术设计学院邹锋带领的设计团队立足于"讲好中国故事"总体设计方针，将华夏审美文化注入现代设计方法完成了此次设计项目，并完美诠释了追求和平、增进理解、克服分歧、一起向未来的理念。同时也又一次向世界展示了中华文明深厚的文化。

回望历史，2000多年前奥林匹克休战制度在古希腊的创立，承载了人们构建希腊共同体的愿望，此后"更快、更高、更强——更团结"的奥运精神铸就了"公平、公正、平等、自由"人类文明交往基石。2000多年后，北京冬奥会奥林匹克休战墙落成，"和平之光"以中国的方式"点亮"，古老东方文化以其特有的美学韵味和文化魅力，再一次向世界表达了中国为构建人类命运共同体而提出的美好愿景。

4.5　冬奥服务形象研究 [①]

本节旨在探讨冬奥服务形象的构建和管理对于提升赛事组织者、赞助商和志愿者的服务水平，提高赛事参与者和观众的满意度和忠诚度的作用。首先，本节从服务形象的概念和构成要素入手，分析了冬奥服务形象对于参与者和观众的重要性，并提出了构建冬奥服务形象的原则和策略。其次，通过调查分析和实地考察等方法，对北京冬奥会的服务形象进行了实证研究。最后，本节分析了北京冬奥会服务形象的优势和不足之处，并提出了进一步改进的建议和措施，以提高冬奥会服务水平和品牌形象的竞争力。本研究对于提高冬奥会服务水平和品牌形象的竞争力具有重要的理论和实践意义。

4.5.1　智能的交通服务系统

本节根据冬奥村整体功能布局及交通系统规划分析，从用户出行需求角度出发，探究与思考面向冬奥会特殊人群出行需求的交通服务系统设计。研究主要以冬奥村内人员特征、出行需求、冬奥村整体功能布局及交通系统的软硬件建设为研究主线，以为冬奥村内人员提供高效、安全、舒适的交通服务系统为目标，对冬奥村内人员出行需求与交通服务系统展开深入研究，最终为冬奥村智能交通服务系统设计提出可行性建议。

奥林匹克运动会已成为城市和区域更新的重要工具，因为它能证明重建和提升的合理性，也为主办城市创造新形，[②]同时也成为现代社会公共文化活动中最引人注目和最壮观的盛会之一。[③]也逐渐成为城市复兴的关键推动力量。因此无论对运动员还是举办方都将面临巨大的挑战。2022年第二十四届冬季奥林匹克运动会将在北京举行，由北京2022年冬奥会和冬残奥会组织委员会主持举办。为了提升中国国际社会形象，向全世界展示中国科技发展与文明进步。本届冬奥会中国政府和相关主办单位提出建设"绿色奥运、科技奥运和文化奥运"的三项基本设计原则。[④]根据国际奥委会章程，要求每一届奥运会都将设立奥运村，以促进运动员之间的国际关系。[⑤]

①　本节作者为刘凯威、卢灿、秦川。

②　Essex S, Chalkley B. Mega-sporting Events in Urban and Regional Policy: A History of the Winter Olympics[J]. Planning Perspectives, 2004, 19(2): 201-204.

③　M. Roche, Mega-Events and Modernity: Olympics and Expos in the Growth of Global Culture[M]. London: Routledge, 2000: 3.

④　杨桦. 体育改革：成就、问题与突破 [J]. 体育科学, 2019, 39 (1)：5-11.

⑤　Essex S, Chalkley B. Urban Transformation from Hosting the Olympic Games[Z]. Centre d'Estudis Olímpics（UAB）, 2010.

根据赛事的场地需求，本届奥运会分为北京赛区、延庆赛区和张家口赛区。本节主要研究北京赛区的冬奥村，以下简称北京村。北京村主要分为运行区、居住区、广场区三个不同的功能区域，内部主要设置有代表团接待中心、健身中心、居住中心，以及相关日常生活的功能设施。由于冬奥村内部面积较大、功能区划分复杂，又面临新冠疫情防控挑战，这就为冬奥村内部的交通服务系统提出了新的挑战。冬奥村属于完全独立的区域，交通上形成一个区域闭环，冬奥村与场馆采用点对点的交通模式。因此需要对交通基础设施及服务进行全方位的设计，创建具有高效率和灵活性的交通服务系统以应对不利条件。

近年来，信息系统、移动设备和移动通信技术的发展为城市交通运输的智能化提供了广泛的、新的可能性。而信息系统质量的提高与可用性提高有着密切的关系。[①]在人机交互工程标准中提出可用性要求的定义取决于用户、任务、环境背景和系统等4个要素：①用户，是与系统交互的人，每个用户都有各自的特征和需求，使用系统的动机、期望和目标的不同都会影响系统可用性；②任务，被定义为完成目标所进行的行为活动，根据目标和需求向系统提供的任务需求清单；③环境，描述了系统使用情况的物理和社会背景，包括技术限制、环境条件（温度或光线），以及文化因素；④系统，完成任务所需的平台，并且任何设备都可能影响系统的可用性（参见《人—系统交互工效学　第11部分：可用性：定义和概念》GB/T 18978.11—2023/ISO 9241-11：2018），根据可用性定义，为提高本届冬奥会交通服务系统的可用性、高效性，本节将从冬奥村内人员特征、出行需求预测、冬奥村整体功能布局及系统的软硬件建设等4个方面进行分析，探索冬奥村交通服务系统设计需求，最终为冬奥村智能交通服务系统设计提出可行性建议。

1. 冬奥村内人员特征分析

1）根据村内不同人员服务性质和人员构成进行分类：

北京村接待44个国家和地区的代表团近1700名运动员和随队官员入驻，[②]900余名志愿者在村内工作。主要来自北京工业大学、北京大学、北京体育大学、北京外国语大学、北京中医药大学等7所高校院所，届时在27个业务领域的52个岗位中服务，涉及疫情防控、验证、接待、住宿、餐饮等。另外还有媒体、医生、安保等人员。根据服务性质不同可以将人员分为3类，每类又根据工作任务性质不同分若干小类（图4-10）。

北京村内人员包含：

（1）村内服务人员主要为运动员及随队官员提供日常生活服务

① P类工作人员为参赛人员、国际奥委会官员，以及随队官员提供各项服务保障工作；

② V（Volunteer）类志愿者协助各领域的P类工作人员完成各项工作；

③ C（Craft）类技术人员为北京村提供技术支持和维修保障工作。

（2）参与赛事人员包括运动员和随队官员

（3）村内外交通安检等保障人员（安保人员、安检员）

不同类别群体都有不同的出行行为与任务目标，因此都将产生不同出行需求，为满足每一位村内人员高效安全的出行需求，需要根据每类人员任务需求进行出行行为预测分析，最终得出影响出行的基本要素，进一步完善村内的交通服务系统设计。

2）冬奥村内人员出行特征分析

村内人员根据居住场所与工作性质不同对出行有着不同的需求。

（1）居住在村外但工作于村内人员

冬奥村内P类工作人员、V类志愿者、C类技术人员、特殊借调工作人员，以及媒体人员均住在村外，北京冬奥组委根据不同人员工作时间和工作内容分配不同位置酒店作为驻地。这类人群搭乘班车往返在驻地、村内停靠点（媒体人员站点不同）、各场馆之间，并在停靠点上下车。由于工作性质的原因，行程较为固定，易于管理。

（2）工作、生活均入驻村内人员

运动员和随队官员居住于村内，在村内进行日常生活。村内设置班车来满足他们日常训练需求和观赛需求。村内除了提供训

① Hörold S, Mayas C, Krömker H. User-oriented Information Systems in Public Transport[J]. Contemporary Ergonomics and Human Factors, 2013: 160-167.

② 新华社. 北京冬奥会｜冬奥村正式开村　高清大图带你看运动员"家"[OL]. 光明网，2022-01-28.

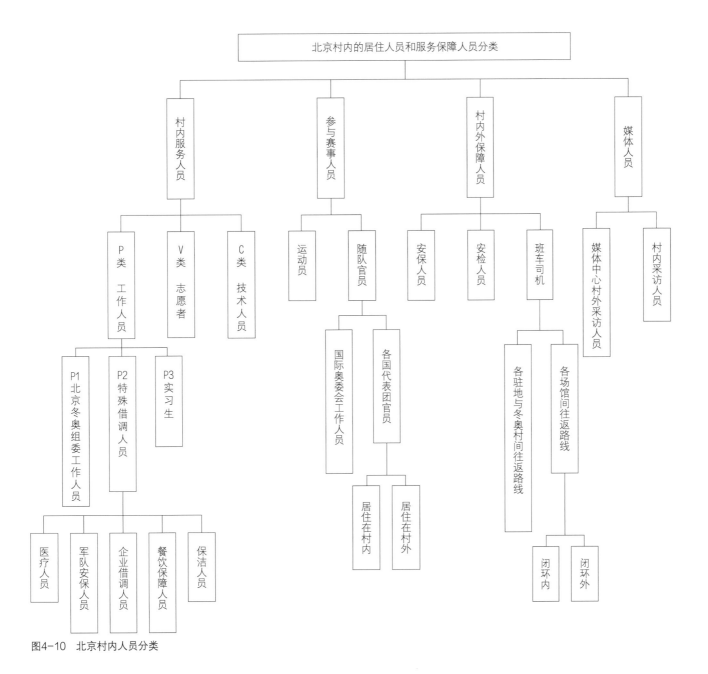

图4-10　北京村内人员分类

练与住宿以外，还为运动员与随队官员提供各项休闲娱乐活动（例如商场、洗衣房、邮局、游戏厅等）。由于运动员和随队官员来自44个国家（北京村只有44个国家常驻），且拥有不同的文化背景和生活习俗，因此各类需求较多，这也将对交通服务系统设计提出更多的要求。

　　根据对冬奥村内人员特征、居住地与基本工作出行的分析可以得出，班车线路规划、停靠点位置确立，以及时间准确性是交通出行最基础的要求。如需提高通勤效率还需进一步研究用户的出行行为需求，寻找出行痛点与设计机会点。

　　2. 冬奥村居住人员出行需求分析

　　本阶段用户出行需求分析将从宏观与微观两个不同层面进行研究。宏观包含区域内整体交通系统问题和冬奥会特殊群体所面临的信息识别问题。而微观层面将根据冬奥村内服务性质不同的人员分类，分别进行出行行为需求预测，寻求影响交通服务系统的主要因素。

　　1）冬奥村内影响交通服务系统的宏观问题

　　（1）人车分流问题

　　大量的运动员、辅助人员、官员和志愿者在冬奥村内居住和工作，这无疑给冬奥村内部带来了巨大的通勤压力，而在巨大的通勤压力下，会导致车与车之间，人与车之间，乃至人与人之间产生互相影响。随着影响现象的增多，导致道路中整体拥堵加剧，而加剧拥堵又使得对交通影响再次增多，从而形成一个恶性循环使导致道路拥堵。[①]这将使得运动员或其他人员在出行过程中堆积，造成冬奥村内整体通勤速度和质量下降，由于本届冬奥会举办时新冠疫情在全球范围内传播，过于拥挤的人群和过于缓慢的通勤速度无疑会使新冠病毒在人员中传播风险增加。因此交通路线规划与交通服务系统的完善将至关重要。

（2）信息识别问题

北京村居住着来自不同国家、不同文化的运动员和随队官员，在多语言、多文化共存的状态下，要求冬奥村内的交通信息标识系统简洁、易于识别。站牌或者公交车上不可能显示所有国家的语言及文字，处于不同文化环境的人在阅读时候就会产生或多或少的障碍，这会导致冬奥村内通勤系统一定程度上的混乱，所以如何能向全世界不同国家的人传递准确的信息、统一形象将是设计的难点。

2）冬奥村内人员出行需求分析

冬奥村除了为运动员和随队官员提供生活保障和娱乐活动外，更重要的是作为交通系统的运转中心，村内各处站点需要满足不同人员的出行时间需求及所去不同目的地的需求。由于新冠疫情的影响，本届冬奥会采用闭环管理，使得各类人员的出行路线仅围绕闭环内的场所。以此为背景将不同用户进行分类，分别分析他们的出行行为并寻找影响出行的基本要素。

特殊借调人员与村内外交通安检保障人员不住在村内，很少与村内通勤发生关系，因此两类人群不列入此次出行特征的研究范围内。本部分研究主要针对经常生活与工作在村内，需要长期通勤的人员进行出行行为需求分析。包括村内P类、V类、C类的工作人员，常住人群运动员、随队官员、媒体人员，以及受伤的运动员进行出行行为分析。

（1）村内P类工作人员、V类志愿者、C类技术人员的出行需求均为驻地与冬奥村之间的往返，需要保障这三类用户的出发时间和到达时间。此三类人群出行行为可拆分为"驻地等车—上车—到达村内停车站点—下车"的模式（图4-11）。

根据对P类、V类、C类人员的通勤需求分析可以得出，此类人群居住村外，每日通勤需求均为点对点的班车服务。根据出行行为过程的切片分析，此类人群出行痛点有三项：①驻地班车出发时间相近，因出入口少而产生拥堵；②安检口小且程序繁多，在通勤高峰时段此处会堆积大量人流；③村内班车停靠点与办公区距离较远。因此在交通服务系统中需要对路线时间规划、安检、疫情防护，以及村内外的班车停靠点进行系统设计。

（2）媒体人员只能进入到村内的访客中心，并不可以进入到村内其他区域（媒体中心和冬奥村属于两个不同的闭环），因此，村内访客中心与媒体落客点合成一处。这类用户的出行路线多，他们需要各个场馆交通时间的准确排布并提前规划。此类人群出

图4-11 P类工作人员、V类志愿者、C类技术人员等出行需求分析图

---

① 郭继孚，刁晶晶，线凯，等. 预约出行模式展望 [J]. 交通运输系统工程与信息，2021，21（5）：160-164+173.

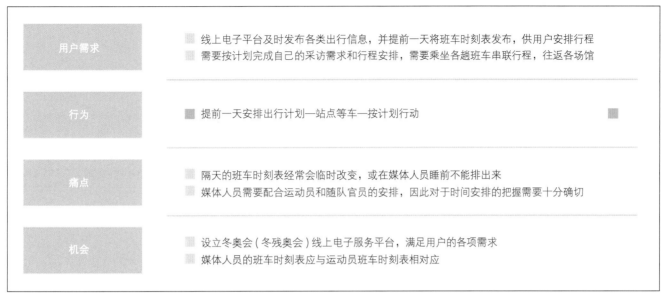

图4-12　冬奥村内媒体人员出行需求分析图

行行为可拆分为"提前一天安排出行计划—站点等车—按计划行动"（图4-12）。

　　根据媒体人员的出行需求分析可以了解到，此类人群只需要进入冬奥村的访客中心并不进入村内，但由于工作性质需要经常往返于各大赛事场馆与冬奥村，交通线路多而复杂，因此需要知道每一天的赛事安排与班车时刻表，需要操作简洁，信息明确的线上电子服务平台。

　　（3）运动员和随队官员是居住在村内占比最多的人群，他们对村内和村外的交通都有需求。由于运动员的专业领域各有不同，很多领域的运动员都随身携带一套装备，因此在交通中会遇到大件行李搬运问题，尤其是跨赛区参赛的运动员（不仅有装备还有行李）。出行行为可拆分为"提前一天安排出行计划—搬行李去站点—站点等车—上车—到达场馆—下车"（图4-13）。

　　根据运动员和随队官员出行行为分析中可以得出，此类人群需要了解准确的班车时刻表与赛事信息，因赛事的原因需要携带大型的参赛装备。这对村内、村外的交通系统与车辆都有着特殊的要求，不仅需要了解各大赛事比赛时间、场地外还需完善装备与行李的运输系统。

　　（4）个别运动员在比赛或训练时候受伤导致其行动不便，因此他们主要活动范围在村内，而村内各处公共服务场所（例如餐厅、超级居民服务中心等）位置固定，使得这类用户生活质量受影响。出行行为可拆分为"出门—移动到所需的公共服务场所—进入"（图4-14）。

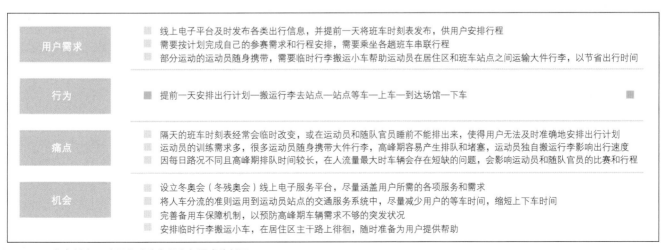

图4-13　冬奥村内运动员和随队官员出行需求分析图

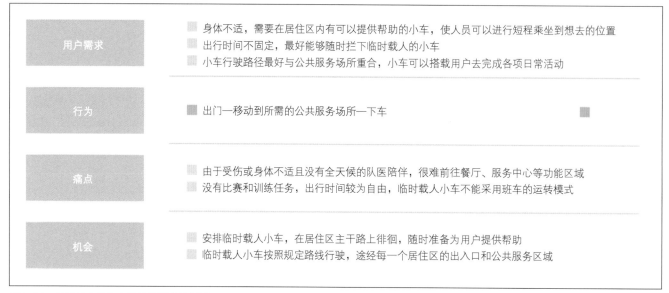

用户需求	身体不适，需要在居住区内有可以提供帮助的小车，使人员可以进行短程乘坐到想去的位置
	出行时间不固定，最好能够随时拦下临时载人的小车
	小车行驶路径最好与公共服务场所重合，小车可以搭载用户去完成各项日常活动
行为	出门—移动到所需的公共服务场所—下车
痛点	由于受伤或身体不适且没有全天候的队医陪伴，很难前往餐厅、服务中心等功能区域
	没有比赛和训练任务，出行时间较为自由，临时载人小车不能采用班车的运转模式
机会	安排临时载人小车，在居住区主干路上徘徊，随时准备为用户提供帮助
	临时载人小车按照规定路线行驶，途经每一个居住区的出入口和公共服务区域

图4-14　冬奥村内受伤人员出行需求分析图

　　受伤运动员的出行是此次研究中不可缺少的一类人群，通过出行行为需求预测可以显示，受伤或身体不适的运动员在日常生活中没有队医的陪伴，很难独自前往餐厅、服务中心、医疗中心等场所。这需要在交通服务系统中增加小型车辆可以随时接送此类人员，满足他们的出行需求。

　　根据上文对不同用户行为的切片分析，将出行行为过程中所遇到的问题进行归纳整理，可以得出在冬奥村交通服务系统提供以下四项基础服务：

　　①及时准确的交通信息查询平台服务；

　　②居住区到站点距离范围内的行李搬运服务；

　　③居住区内部到各个公共服务场所的载人班车服务；

　　④高峰期人流量大，进行人流调度服务。

3. 冬奥村内整体规划及交通系统分析

　　北京村位于北京市朝阳区奥体中路南奥体文化商务园内，为2022年北京冬奥会和冬残奥会最大的非竞赛类场馆之一，总建筑面积约38.66万m²，主要为运动员等提供住宿、餐饮、医疗等服务。本阶段将根据冬奥村内交通系统规划（图4-15）及冬奥村整体功能布局对交通服务系统提出建议。

　　（1）A区域为冬奥村内三个不同的停车场，以此预防突发情况、保障交通运行的通畅。

　　（2）B区域为媒体中心，不仅可以满足媒体人员对于村内运动员的采访需求，同时为媒体工作人员提供交通服务。媒体中心与访客中心坐落于同一空间，此处的班车只为媒体人员、村内NOC领域服务人员，以及各代表团团长提供服务。媒体人员与村内服务人员属于两个不同的闭环，虽都是闭环管理但为尽可能地减少互相接触、减少传播风险，村内的不同人员有不同的班车站点。

　　（3）C区域为运动员班车站点，保障运动员去不同场馆训练和观赛的需求，上下车不需要安检但进入村内需要安检。运动员班车通往各个场馆，按照班车时刻表的时间运动员和随行人员可以提前规划时间安排，去各场馆训练或者观看比赛。

　　（4）D区域是村内各领域、类别的工作人员的班车点，工作人员的上下车都在此处进行，此处班车点面积较小，因此班车落客即走，并不多作停留。办公区域与班车点距离最近，部分工作人员可以无接触地、更快地到达工作的地点。

　　（5）E区域为村内居住区的主干路，环绕着居住区的四周，由于冬季运动员参赛装备比较特殊，因此需要设置随叫随停的小型车辆。

　　（6）G区域为方便官员及特殊情况出行人员所设立的网约车停车区。

　　根据冬奥村内功能规划与布局结合村内工作人员的具体出行需求，为村内人员配置合理的出行设施。

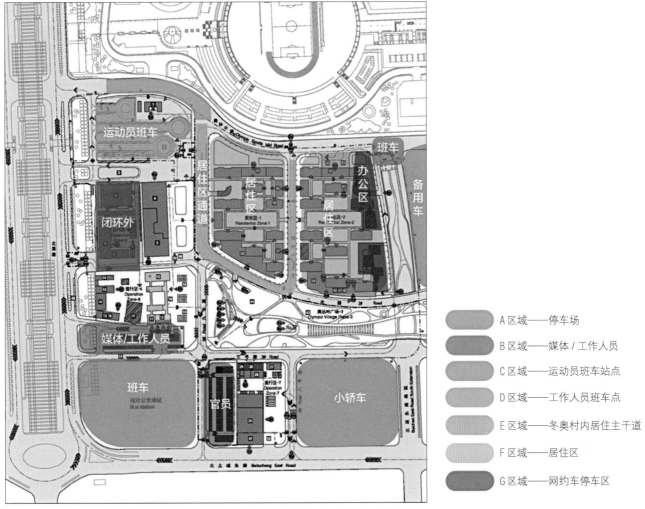

A区域——停车场

B区域——媒体／工作人员

C区域——运动员班车站点

D区域——工作人员班车点

E区域——冬奥村内居住主干道

F区域——居住区

G区域——网约车停车区

图4-15　北京村内交通站点规划图（图片来源：作者在原有冬奥村平面图基础上绘制）

4. 冬奥村交通服务系统

根据用户出行需求冬奥村交通服务系统分为线上、线下和特殊情况交通服务系统辅助设施三部分组成。

1）冬奥村内线上交通服务系统平台需求分析

在冬奥会特定的电子平台提供一些专属服务分模块进行负责。平台功能包括：

（1）各场馆、各路线班车时刻表查询，让用户可以提前安排好出行计划和路线；

（2）线上出租车预约服务，可以为临时出行且没有合适班车乘坐的用户提供"打车"服务（属于闭环内的小轿车）；

（3）实时翻译功能，为来自不同国家的人员提供便利；

（4）村内各项服务展示，满足用户的多样需求例如娱乐休闲、医疗预约、送餐服务等。

同时，在平台上会提供各个领域部门的负责人的联系方式，供用户根据自己的问题实时反馈，从而得到积极解决。

2）村内线下交通服务系统

（1）为解决居住区到站点的行李搬运问题，可以在居住区内增设流动行李搬运车辆，实时在居住区中的主路上行驶。在运动员携带行李出入时可随叫随停，实施点对点服务。

（2）为解决居住区内部分人员出行不便的问题，可以在居住区内增设流动小型流动车辆，实时在居住区中的主路上行驶。乘客可以乘坐此交通工具前往村内任何公共场所。

（3）建立慢行交通系统及辅助服务设施。慢行交通是连接园区重要交通节点的分支，在此系统中需提供慢行交通工具与清晰的标识导视系统。传统道路的设计主要以车行交通为主要分析对象，常忽略行人、非机动车的通行需求。设计慢行系统时，应因地制宜，与道路两侧空间环境充分融合，在道路断面布置时，优先考虑慢行需求，合理控制机动车道的规模，维持道路的人性化尺度与车辆速度。道路设计应以"快慢分离"为原则。[①]

志愿者服务在村内为保障赛时交通系统的正常运行，而设有交通领域志愿者，工作内容包括但不限于保障冬奥会期间的班车、预约车、电瓶车等各类车辆的调度和时刻表的制订，并及时在电子平台上反馈，以便用户根据情况及时调整自己的出行计划。交通领域志愿者在各个上下车的站点提供服务，以解答村内人员的出行问题。

3）特殊情况交通服务系统辅助设施

（1）特殊天气处理服务，因冬天天气变化大，站点大多都在室内，配备有空调和暖气，但也会在相应的门岗站点提供临时帐篷用于特殊天气的取暖，减少由于特殊天气对用户身体的影响从而保证运动员可以在比赛中正常发挥。

（2）共享雨伞设置，不必再担心外出时遇到突如其来的天气突变，即使突遇大雨大雪，也会得到站内共享雨伞的"庇护"。[②]

（3）紧急事件处理服务，由于运动员来自不同的国家，有不同的生活习惯和身体状况，应设立紧急事件处理办公室，可以及时准确地收到问题的反馈，并且安排专人去处理。站内设置乘客应急设施，在遭遇紧急情况时可及时开启警报系统。必备基本的医疗急救包供赛事人员使用，应对各种紧急突发病患，降低了突发病患带来的危险。为保障运动员等用户的身体健康，会在居住区内几个定点安排救护车并配备专业设备以处理突发疾病，做到反应迅速、处理高效。为防止由于入园手续不全而导致人员权限不到位，活动范围受限等问题，也会由应急办公室的工作人员及时处理。

5. 冬奥村内智能交通服务系统设计思考

根据对冬奥村内人员特征、出行需求、村内功能区域规划，以及线上、线下交通服务平台的分项研究，本节对冬奥村内智能交通服务系统方案提出以下建议。

1）分散管理

针对不同通勤点设计不同方案，为了更好地为运动员和其他工作人员进行服务，我们将可能产生通勤问题的地点分为了三个，分别为：园区入口、车辆落客区、慢行步道。这三个不同地点处于不同的情况，园区入口处人流量最为密集，所有需要的各类引导资源应该更为集中，而且此处人员往往会更加聚集，所以通勤的其他服务也应该配备更为齐全。此外，针对每个地点的特殊情况，做有针对性的服务进行设计。不做"一刀切"式处理，而针对设置优美景观的慢行步道，应该做出合理的关键性设计，放置更多可以帮助运动员和其他人旅行人员的系统。

2）提供人车分流服务

经过之前的研究我们知道，冬奥村内的通勤时刻处于一种压力巨大的状态，巨大的通勤压力往往会导致内部的拥挤和拥堵，所以如何提高单位空间和时间内的通勤效率就成为内部的目标。通过在园区内提供人车分流服务可以有效地提高单位时间内的通勤效率。因此在冬奥村内各个站点，诸如园区入口，以及车辆落客区这些同时存在大量人员和车辆的环境里应提供合理的人车分离服务，通过人车分流服务来逐步减少人和车的混行，从而减少混行所带来的混乱。减少混行所造成的人员车辆之间的危险，从而提高整体交通系统的运行效率，做到不拥挤、不堵塞的通勤情况，减少瞬间的通勤客流。

3）在园区出入口及车辆落客区设置交通引导服务

通过志愿者有序进行交通引导服务可以有效地提升通勤各个节点的通勤效率。通过志愿者在通勤节点处指挥交通，做到让运动员和工作人员点到点通勤，提高车辆运行效率，做到即停即走。防止节点处车辆因为排队或者人员因为对冬奥村的不熟悉产生效率上的降低，从而引起连锁反应导致整体通勤效率降低，造成人员和车辆的堵塞导致疫情在小范围内传播的风险提高。同时也会导致运动员和工作人员的通勤体验下降。因此，在各个节点安排志愿者进行相关的指导就是一件需要增加的服务。

4）提供配有运输辅助设施服务

运动员和其他工作人员往往要携带各种体育装备或者各种必要的工作生活装备，这导致运动员和其他工作人员在各个场所之间搬运十分困难。如果不提供相应的服务设施，仅自行进行搬运，这会使得他们的体力和精神都面临极大的挑战。并且各种装备和设施的搬运会占用极大的通勤空间，而且缓慢的速度也会导致整体通勤的效率下降。冬奥会期间在冬奥村之内装备的搬运往往

① 施常青. 城区道路改造中慢行交通系统设计优化浅析 [J]. 智能城市，2021，7（24）：135-136.
② 侯利业. 基于未来城市环境的公交站服务设施设计探索 [J]. 西北美术，2020（1）：123-126.

是一种高频率的行为，因此，提供一个配有运输辅助设施服务是十分必要的，为每一个节点安排一个可以在节点之间运输辅助设施的服务，让运动员落客区配有行李服务车或园区无人驾驶载客车，方便运动员便捷、安全、顺畅进入到冬奥村各交通节点。

5）特殊天气处理服务

在关键的节点设计针对天气保暖，预防出现安全问题的服务是十分必要的。冬奥会在冬天进行，冬天的天气往往存在突然的恶劣情况，例如突然的降温，大雪，以及大风，这会对运动员和工作人员的健康产生伤害或者患有失温症的危险，所以在通勤站点应该配有特殊天气的庇护服务设施，防止运动员及其他工作人员因为天气等原因产生健康或者生命方面的危险。

6）设置运行区运动员班车站集成控制系统

因班车站空间宽阔，所以目标醒目。可以在此处为园区设置活动集成控制服务平台，人们在此处可以了解各种信息并提供事件预约系统。为了方便运动员和工作人员使用园区内各种服务，方便运动员和其他工作人员在冬奥村内生活和工作，在每个车站站台中应该提供以下服务：

（1）交通系统信息传递服务：运动员班车站是衔接冬奥村与冬奥场馆最便捷的交通，站台电子信息牌显示去往场馆的地点名称与发车时间；可以方便运动员和其他工作人员实时地掌握通勤时间，在合适的时间通勤，减少站台的人流量，组织交通避免拥堵来提高整体的通勤效率。

（2）赛事直播服务：随时随地关注赛事，方便运动员了解赛事进展并合理规划交通时间。并且让运动员在内部随时感受到冬奥气氛。

（3）紧急事件处理服务：班车站有针对突发性患者的紧急救助服务设备与志愿者。防止运动员和其他工作人员在冬奥村内部发生意外。

（4）提供生活辅助设施服务：例如手机充电服务、纸质地图索取服务、方便运动员和其他工作人员在冬奥村内的生活。

（5）多种事件提前预约服务：可以设置预约电子平台，使用此平台可以预约所需服务。例如娱乐项目、医疗体检、叫车服务、送餐服务、订票服务等。做到点对点服务防止拥堵，提升冬奥村整体工作和生活的效率。

（6）志愿者服务：需配有足够的志愿者在此组织交通，解答村内人员出行问题。

（7）配置慢行交通系统：为了满足运动员和其他工作人员在慢行区域的通勤和娱乐方面的需求，在公园区域的慢行区应该设置有独特的服务，例如应该提供共享单车通勤服务，提供慢行区内的点对点服务，方便运动员和其他工作人员的通勤，此外也应该为运动员和其他工作人员提供各种生活服务资源，例如为选手提供在冬奥村内游览通勤的多语言引导服务，使冬奥村内所有人群都可以在出行的时候享受到合理的指引。

7）交通服务系统的整体形象

冬奥村内园区室外设施及使用物品等均需统一整体形象。在交通系统设计中，整体交通和道路标识系统保持总体风格一致性，创造整体连续的冬奥村意向，标识系统指示清晰，应具有很强的逻辑性与识别性。参加冬奥会的各类人员均来自不同的国家，对于村内的各类设施、规划可能存在理解上的偏差。整体形象的统一有利于外国运动员对于环境和设施有效辨别。整体的统一性可以使村内的整体视觉效果更具意象性，各国媒体的访谈、跟拍也会围绕着冬奥村的设施和场地，统一的美观可以更好地传播我国冬奥会的形象，更有利于文化的传播和发展。

通过前期对用户群体特征分析并预测用户出行行为需求，结合冬奥村整体的功能布局及交通服务系统的规划的研究为冬奥会交通服务系统设计从管理、人车分流、交通引导、辅助运输、特殊气候、集成控制、整体形象等七项服务提出思考，希望可以为冬奥会交通服务系统的建立给予帮助（图4-16、图4-17）。

4.5.2　服务触点的符号化建构策略[①]

作为全球范围规模最大影响最深的综合性体育盛会，跨越百年的奥林匹克运动会已成为一种文化现象，其发展之初就在国际奥林匹克委员会领导下由全球范围的跨文化和教育机构组成的网络支持下，将奥林匹克主义定义为一种"生命哲学"。曾经"更高、更快、更强——更团结"的口号可以理解成奥林匹克运动是人类面对认识危机，人们致力于为人类的本性寻求一种统一性和

---

① 本节作者为张娟。

图4-16　交通—运动员班车西入口—大门外侧（图片来源：北京冬奥组委奥运村部，提供）

图4-17　无障碍坡道（图片来源：北京冬奥组委奥运村部，提供）

同质性或是内在动力系统所作出的一次共识行动。

　　呈现为文化景观的奥林匹克运动会还是举办国和举办城市展现地方文化的契机，在这个万物互联的新媒体时代，奥运村这个和运动员、各国官员日常生活紧密相关的场所成为奥运会中最为鲜活生动的时空，如何能够吸引全球更多不同文化背景和生活方式观众的关注，这里无疑是一片具有巨大文化交互、展示和运营价值的舞台，2022年的北京冬奥会冬奥村三村形象是奥林匹克文化与地方文化交互融合的结果。北京村以体现古都风貌、人文景观、国际都市、首善之城的东方与西方、传统与现代并进融合的国际大都市为其形象定位。在此立意之下，本节以服务设计思维和符号学分析方法视角，对北京村中客房与餐饮服务如何融入传统文化以确立整体统一的服务形象所采取的策略作出论述。

　　人是符号的动物，符号系统是人区别于动物的关键所在，寻求意义是人的意识本能。德国哲学家卡西尔认为"符号化的思维和符号化的行为是人类生活中最富于代表性的特征，并且人类文化的全部发展都依赖于这些条件"，[1]符号是一个具有意义的实体（A Physical Object With a Meaning），它既非本体也非绝对理念，而是一种现象，是人的先验能力建构起来的世界，属于认识论范畴，也就是说符号是主体的一种能力，通过这种符号能力实现对客观世界的把握，正是这种能力让人建立了自己的世界，使无序、杂乱、不可理解的世界变得有序可理解。

　　符号学是研究符号结构和生命的方法论，研究符号的性质、发展规律，符号和人类活动的关系，符号的意义，符号与符号之间的关系。国际符号学会对符号学所下定义是：符号是关于信号标志系统（即通过某种个渠道传递信息的系统）的理论，他研究

---

① 恩斯特·卡西尔. 人论 [M]. 甘阳，译. 上海：上海译文出版社，2013：38.

自然符号系统和人造符号系统的特征。

任何事物在人类世界里都可以是符号，德里达说："从本质上讲，不可能有无意义的符号，也不可能有无所指的能指。"①符号学在理论流派上存在分支较多，例如罗兰·巴特在《符号学原理》中详细梳理了符号学分析需假定"能指"（Signifier）和"所指"（Signified）两个术语的关系，我们在这种关系中把握的不是一个要素导致另一个要素的前后相继的序列，而是使他们联合起来的相互关系，对于文化这类非语言系统而言，这种能指和所指"联想式整体"构成的就是符号。通常符号是建立在它之前就存在的符号链上，第一系统中具有符号地位的事物在第二系统中变成了纯粹的能指，以此类推，我们可想象最终第一系统将回到语言层面上。在先前能指—所指关系中产生的符号成了下一个关系中的能指，产生了内涵（Connotation），内涵的能指是外延（Denotation）系统的符号组成的。相反，先前的能指—所指关系生成的符号成为后来关系中的所指，便产生元语言，它在符号化过程中发挥作用。总之，符号学就是通过这种符号化过程的分析，将事物的真相及意义一层层剥开来呈现在我们面前。脱胎于研究自然语言的符号学的作用领域日益扩大，逐渐应用于民俗学、神话学、时尚、音乐、建筑，当然也包括本节要探讨的设计学和文化符号。

设计活动是对于符号系统的解码和编码的过程，在设计符号的研究中，我们所处的生活环境可以这样来定义，它是一个四维空间（加上时间这一维度）、具有一定组织结构、符号化的物质及文化世界。设计符号既可以是由各种各样的人工材料构成的实体和空间，也可以是人工化环境中的自然物。不同的颜色、质感、形状、尺寸，具有不同的组合方式，因而形成了丰富的符码，并通过人的视觉、听觉、触觉等感官体验而为人们所接受，通过知觉、记忆、思维活动、新媒体分享而为人们所识别、贮存和理解。同任何符号一样，设计符号也具有能指、意指（Signification，将能指和所指结为一体的过程）和所指，前者表现为色彩、图形、气味、声音等设计物的形象和形态的物质形式；后者表现为思想、观念和情感，即设计物所反映的概念和意义。②

马克斯·韦伯认为，支配目的合理性行动的理性是工具理性、支配价值合理性行动的理性是价值理性。工具理性主要是指选择有效的手段去达到既定目标，它是可以精确计算和预先算计的。与工具理性相对应，价值理性"通过有意识地对一个特定举止——伦理的、美学的、文化——无条件的固有价值的纯粹信仰，不管是否取得成就"，从中我们看出，价值理性是以支持或者确定终极目标而不计算现实利益得失。③支配服务设计逻辑的即是工具理性又是价值理性。相较于在冬奥会的比赛场馆，在冬奥村内的运动员呈现更多的是社会性行为，因此设计中的工具理性和价值理性需两者兼顾。工具理性使村内的各项产品和服务得到高效地投递、使用和消费，价值理性使通过设计注入的文化符号通过与使用者的互动带来愉悦的文化审美、普世价值的共情。

服务设计的建构方法（也有学者称为服务设计的语言）④包括以用户为中心（用户多元化），价值链重塑（服务生态系统），服务载体（产品服务系统），服务旅程（情景体验交融），这四个有机部分共同构成一张完整的服务蓝图。在本研究中，服务提供者来自冬奥会独家供应商、官方供应商、赞助商、合作伙伴、冬奥志愿者、村内工作人员等，与一般服务设计需遵循一定的商业模式迥异。因此本文采用的服务设计建构方法是以用户为中心、服务载体和服务旅程。①以用户为中心，在服务设计中用户具有多元性且权重不同；②围绕触点的产品服务系统，接触点、有形化及数字化产品共同构成的产品服务系统；③服务旅程的体验，无论是产品服务系统还是服务战略，最终都需要回到用户的良好持续连贯的体验上，服务在情境营造中产生意义和价值。

1. 服务形象的文化符号化过程

人类学家格尔兹在其著名的《文化的解释》一书中开门见山："我主张的文化概念实质是一个符号学概念。它是一种探索意义的阐释性科学。"⑤符号不仅是意义传播的方式，更是意义产生的途径。意义必用符号才能承载，让意义产生、传达和理解。皮尔斯认为符号意义活动有三个阶段：符号的"第一性"（Firstness）即"显现性"，是"首先的、短暂的"，如汽笛的尖叫；当它要求接收者解释感知，就获得了"第二性"（Secondness）；然后出现的是"第三性"（Thirdness），"我们会对于我们所看到的事物形成一个判断"。⑥

① 赵毅衡. 哲学符号学：意义世界的形成 [M]. 成都：四川大学出版社，2017：69.
② 胡飞，杨瑞. 设计符号与产品语意理论、方法及应用 [M]. 北京：中国建筑工业出版社，2003：25.
③ 马克斯·韦伯. 经济与社会（上卷）[M]. 林荣远，译. 北京：商务印书馆，2004：57.
④ 陈嘉嘉. 服务设计 [M]. 南京：江苏凤凰美术出版社，2016：107.
⑤ 克利福德·格尔兹. 文化的解释 [M]. 纳日碧力戈，等，译. 上海：上海人民出版社，1999：5.
⑥ 科尼利斯·瓦尔. 皮尔士 [M]. 郝长墀，译. 北京：中华书局. 2014：25-27.

皮尔斯所指的这三个阶段是从纯粹对象物到意义完整获取，意识所经历的过程。当人的意识遇到事物时意义就产生了，面对事物将其变成自己脑中的意义载体对象，初始阶段事物呈现为承载意义的"形式直观"，[①]这是意识和事物发生关联的第一步，这一步必须具备"显现性"，我们的五感马上会产生"短暂的"感知，因此清晰直观是这一阶段事物的符号特征，它是意识开始追寻意义的信号。形式直观不可能取得对象物的全面理解，进一步地理解必须超出形式直观的范围，要使进一步意义形成需要多次获义活动的积累，于是最初碰撞产生的火花变成了理解，形式直观落在了关联域内，且这种关联是多次符码（符号化过程）累计、获得融会贯通的理解的结果，在皮尔斯的观念中就是所谓第二性的认知理解，是感知与先验相互建构的结果。这种链式的符号学衍义活动继续延伸，就来到了第三性的范畴分辨与判断，是第二性融会贯通的理解与经验相互建构的结果。"意义不会停留在初始阶段，其积累叠加和深化理解就构成所谓的经验"。[②]从第一性直观形式，到第二性多感官理解，再到第三性沉浸式共情，符号学就是这样通过无限衍义的逐步累积，完成意义构成的主客观循环，赵毅衡使用呈现、统觉、共现这些术语来代表这三个步骤。[③]

文化作为符号系统，文化符号通过以上符码过程建构意义，文化的形式还原，它们表达意义的部分只是符号而不是事物，因此事物并不需要全面被感知才携带意义，他们并不会因为形式还原的种类或者违背全面感知就不携带意义，相反过多的形式直观符号会成为噪声，阻碍获意；想要符号在符码过程中传输顺畅、让人印象深刻，则应该更加注重呈现—统觉—共现过程的完整性。

北京村期望体现奥林匹克文化与地方文化交互融合、古都风貌和国际都市融合的形象定位，符号挖掘与情境营造并重，将文化符号精心嵌入冬奥村内特定场景以营造符码建构意义过程，让文化符号系统的编码呈现意义完整性，将对树立起既定的服务形象起到关键作用。

2. 服务设计的流程分析

如上文所述，确立服务形象时所采用的服务设计的流程、方法和工具需适应北京村的既定的服务生态，这是本节服务设计方法开展的外部因素应加以预设限定，在服务设计一般流程和方法的基础上对其作出的调整，在下文进行论述。

1）以参与者（Actor）为核心的用户

我们在使用"用户（User）"一词的时候是多元含义的。在服务设计方法中，用户一词的使用也恰恰利用了这一术语的多学科性，服务设计中用户是指在服务从无到有、执行、完成过程中涉及的一切人和组织，甚至涵盖整个服务生命周期中可能涉及的人或组织。具体可归纳为服务提供者、服务生产者、服务使用者、服务运输者、服务回收者等，而从他们在整个服务流程中的动机划分，可呈现为参与者、利益相关者、用户这三类层层包围关系。这样的划分及随之而来的多元用户研究是为了保证服务提供效率和稳定及商业模式可持续性。在北京村中利益相关方利益平衡需求并不迫切，因此在客房和餐饮服务中我们可将用户确定为术语——"参与者（Actor）"这一类，即村内运动员及随队官员。

2）围绕接触点（Touchpoint）的服务

触点是服务系统建构中的一部分，服务是通过产品服务系统的实施完成投递的，投递的途径就是"沿途"的各类触点。准确识别出哪里需要何种触点，这些触点适合携带什么文化符号，是否具备生成意义的充沛潜力，是将文化融入场景确立既定服务形象的关键。

服务流程经由触点串起，是文化符号"形式直观"的呈现载体，触点被使用者使用所触发的统觉（视觉、听觉、味觉、触觉和嗅觉，以及与之伴随的通感），使符号产生基于先验的意义，随着服务在一定时间和空间内对用户的跟随，触点成为是情境营造的载体，在前序形式直观和感知统觉基础上，形成完整且印象深刻的意义生成过程，与使用者形成情境共现（脑海中生成相对完整的意义和价值感），形成文化融入场景的服务形象。

多感官符号媒介的使用强化了文化符号的形式直观所带来的统觉愉悦，是北京村的客房和餐饮服务形象中呈现接触点的思路。

3）情境与服务行为

情境是场景的总和，服务体验发生的环境，是从符号感知到完整意义建构发生的场所，在服务设计中情境是时空概念，参与者和触点交互，服务行为在一定的时间空间内交错，叠加生成完整的符号化过程。在冬奥村中，运动员、随队官员暂时卸掉比赛

———————
① ② ③ 赵毅衡. 哲学符号学：意义世界的形成 [M]. 成都：四川大学出版社，2017：68，93.

压力、休息放松、补充能量，为前往赛场作准备，和本地服务员志愿者交流接触，冬奥村的各项服务兼具工具理性的使用高效和环保，又具备价值理性的情绪愉悦和文化审美，通过设计文化符号在整体情境中伴随服务行为的意义生成过程，是北京村的客房和餐饮服务形象实现最终文化符号的意义共现的思路。

例如客房服务其目的是通过为冬奥村居民（运动员、随队官员）提供细心周到的客房服务，营造热情、愉悦的中国春节氛围，打造冬奥村客房服务形象。具体内容为除提供标准化的客房服务外，如卫生清洁服务、送餐服务、叫醒服务、问询服务、洗衣服务和会议服务等，再配合中国春节，采用一村一策的视觉元素对客房进行中国年味装饰，为冬奥村的居民提供优质的客房服务和会议服务（图4-18～图4-22）。遵循原则为，在符合冬奥村设施规划和运行要求前提下让冬奥村居民感知分配流程的高效与公正；各客房服务所辖区域增设易更换的中国年味装饰；客房服务人员需保持喜庆洋溢服务的连贯性；结合公共空间和设施在运动员官员高频活动场所如客房前台、居民中心等处提供充足的各类信息服务；会议室预订流程清晰易用；利用数字科技手段洞察居住区居民需求适时提供个性化服务；在公共区域及各人流动线交汇处提供口罩和手消毒设备及在客房，以及公共区域确保服务设施和服务内容的无障碍实施，同时提醒和鼓励运动员参加绿色客房服务计划。

北京村的住宿服务目的是为冬奥村居民（运动员、随队官员和奥运村员工）和访客制订餐饮计划和提供24小时餐食，确保冬奥村居民和员工享受高质量的餐饮服务，满足运动员对各种饮食和营养的需求（图4-23）。遵循原则为，主餐厅用来高效科学地满足冬奥村居民的每日丰富的饮食营养供给；休闲餐厅用来提供具特别体验的餐饮服务，适当加入中国传统饮食文化部分以增强趣味性和节日气氛；咖啡厅馆则用来提供具放松感的餐饮服务，适当加入中国传统饮食文化部分以增强趣味性和节日气氛；为超编人员和访客提供的餐饮服务的餐券系统流程清晰便捷；在餐饮空间入口处、人流动线交汇处提供口罩和手消毒设备，以及在餐厅内及公共区域确保餐饮服务设施和餐饮服务内容的无障碍实施。

3. 文化融入场景的触点符号化的策略总结

通过对北京村中客房与餐饮服务如何融入传统文化以确立整体统一的服务形象所采取的策略作出论述，本节以符号学为分析方法解构了文化符号意义生成过程，即形式还原—统觉—共现；以服务设计思维为建构方法，以服务系统中触点的文化符号识别作为出发点，即服务是通过产品服务系统的实施完成投递的，投递的途径就是"沿途"设置的各类触点，识别出哪里需要何

图4-18　客房服务礼品

图4-19　客房年味礼品

图4-20　客房服务区气氛营造

图4-21　中国年风格装饰，营造节日气氛

图4-22　为入住运动员提供冬奥村地图和服务指南指引

图4-23　节庆特色餐具样式、传统及年味美食种类

种触点、适合携带什么文化符号、是否具备生成意义的充沛潜力。服务流程经由各类触点串起，是文化符号"形式直观"的呈现载体，触点被使用者使用所触发的统觉使符号产生基于先验的意义，随着服务在一定时间和空间内转换、即情境里对用户的跟随，触点成为情境营造的载体，在前序形式直观和感知统觉基础上，形成完整且印象深刻的意义生成过程，与使用者实现情境共现，形成文化融入场景的服务形象，如图4-24所示。由于情境是一个时空概念，而服务设计强调的是随着时空的转换，文化符号的投递具备一致性和连贯性，以达到系统性强化效应的作用。因此根据情境的类型，这种共现也可细分成为空间性整体共现、时间性流程共现、认知性指代共现和跨媒介性类别共现。[1]也就是说用户参与者和触点之间相互作用，受到接触点的刺激参与到整个服务系统中去，与整个服务系统发生互动，这样的互动结果会在参与者的脑海中形成先验性统觉和经验性共现，形成深刻的印象和新的意义，对于中国文化印象得到升华而难以忘怀。

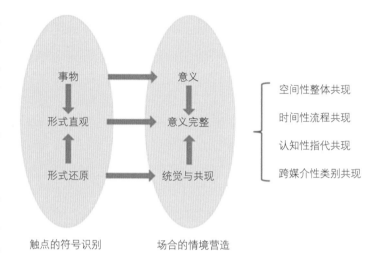

图4-24　触点符号连接服务流程的意义生成过程

卡西尔说："科学给我们的思想以秩序，道德给我们的行动以秩序，艺术给我们对于可视、可听现象之知觉以秩序。"[2]

习近平主席在北京2022年冬奥会的欢迎宴会致辞上说："要顺应时代潮流，坚守和平、发展、公平、正义、民主、自由的全人类共同价值，促进不同文明交流互鉴，共同构建人类命运共同体。"[3]从2008年的"同一个世界，同一个梦想"到2022年的"一起向未来"，奥林匹克精神也从"更高、更快、更强"变成了"更高、更快、更强——更团结。"不停追寻意义是人类的本能，"更团结"需要我们有超越地域和民族的普世人类价值观来凝聚，奥运村虽小但却是让世界看向我们、让我们看向世界的大舞台，奥运村中将文化融入场景，让宾客印象深刻乐于分享，文化的交融和彼此认同正是追求让人类更加团结的意义！

4.6　科技文化形象研究 [4]

在奥运会逐步发展成为一个庞大的科技系统的今天，其价值核心仍然是人的和谐发展。规划设计导则的核心是为这一科技体系呈现规范法则的梳理定位，既要体现科技奥运的发展近况，还要体现对和谐发展的奥运核心价值。在奥运科技呈现规划设计导则编制中，分别从基础要求、文化核心与文化特质的呈现意义、编制特色体现的文化特质、数智化技术的发展趋势等几个方面阐述。在未来科学技术的不断发展中，人文精神和文化特质的传承仍是社会进步的核心，具有不可替代的位置。

如今奥运会逐步发展成为一个庞大的科技系统，包括组织管理科技系统、运动训练科技系统、器材装备科技系统、信息服务

①　赵毅衡. 哲学符号学：意义世界的形成 [M]. 成都：四川大学出版社，2017：97-100.
②　恩斯特·卡西尔. 人论 [M]. 甘阳，译. 上海：上海译文出版社，2013：217.
③　新华社. 习近平在北京 2022 年冬奥会欢迎宴会上的致辞（全文）[OL]. 中国政府网，2022-02-05.
④　本节作者为王丹、吴伟和。

科技系统、安全保障科技系统、气象预报科技系统、药物检测科技系统、交通运输科技系统。①因此不难看出《北京2022年冬奥会和冬残奥会冬奥村（冬残奥村）科技与文化深度融合规划设计导则》（以下简称导则）的核心是将这个综合庞大的科技系统与冬奥村联系起来，以及对其呈现规范法则的梳理定位，其中尤为突出的是人文精神与文化特质的呈现。科技奥运具有相当的人文价值。现代奥林匹克运动的价值目标：①通过没有任何歧视、具有奥林匹克精神——以友谊长久、团结一致和公平精神互相了解——的体育活动来教育青年，从而为建立一个和平的更美好的世界作出贡献；②使体育运动为人的和谐发展服务，以促进建立一个维护人尊严的、和平的社会；③"更高、更快、更强——更团结"精神与"重在参与"精神的和谐统一。②其价值核心是人的和谐发展，不仅是人类个体的生命活动过程，而是扩展成为自然、环境与人的三位一体的和谐发展的生态活动过程。同时，我国的传统文化正是充分地体现了人与自然、环境的和谐统一，体现了和谐发展的生态伦理内涵，也正符合顾拜旦意在通过一种强文化运动——奥林匹克运动为人类社会发展建构人类理想殿堂的方式，使人们不仅可以尽情地享受由技术进步带来的物质财富和休闲时间增多的快乐，还可以有效地抵制技术使人成为机器的附属而造成的焦虑，更为重要的是可以促进人的和谐发展与世界和平。

4.6.1 规划设计导则的基础要求

导则在实际应用中可理解为行为的导向性法则，具有双层约束要求。③而导则是在明确目标对象为冬奥村之后，提出的具有引导性的设计规范，包括对设计理念、方式、方法等设计要点及设计过程中的相关规范与限制。《北京2022年冬奥会和冬残奥会冬奥村（冬残奥村）科技与文化深度融合规划设计导则》包括视觉导示、展示设计、环境空间、文化活动、服务形象、科技呈现几大部分。

另外，导则实施方式由政府主导转变为协同共治。方法由注重控制转变为注重引导，实践由阶段性粗略规范转变为全程化精细指导。

因此，导则中的科技呈现提出冬奥村（冬残奥村）的科技呈现理念和规划设计策略，核心是构建全周期引导、多专业协同、多空间融合，最终目标是助力北京2022年冬奥会和冬残奥会，以及奥运会的未来发展。规划设计导则的内容分别细分为：导则条款、导则解释、导则框架等。科技呈现小组主要承担科技呈现规划设计导则建设，其中包括术语、释义、内容、原则和示例等几个部分。正如所完成的规划设计导则中规范的那样，奥运村是为运动员和随队官员提供居住、餐饮服务和配套商业服务，以及整体运行服务和保障工作的地方，是各种文化背景的运动员临时的"家"，因此文化特质凸显也是这一部分的特点与基础要求。在科技呈现部分的规划设计导则建构过程中，深化、细化设计要求，从区块划分，侧重分类引导，融入精细设计，塑造特色空间。以北京村为例，包括北京小屋、互动表演区、中国传统技能记忆文化展示体验区等。从规划策略入手，提出品质提升的规划实施建议。

4.6.2 导则文化核心与文化特质的呈现意义

1. 科技与人文发展的协同性

海德格尔指出，科学是人们迄今为止做得太多又想得太少、从而步入"误区领域"的所在。④科技通过技术和数字语言来表达自然世界的规律，而奥运会通过用身体语言抒发人类自身及自然与社会的情感。科技与人文发展的协同性具体包括：①科技与奥运会发展的协同性，科学技术的引入很大程度上取决于社会对奥运成绩的需要，并服务于国家对充分发挥奥运会政治功能的要求；②人文与奥运会发展的协同性，前面陈述奥运会正是以追求和弘扬"更高、更快、更强——更团结"和"真、善、美"等崇高人文精神的全球化人类社会的重要文化活动之一。⑤因此，导则规范要做到充分体现科技奥运与人文奥运，体现我国"绿色、共享、开放、廉洁"的办奥理念和"简约、安全、精彩"的办赛要求。

① 杜利军. 奥林匹克运动与现代科学技术 [J]. 中国体育科技，2001（3）：5-8.
② 董传升. 科技奥运的人文价值与困境 [J]. 中国软科学，2006（4）：83-91.
③ 胡家骏. 国内外城市街道设计导则解读与规划思考 [J]. 北京规划建设，2021（1）：42-48.
④ 闵惠泉. 听听"大家"说什么——关于现代科技的哲学思考 [J]. 现代传播—北京广播学院学报，1997（2）：24-25.
⑤ 郗双泽，关景媛. 科技冬奥与人文困境的消解探赜——以2022北京冬季奥林匹克运动会为中心的考察 [J]. 自然辩证法研究，2021，37（12）：116-121.

2. 跨文化传播的必要性

奥运村是各种文化背景的运动员和随队官员临时的"家"，向大家提供居住、餐饮服务和配套商业服务。正如导则中提到不同文化背景之间存在的跨文化性和传播要求，也对导则的编制提出要求。跨文化传播是指存在差异的人们之间的交流与沟通，包括工作和生活方式、年龄、国籍、民族、种族、性别、性取向等。跨文化传播是"不同文化之间及处于不同文化背景的交往与互动"，跨文化传播旨在正视文化间的差异，通过加强沟通和了解，消除文化间的误读。[①]而文化具有两个层面的意义，一层是作为一个群体的生活方式，是指在衣食住行等方面体现出的宗教、信仰、风俗、价值观与审美等；另一层是理性化，反映人类创造力的文化表现形式。因此东西方文化差异、价值观差异、思维方式差异的受众对各国体育发展和民族性都持有不同的态度。

跨文化传播的中心课题是指不同文化背景的人们，在交流互动的过程中如何说明和理解意义。跨文化传播研究的目标有三个：①描述特定文化之间传播的性质，揭示文化的异同；②基于对文化异同的理解，研究消除人们由于文化屏障造成的传播差异；③最终更好地理解不同的文化，理解文化的创造和分野的进程。[②]

现在，文化以及围绕文化的所有问题已经由"隐在"变成"显在"，个体与文化之间处于不断地协商（Negoitation）和沟通（Eommunieation）之中，文化已经不再是某种相对固化的对象，而是在不断翻新的传播技术刺激下，不断从内涵和外延方面升级、拓展，甚至是变更、变迁、革命的一个存在过程。因此，跨文化传播就是综合运用文化研究和传播学领域的思想成果，研究文化在人、组织、机构、国家等层面的传播过程和规律，同时研究这样的文化传播过程中大众传播媒介的基础性和调解性作用，从而进行新的文化主体的生产，并在此基础上进行新的知识生产，探讨如何实现不同文化之间的理解、合作、共存、共荣的可能与机制。[③]

另外，在网络传播的影响下，公共的文化传播表现出强烈的泛在特征。泛在意味着无时不在、无处不在、无所不能。[④]互联网激发多主体参与传播过程，通过交互塑造传播效果，使得传播的参与者身临其境，达到一种沉浸的效果，即"基于'会心'的一种'专注'神情"，"一种深度信息体验"。[⑤]所以说，正是信息技术支撑的互联网所具备的这种泛在特征，塑造了网络时代文化传播中的沉浸体验，且通过这种沉浸模式，实现了公共文化的内容生产和效果塑造。[⑥]

因此，跨文化传播在导则中的体现主要也符合两个方面，一方面是文化内涵的体现，另一方面是传播媒介的发展，既注重文化对传播媒介的控制作用，也不能忽略传播媒介的更新所带来的思维方式及思维内容的革命性变迁。

4.6.3 规划设计导则编制特色体现的文化特质

1. 分类指引，分区块控制

规范流程，权责分明。"项目启动—设计阶段—实施阶段—维护与监督"的项目流程体系贯穿始终。分类与分区块有助于高效指导奥运村规划设计。北京冬奥会冬奥村（冬残奥村）由北京村、延庆村和张家口村组成。三村形象是奥林匹克文化与地方文化交互融合的结果，三村形象的设计由自然景观与人文景观双重元素构成，并充分考虑未来用途与城市规划和地方文化传承相协调。科技呈现的规划设计导则具体实施需要结合三村形象特色。例如，北京村形象规划将《冰嬉图》等传统文化素材运用到园林景观设计中，将更多的中国非物质文化遗产现代设计转化的作品展示在冬奥村的每一个角落，以体现中国传统文化的鲜活性。延庆村形象规划突出体现绿色冬奥的特点，以花植设计的生态环境来展现该冬奥村的特点，以小微绿地和创意花植来丰富冬奥村的室内外空间。张家口村规划建议充分体现太子城历史文化背景，在地面景观上展现金代古城遗址的形象。

2. 全面关注，精细设计

科技呈现设计总则主要包括：科技呈现与冬奥村街道设计的融合，科技呈现与公共空间设计的融合，科技呈现与环境标志设计的融合，以及科技呈现与公共艺术设计的融合。科技呈现在设计实施中应强调采用高科技手段；在内容上应注重宣传冬奥会

① 廖云路. "三重跨文化传播"：涉藏生态报道的话语研究 [J]. 西藏大学学报（社会科学版），2014，29（1）：174-179.
② 姜飞. 从学术前沿回到学理基础——跨文化传播研究对象初探 [J]. 新闻与传播研究，2007（3）：31-37+95.
③ 冯亚利. 跨文化传播困境下的网络修辞思考 [J]. 山西财经大学学报，2022，44（S1）：177-180.
④ 李沁. 泛在时代的"传播的偏向"及其文明特征 [J]. 国际新闻界，2015，37（5）：6-22.
⑤ 曾琼. "泛在"与"沉浸"：5G时代广告传播的时空创造与体验重构 [J]. 湖南师范大学社会科学学报，2020，49（4）：120-126.
⑥ 徐圣龙. 智媒时代文化传播中的特质挖掘与符号建构——一个方法论的描述 [J]. 编辑之友. 2022（2）：56-63.

（冬残奥会）精神，注重对冰雪运动的宣传，注重对富强、民主、文明、和谐的社会主义现代化中国和中华优秀传统文化的宣传；在设计与环境的关系中应注重整体性和连续性，导则编制从四方面的融合设计入手：

1）科技呈现与冬奥村街道设计的融合

设计原则是冬奥村街道设计为慢行系统，主要为人行街道。街道系统是在冬奥村中使用最频繁、人员接触最密切的空间之一。科技与街道融合的设计，要保证在不妨碍街道系统的功能性、安全性的前提下，丰富科技文化内容和形式，打破不同功能区域孤立存在的壁垒，将不同区域"缝合"。人群在行走的同时可以通过科技手段便捷地获得自己需要的信息（如比赛信息、地图导览等），并得到科技与艺术的熏陶。尽可能采用易于管理维护的材料和其他物料，同时采用简洁易用的展现形式，有利于保育自然生态环境，以及突出节能和"绿色办奥"的原则。

2）科技呈现与冬奥村公共空间设计的融合

设计原则是科技呈现创意设计，应充分考虑冬奥村空间架构体系和所用公共空间周边区域功能，将高科技手段与公共空间设计充分结合开展延展设计，通过科技呈现创意设计创造具有层次感、多样化，充分反映北京村不同公共空间的文化特征。

示例一：互动影像装置《万物之理——花》是用Touch Designer软件开发，结合Kinect传感器，为观众打造了一个沉浸式的"格物"空间。以四季为主题，选用春之蜀葵、夏之昙花、秋之金凤、冬之梅花的形象打造的数字植物。观者如同昆虫一般，一步一寸地观察数字之花的生命轨迹，同时还可挥舞手臂控制花朵的生长速度，以便更好地观察、学习、禀受。以新媒体技术为手段，以中国传统文化"程朱理学"为核心，引导现代人在中国哲学中畅游，在传统经典中收获启迪。作品体现了传统文化与当下传播媒介的融合设计（图4-25、图4-26）。

示例二：北京小屋——《四合院文化》，作品通过光影秀在实体的四合院场景中，展现不同的年代场景与文化氛围，让观众在冬奥村中领略"北京四合院"文化（参见第2.6.2节"冬奥村科技呈现设计导则方案"中图2-119）。

示例三：《畅游冬奥》地屏互动游戏，作品有效地将多元化科技元素与冬奥会内容结合进行设计。互动地屏原理是在LED地屏基础之上，增加感应互动功能。地屏装载有压力传感器设备，当人在地屏上移动时，传感器能感应到人的位置并输出相应的显示效果。玩家可以通过身体动作与地面图像进行互动（参见第2.6.2节"冬奥村科技呈现设计导则方案"中图2-113、图2-114）。

图4-25　互动影像装置《万物之理——花》（一）

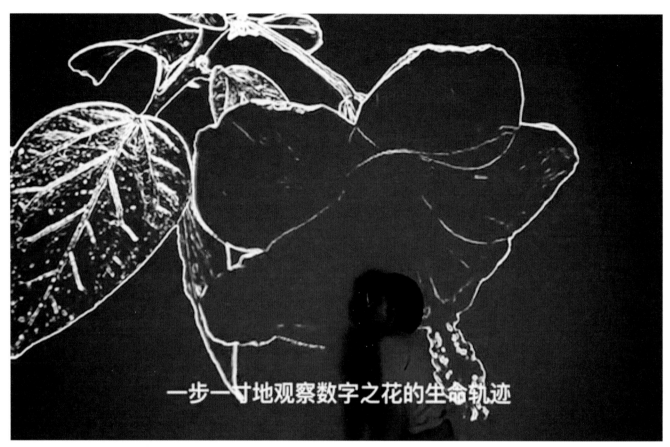

一步一寸地观察数字之花的生命轨迹

图4-26　互动影像装置《万物之理——花》(二)

通过游戏中的图像与冬奥会logo进行匹配，可以在活跃展厅气氛的同时增加大家对冬奥会的认识，并且可以给玩家带来一种新奇的体验。实景地屏互动科普游戏系统，可应用在冬奥村科技展览体验中心区域附近的互动区，为冬奥村内的国内外运动员、工作人员、参观者提供冬奥相关互动娱乐项目。交互装置的拆装和运输方便灵活，既适用于长期展览也满足短期展厅的移动需求（参见第2.6.2节"冬奥村科技呈现设计导则方案"中图2-115）。

3）科技呈现与环境标志设计的融合

传统的环境标志设计提供地域方位与特征信息，分为方向标志牌与个性标志牌两大类型。通过科技手段的运用，可以用电子标志牌、互动标志牌等为传统标志牌引入新的活力。方向标志牌为车行与人行提供统一的方向系统，着重于内容的可读性；个性标志牌着重创造不同分区或特殊地区的独特个性，着重于艺术内涵与设计品质。

示例：基于冬奥项目二十四项赛事的动态标志设计，可用于各种屏幕媒介（参见第2.6.2节"冬奥村科技呈现设计导则方案"中图2-121）。

4）科技呈现与公共艺术设计的融合

设计原则应致力于建立作品和人之间的关系，与环境协调，建议作品不能大于背景建筑或主体景观元素，以免造成过于突兀张扬的效果。主题及形式选取应结合冬奥会、奥运文化、北京文化等主题内容进行设计，以突出北京地区的历史文化、奥运村环境特征。内容应符合北京冬奥村整体表达口径，作品设置区域可以有多种选择，原则上应保证其更容易进入公众视野。

沉浸式媒体体验服务对网络标准应不低于表2-4所示标准，实现这些指标需要包括：RAN边缘计算、MEC、视频网络切片等多项技术的支持。

示例一：互动影像装置《窗外的北京》，灵感来源："车窗雾气"运用显示屏触摸和感温技术，在展区模拟冬季车窗上的雾气。通过观众哈气、擦拭屏幕，使屏幕上的雾气散去，展示北京风景，使人身临其境。具体内容展示方面，可以用在车载观看车外景色的滚动视频方式，同时可以提前录制北京雪景、民俗表演等平常不易见到的北京特色景致，方便观众摆脱时空限制了解北京（参见第2.6.2节"冬奥村科技呈现设计导则方案"中图2-124）。

示例二：互动影像装置《花鸟怡情卷》，作品是以20世纪中国画大师王雪涛先生的《设色花鸟卷》作为基础，进行数字化再创作的多屏交互装置作品。互动视频分为两个交替的场景动画。作品利用激光雷达和红外传感器，以及音响设备结合互动软件开发而成。观众走近作品，可感受到天朗气清、鸟语花香，若触摸屏幕中的鸟儿、蝴蝶、螳螂，会看到它们的飞起与盘旋。作品在保留中国画气韵生动的意境美基础上，增添了互动性，令观众体会自然之美、生命之美、绘画之美，以及数字之美。展品拆装方便，适用于长期和短期，以及不同展馆的展示（参见第2.6.2节"冬奥村科技呈现设计导则方案"中图2-120）。

示例三：互动媒体装置《冬韵》，作品是利用透明亚克力造型与微控制器连接，观众通过物理传感装置在室内模拟冰雪运动，运动使得观众心率上升，并通过心率传感器接收数据，再通过微控制器编程触发装置的灯光效果（参见第2.6.2节"冬奥村科技呈现设计导则方案"中图2-125、图2-126）。

另外，导则的编制还应具体问题具体分析，结合冬奥村已实地建设情况，编制准确体现科技奥运和人文奥运的理念，以可持续发展的视角推进冬奥村的科技呈现。总之，导则在上述各组成元素的具体内容上均有相应的规范与要求，从导则释义至具体内容，再到设计原则等都有针对性的要求与指引。在编制过程中应注重文化传承，多形式地讲好中国故事，诠释奥运精神，从而宣传北京冬奥会蕴含的中国文化、中国精神，与世界文化、奥运精神的结合与共鸣。

4.6.4　数智化技术的发展趋势与文化特质

我国4G基站的建设截至2019年底总规模达到了544万个，4G用户超过12亿人。[①]这说明通信网络技术的高速发展，加快了社会数字化转型的步伐，引领人们进入数智化时代。什么是数智化呢？它是数字化（Digital）和智能化（Intelligence）的压缩格式，合起来就是"数智化"（Digintelligence）。数智化是指在数字化转型下的技术发展体系中，底部的感知层通过传感器、智能终端、AR/VR等海量终端采集数据后，通过通信层中5G、F5G、卫星互联网等多种网络完成数据的实时传递与交互。以5G+F5G通信网络为基础，通过与人工智能、物联网、云计算、大数据、边缘计算、区块链等新型信息通信技术创新融合为一体，从感知、通信、计算、信任四个维度构成了数智化转型下的技术发展体系，引领数字经济发展。

随着数字化、智能化、网络化技术的发展，未来网络发展将呈现三大特征：追求极致网络、追求极简网络和追求融合创新，推动网络向泛在极致、云网一体、敏捷集约、智能开放、绿色安全的目标演进。追求极致网络实现网络速率容量提升、时延和可靠优化与大连接性能提升。追求极简网络通过设备级节能、站点级节能、网络级节能等方式，推动5G网络向绿色发展；追求融合创新是推动网智、云智、云网深度融合，力争实现网络智能化规模化应用。[②]数字技术与人工智能的结合，迅速重构了艺术设计领域、设计手段和艺术表现形式，这种数字媒体设计的又一次升级简称为"数智艺术"。[③]数智艺术设计的关键还是在于应用人工智能技术来引入新的手段和媒介，以此丰富人们的设计方法，数字艺术与人工智能结合的核心还是取决于人的审美意识和价值观。

《北京2022年冬奥会和冬残奥会冬奥村（冬残奥村）科技与文化深度融合规划设计导则》正是踩着数智化时代的脚步，及人工智能背后强大的计算能力，可以帮助设计师更好地利用历史数据研究人的需求，通过设计帮助人解决问题，使用数据去辅助设计思考。但是在不同的文化、宗教背景下，仅靠机器算法是无法解决关于城市中人类生活方式的设计问题的，因此在未来科学技术的不断发展中，人文精神还是核心，是不可被取代的。

① 刘娟. 新消费时代数智化引领新零售 [J]. 中国总会计师，2022（5）：118-120.
② 王慧娟，李双杰，程锋. 数智化转型下的信息通信技术发展趋势 [J]. 通信企业管理，2022（1）：78-80.
③ 胡晓琛. 数智艺术——人工智能与数字媒体艺术设计教育 [J]. 艺术教育. 2018（16）：100-101.

第3篇
北京冬奥村（冬残奥村）科技与文化融合形象设计实践

第5章　冬奥村（冬残奥村）科技与文化融合形象设计

5.1　海报设计中的数字形象 ①

海报对宣传奥运会及其主办城市的内在精神，塑造历届奥运会的独特魅力和主办城市的品牌，具有重要的意义。冬季奥林匹克运动会（以下简称冬奥会）也不例外，自1924年开始的第一届到2018年的第二十三届，每一届举办国都会高度重视国际奥林匹克委员会（以下简称国际奥委会）官方海报的设计发行工作。

2015年7月31日，北京获得2022年第二十四届冬季奥林匹克运动会举办权。这是北京继2008年举办夏季奥林匹克运动会（以下简称夏奥会）后，第二次与奥运会结缘，北京也将因此成为第一座既举办夏奥会又举办冬奥会的城市。在所有的申办宣传工作中，基于数字技术的创新应用而创作出来的《"北京2022年冬季奥林匹克运动会"申办官方海报》（以下简称《北京冬奥申办海报》）成为其中一道亮丽的风景线。

本节通过对笔者亲身经历的《北京冬奥申办海报》在创意和表现中的数字技术创新应用过程进行描述。本节一方面阐述了笔者对《北京冬奥申办海报》设计中技术与艺术、科技与文化融合的必要性和可行性的思考，另一方面也期待能为奥运视觉文化研究者提供第一手研究资料和实践参考。

2007年9月3日，在北京奥运会开幕一年前，由中国美术家协会艺术委员会进行推荐，成立了集中封闭的"北京2008年奥运会官方海报设计小组"，最终形成了奥运会官方海报设计方案共16张，残奥会官方海报设计方案共16张。

笔者有幸被中国美术家协会艺术委员会推荐入围该小组，首次采用压感笔数字技术助力创作与表现，创作了名为《文明北京和谐奥运》的主题海报。

2013年11月3日，中国奥林匹克委员会（以下简称中国奥委会）正式致函国际奥委会，提名北京市为2022年冬奥会的承办城市。2014年7月7日，国际奥委会正式发布北京入围2022年冬奥会候选城市。2014年12月16日，为保证"北京2022年冬季奥林匹克运动会"申办工作的顺利进行，根据北京2022年冬季奥林匹克运动会申办委员会（以下简称北京冬奥申委）的工作需要，北京冬奥申委特成立"北京2022年冬奥会申办官方海报设计组"，进行申办海报的设计创作。

笔者有幸再次被中国美术家协会艺术委员会推荐进入"北京2022年冬奥会申办官方海报设计组"，并再次采用压感笔数字技术助力创作与表现，创作了《纯洁的冰雪欢迎你》系列三联画式三幅海报。

2015年3月6日《纯洁的冰雪欢迎你》系列三联画式三幅海报通过了北京冬奥申委的审定并印刷发行。

5.1.1　数字技术与"冬季奥林匹克运动会"海报设计

1. 数字技术的产生及其对平面设计的影响

纵观人类艺术史，艺术表现工具在其中一直扮演着重要的角色，比如原始人的石器工具造就了原始的岩画，中国人发明的毛笔造就了中国画，西方人发明了油画笔造就了西洋画。如今，一种用于数字载体的压感笔诞生了，这种笔不同于以往任何的绘画工具，是集传统与现代、艺术与技术、艺术与科学等诸多交叉学科于一身的艺术表现工具。这一工具的身上不仅凝结着当代背景下的艺术创作（设计）的新观念、新思维，更凝结着数字背景下的国际视野和时代精神。数字技术介入艺术领域后，便产生了极具当代特色的新的画种——数字绘画，其中数字表现工具扮演了重要的角色。

对于平面设计而言，目前的数字技术集中体现在两个方面，一方面是电脑绘图软件的发明和运用，另一方面是压感笔的诞生和应用。

---

① 本节作者为何忠。

　　数字技术的介入，对平面设计产生了深刻影响。不仅提高了工作效率、简化了设计过程，更重要的是增强了艺术表现力。各种设计软件甚至可以根据自己的需要重新设置绘图工具。在设计过程中，当出现错误或需要调整图纸内部布局时，一个简单的"后悔键"就可以回到错误产生前的步骤。在数字技术介入之前，设计者只有徒手在纸上勾画草稿，所有的草稿都是腹稿输出的结果，设计者跳不出线性思维的框框，只能"意在笔先"。一个草图勾画完成，就必须把思维回到起点，另辟蹊径，寻找另一条线性思维的路线。由于已经有了之前的影子，所以一个设计师提供两个以上草图是非常困难的。但是，数字技术的介入，使得"意随笔出"的创意过程成为可能。人们可以借助数字技术生成无数个意想不到的视觉图像结果，拓展了设计师的视觉思路，完全达到了"意在笔先，意随笔出"的境界。

2. 数字技术与"冬季奥林匹克运动会"官方海报风格的变迁

　　奥运会到现在已经有100多年的历史，海报已经成为是历届奥运会重要的奥运文化遗产。自1912年于瑞典斯德哥尔摩举办的第五届夏奥会首创官方海报起，奥运会海报的推广和宣传就成为主办城市的又一个重要的使命。

　　海报对宣传奥运会及其主办城市的内在精神，塑造历届奥运会的独特魅力和主办城市的品牌，具有重要的意义。随着现代奥运的百年发展，海报已经成为奥运会重要的形象标志。历届奥运会的官方海报都是由主办城市奥组委授权设计并选定的。作为时代的记录，海报为我们提供了一份关于体育和艺术、商业和文化的视觉档案。

　　从平面设计的技术角度看，"冬季奥林匹克运动会"官方海报设计史既是一部冬奥运动艺术史也是一部设计技术发展史。在数字技术发生前，冬季奥林匹克运动会官方海报一般是由创作者采用手工绘制，再交由印刷部门印刷。比如第一届冬奥会的官方海报就是套色木刻作品。1924年，第一届冬奥会在法国夏蒙尼召开。这一届冬奥会的官方海报作品是由奥古斯特·马蒂斯（Auguste Matisse）创作的。作者用套色木刻的语言绘制了一幅雪橇比赛的场景，在雪橇的上方是一只占据画面大部分空间的雄鹰，它的爪子上有一根用法国国旗颜色的缎带系在一起的棕榈枝和一顶胜利王冠，在雪橇的背后是一座高高的雪山（图5-1）。海报呈现的技术手段是平版印刷。

图5-1 第一届冬奥会官方海报 1924年

　　在接下来数届的冬奥会的官方海报设计中，都是以艺术家个人风格的为主导的海报。比如第五届冬奥会的海报是由平面艺术家弗里茨·海林格（Fritz Hellinger）和摄影师科师科尔（Keerl）合作设计的石版画。这一届冬奥会是在瑞士圣莫里茨主办，其官方海报画面描绘的是一对情侣在太阳下休闲越野滑雪的景象。而太阳的形象正是主办地度假村圣莫里茨的标志（图5-2）。

　　第十四届冬奥会的官方海报也是基于艺术家个人表现技能和艺术追求的波普风格的作品，左边海报是安迪·沃霍尔（Andy Warhol）的作品，右边海报是霍华德·霍金（Howard Hodgin）的作品（图5-3）。

　　到了20世纪90年代，电脑软件开始介入海报设计，特效摄影开始登上了海报舞台。在第十八届冬奥会的海报上数字技术的印记已经非常明显。第十八届冬奥会于1998年由日本长野主办，官方海报由日本著名艺术家青叶益辉（Aoba Masuteru）创作，在数字技术的支持下，海报突破了以往的技术手段，将奥运会与自然的和谐主题通过梦境般的画面传递了出来（图5-4）。

　　在之后的冬奥会的官方海报中，数字技术的作用越来越明显，比如第二十一届冬奥会的官方海报中，数字绘画直接出现在画面中。第二十一届冬奥会于2010年由加拿大温哥华主办，其官方海报主体图像完全是由数字技术绘制而成（图5-5）。

图5-2　第五届冬奥会官方海报　1948年　　图5-3　第十四届冬奥会官方海报　1984年

图5-4　第十八届冬奥会官方海报　1998年　　　　　　　　图5-5　第二十一届冬奥会官方海报　2010年

5.1.2　数字技术在海报创意中的创新应用

与《北京2008年奥运会官方海报》一脉相承的创意思维模式

1)《"北京2022年冬季奥林匹克运动会"申办官方海报》创意思想中的"一城双奥"思想

自从夏奥会在希腊于1896年举行第一届以来，至2021年于日本东京举办的夏奥会的举行，夏奥会共举行了32届。而冬奥会从1924年在德国夏蒙尼举行第一届，到2022年在北京举行第二十四届，夏奥会与冬奥会一共举办了126年，而北京将是这一个多世纪以来唯一一个既举办过夏奥会，又举办过冬奥会的城市，是拥有"一城双奥"殊荣称号的城市。

于是，"一城双奥"思想便成为《"北京2022年冬季奥林匹克运动会"申办官方海报》创意思想中的一个贯穿整个创意过程的重要思想，具体体现方式就是《北京冬奥会申办海报》要跟《北京2008年奥运会官方海报》一脉相承。

2)传承《北京2008年奥运会官方海报》主题海报画面特征

《北京2008年奥运会官方海报》创作经历了启动阶段、收集整理阶段、评审阶段、集中封闭修改阶段四个阶段。2007年5月23日以定向邀请的方式召开北京2008年奥运会和残奥会官方海报设计说明会，共有71家院校及设计单位与会，截至2007年6月20日，共收到24家院校和10家设计单位提交的930张有效应征作品。经认真评审，最终评选23组入围官方海报设计作品，并提出修改意见及方向。

9月3日，由中国美术家协会艺术委员会进行推荐，成立集中封闭修改创作小组。对最终评选出的23组入围官方海报设计作品进行综合修改，最终形成了奥运会官方海报设计方案共16张，残奥会官方海报设计方案共16张。这16张海报分为主题海报《文明北京　和谐奥运》、人文海报《微笑北京　共享奥运》、体育海报《活力北京　超越梦想》三类。

主题海报是三幅合一的组画。主题海报正中一幅的画面，其设计是取自中国水墨的山水画意（图5-6），白鸽飞翔在云间，衬托出北京奥运会会徽。左右两幅的画面，分别是故宫与"鸟巢"、天坛与"水立方"构成的主体，彩墨晕染，气象恢宏，代表了古老北京与现代北京的紧密结合。

笔者有幸入围封闭修改创作小组，主题海报正中一幅便是由笔者创作。这也为笔者在创作《"北京2022年冬季奥林匹克运动会"申办官方海报》主题海报时传承《北京2008年奥运会官方海报》主题海报画面特征奠定了经验基础。

图5-6　北京2008年奥运会官方海报（图片来源：由北京奥组委，提供）

5.1.3　《"北京2022年冬季奥林匹克运动会"申办官方海报》表现构思

1. 三段式海报构图的确立与留白

三段式构图是来自于中国山水画的一种构图形式，蕴含着深厚的中国的传统文化。中国山水画中"三段式"构图是指利用高远、深远和平远三远法把画面分割成面积不等的近、中、远三部分，使画面产生三个空间层次。在中国传统文化里"三"所对应的概念是从《易经》中推崇出的天、地、人"三才"概念。

为了在海报中反映出中国传统文化，最终确立了这种与中国传统哲学思想和传统文化紧密相连的中国传统山水画三段式构图的版式（图5-7）。根据宋代郭熙提出的"上留天，下留地，中间方立意定象"的三段式原理，将广告语文字放在最上段，将地方建筑放在最下段，将最重要的申冬奥标志放在中间段。同时将中段做留白处理。这样处理的依据基于两方面的考量，一方面是为了更好地凸显标志的完整性和识别性，因为申冬奥标志是多彩的，白色背景能有助于多彩的呈现；另一方面是为了进一步凸显中国传统文化。在中国传统中，"留白"是中国美学的精髓。中国画的留白淋漓尽致地表现了"无生于有，有生于无"的老庄思想，留白还有一个非常优雅的别名——"余玉"，以布白突显灵动，以虚空诠释丰盈。

2. 三联画创意的传承与创新

《北京2008年奥运会官方海报》采用的就是三幅组画式，这在奥运海报史上是创造性的，以往的奥运官方海报多以单幅形式呈现，而《北京2008年奥运会官方海报》首次出现了三幅或五幅组画形式的官方海报（图5-8），体现了中国传统的长卷式的绘画方式。

《"北京2022年冬季奥林匹克运动会"申办官方海报》决定继续沿用《北京2008年奥运会官方海报》三幅组画的呈现方式。但不是简单的模仿，而是要有创新有突破。于是将三幅组画变成了三联画，三幅画之间的关系更加紧密（图5-9～图5-11）。

图5-7　三段式海报构图

图5-8　《北京2008年奥运会官方海报》主题海报三幅组画（图片来源：北京奥组委官方）

5.1.4　数字技术在《"北京2022年冬季奥林匹克运动会"申办官方海报》表现中的创新应用

1. 《北京冬奥申办海报》构图表现

为了在《北京冬奥申办海报》表现中能够有效地体现与《北京2008年奥运会官方海报》主题海报画面的关联性，需在同一空间将《北京冬奥申办海报》文件和《北京2008年奥运会官方海报》文件同时打开，数字技术便起到了至关重要的作用。

首先，在图像处理软件中打开《北京2008年奥运会官方海报》分层文件，并将其另存为《北京冬奥申办海报》，然后再重新打开《北京2008年奥运会官方海报》分层文件，这样就在同一个界面中获得了两个画面相同文件名不同的打开文件。接下来在《北京冬奥申办海报》文件中开始替换相应图形和文字，并与《北京2008年奥运会官方海报》逐层进行观察、比对（图5-12、图5-13）。

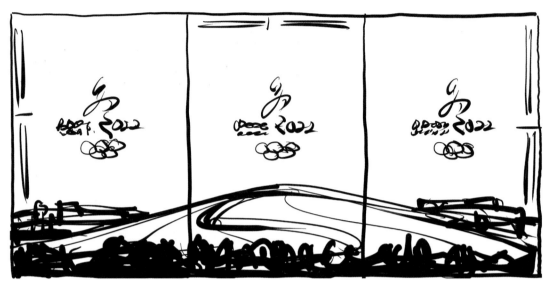

图5-9 三联画创意方案（一）

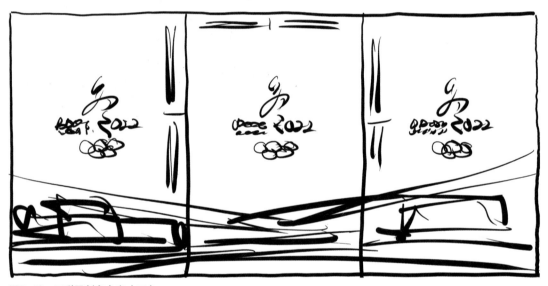

图5-10 三联画创意方案（二）

图5-11 三联画创意方案（三）

图5-12　《北京冬奥申办海报》与《北京2008年奥运会官方海报》构图比对

图5-13　《北京冬奥申办海报》与《北京2008年奥运会官方海报》广告语编排比对

2. 绘图软件助力《北京冬奥申办海报》主体图像表现

1）大境门图像表现

在大量的大境门图片（均已购买版权）中，经过筛选，最终选定了利用广角镜头拍摄的图片。图片中大境门呈下弧形形状，这种形状满足三联构图形态（图5-14）。

选定图片后，接下来就要利用图像处理软件对图片中的大境门图像进行元素提取和视觉表现（图5-15），调整被提取出来的大境门的色彩饱和度、色相，以及黑白对比度。在调整过程中，所有的变化都是实时渲染的，既能依据数据判断又能靠肉眼直观辨识，比如最终色相的变化数值为在原图基础上退后5个点，数值显示为-5，得到一个比原来更红的大境门，饱和度的变化数值为在原图基础上向前推进了45个点，数值显示为+45，得到一个比原来颜色更浓的大境门。

2）太庙图像表现

在太庙图像可选择的资料库中，经过多次对比最终选定由北京冬奥申办委员会提供的图片。这张图片不是广角摄影，为了能够跟大境门图像一致，满足三联画构图的完整性，需将其形状改变成广角形态，数字技术在这里发挥了不可替代的作用（图5-16～图5-19）。

3. 压感笔技术助力《北京冬奥申办海报》冰雪表现

《北京冬奥申办海报》设计中的数字技术应用，除了绘图软件的应用外，更重要的是压感笔技术的应用。压感笔技术的应用，是数字技术应用中的创新之处。

压感笔是一种用于数字载体的画笔，这种画笔不同于以往任何的绘画工具，是集传统与现代、艺术与技术、艺术与科学等诸多交叉学科于一身的艺术表现工具。在《北京2008年奥运会官方海报》的设计中，笔者就已经用到了压感笔，海报中中国水墨的山水画就是用压感笔在现实水墨的基础上画出来的（图5-20）。

1）远景雪山图像表现

压感笔利用笔尖作用在屏幕上的压力大小来展现笔画粗细和虚实，它可以模拟版画、国画、油画、水彩等各种绘画语言。因此，对于雪山的绘制而言，压感笔表现技法是很重要的（图5-21）。

远景雪山包括两种，一种是三联画中间一幅的主题图像，另一种是分列两侧海报中作为主体建筑背景的远山。中间一幅海报的主题图像的绘制，采用放大画面的方式进行精细绘制，这也是数字绘画较其他绘画所独有的绘画方式上的优势。在绘制分列两侧的海报中作为主体建筑背景的远山时，则采用缩小画面的方式，以近乎写意的方法进行绘制（图5-22）。

图5-14 已经购买了版权的大境门摄影作品（图片来源：版权图片）

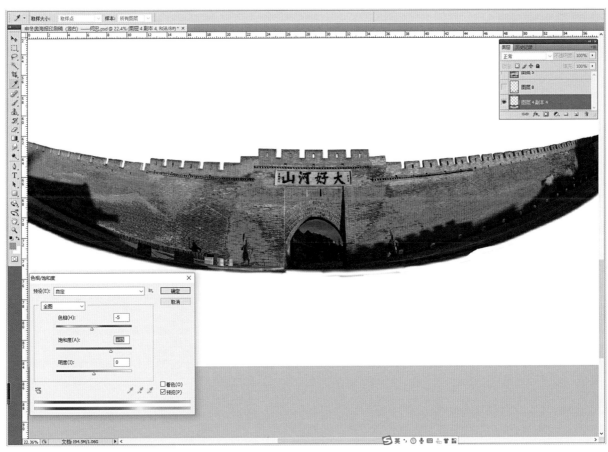

图5-15　正在进行视觉调整的大境门

图5-16　北京冬奥申委会提供的图片

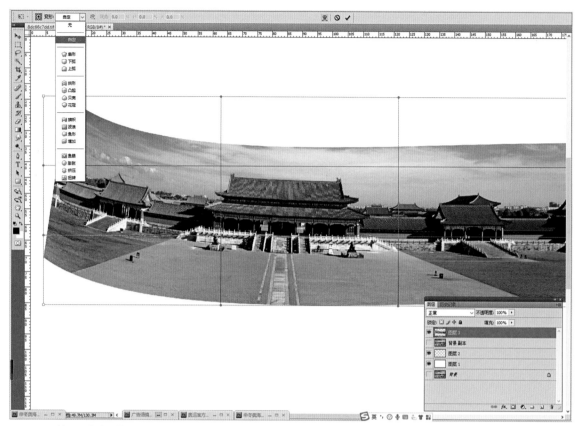

图5-17 利用图像处理软件进行图像广角处理试验

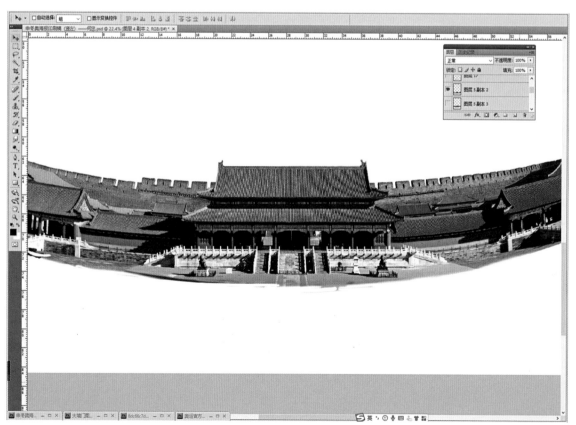

图5-18 按照大境门弯曲度进行图片处理

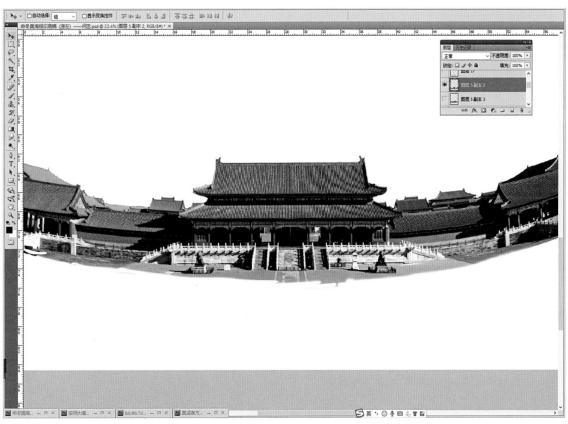

图5-19 借助数字技术处理好的太庙图像

图5-20 用压感笔绘制《北京2008年奥运会官方海报》中的水墨效果的群山

图5-21　用压感笔绘制《北京冬奥申办海报》三联画中幅远山

图5-22　用压感笔绘制《北京冬奥申办海报》三联画右幅远山

2）前景地面冰雪图像表现

前景地面冰雪图是以左右对称的方式，分列三联画左右两幅海报中。在用压感笔绘制前景冰雪时，笔者充分运用了数字绘画的模拟功能，巧妙地将照片语言转换成绘画语言。

首先，采用大号笔刷完成对于画面底层笔触的塑造，落笔大胆、运笔快速，收笔精准。在底层笔触的基础上，重新另起一层，采用小号笔刷进行细节勾画，落笔谨慎，运笔依旧保持快速，这样的速度有益于表现冰雪，收笔同样要精准。

其次，在完成了底层和表层的笔触塑造后，再运用分层透叠的数字绘画技法，利用虚实关系将笔触与笔触之间的关系统一起来，使得有的笔触起笔实、收笔虚，有的笔触起笔虚、落笔实（图5-23、图5-24）。

最后，强化笔触中的色彩关系。近景冰雪画面中的每一笔都要有色彩，不能表现白色就用白色。要保证画面色彩的丰富性，就要处理好色相、饱和度，以及冷暖关系。在设计过程中充分利用数字绘画中的四色特性（因为要后期印刷，所以本海报采用CMYK色彩模式），在保证每一笔都是四色的基础上，运用色彩调节管理器，微调每一个笔触的色彩，强化笔触的色彩差异、色彩冷暖，以及饱和度。

4. 压感笔技术助力《北京冬奥申办海报》三联画整体表现

当三幅单独海报完成后，按照太庙海报居左、雪山海报居中、大境门海报居右的顺序将这三幅海报加入在同一个文件中，拼合成三联画。用压感笔局部调整细节，强化整体关联性。在调节细节时，细心对比三幅之间的细节度，细节太多的要做减法，细节太少的要做加法。在强化关联性时，一方面要关注到三幅画之间连接之处的图像是否准确连接，另一方面要从全局的视角审视画面的"气"是否贯通流畅，是否生动，在最后整理阶段，要用压感笔来强化"气息""呼吸感"，使画面呈现出时虚时实、时真时幻的空灵感，用高低起伏、抑扬顿挫、起承转合的"气韵"，使画面焕发出气象磅礴又生动活泼的"浪漫感"（图5-25、图5-26）。

图5-23　用压感笔绘制《北京冬奥申办海报》三联画右幅前景冰雪（一）

图5-24   用压感笔绘制《北京冬奥申办海报》三联画右幅前景冰雪（二）

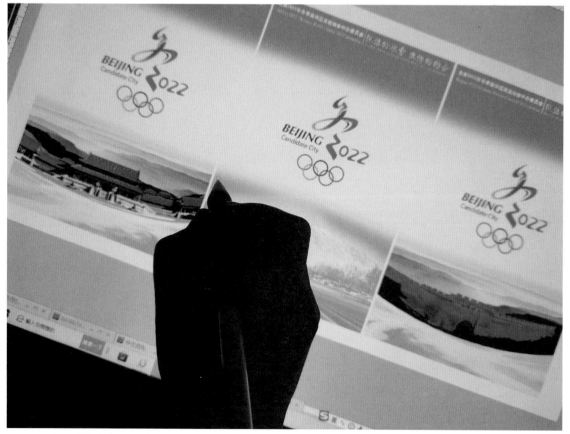

图5-25   用压感笔对《北京冬奥申办海报》三联画最后调整

图5-26　《北京冬奥申办海报》完成稿

从2008年北京奥运会胜利召开到2022年北京冬奥会胜利闭幕，历经14年的时间，北京在这一刻正式成为世界上第一个举办过夏奥会和冬奥会两项奥运赛事的城市。张艺谋在北京冬奥会闭幕式后说道："在最后熄灭冬奥火种时，会有2008年奥运会一个瞬间的物理重现，好像时光倒流一样，给大家带来一种'穿越'感。"

站在历史新的起点，回顾《北京冬奥申办海报》的设计过程，诸多记忆依稀可见，最突出的记忆是数字技术的介入，通过对科技力量的创新应用，让海报"空灵且浪漫"，出色地完成了"洁白的冰雪，激情的约会"主题思想的完美表达。《"北京2022年冬季奥林匹克运动会"申办官方海报》设计中的数字技术创新应用，不仅是对数字工具的应用方法的一次深入探索，也是对数字技术介入艺术表现后为设计领域带来的深刻变化所进行的一次深入研究，更是对数字表现工具的使用理念进行的一次新解读。

通过数字技术的介入，冬奥官方海报的设计不仅仅是单纯的图形呈现，而是融合了更多的数字化元素和交互式体验，实现了对观众的深度互动和参与。数字技术的创新应用不仅提升了海报的艺术价值和视觉效果，同时也为设计带来了更多的可能性和发展方向。未来，随着数字技术的不断发展和应用，数字表现工具的使用和数字化元素的融入将会成为设计创新和创意表现的重要手段，进一步推动设计的发展和创新。

5.2　冬奥展示中的实践应用 [1]

2022年北京冬奥会和冬残奥会成功落下帷幕，其中冬奥主题展陈设置、公共空间展示形式和应用是各国间文化交流和更好地展示国家形象、经济科技发展、体现文化自信的重要手段。高质量的展陈实践项目节点是展示主体自身文化输出、提高知名度、美誉度的重要举措，本节结合冬奥会及往届奥运会主题等相关形式内容及展示项目的具体实践，就设计原则、文化自信体现形式、材料工艺对于实践应用的重要作用、临时性展陈空间主题策划内容及展示形式设计进行分析研究，提出了做好临时性展陈项目的设计思路和实践措施等实务研究。

2021年初，习近平总书记赴北京和河北冬奥村考察冬奥会筹备工作时提出了"简约、安全、精彩"的六字办赛要求。[2]在全体北京2022年冬奥会和冬残奥会组织委员会相关工作人员的齐心协力、相关专业专家老师的鼎力支持和中华儿女的热情参与下，尤其是在疫情肆虐的情况下，无数无名的工作人员保障着这一盛会的顺利进行，倾力完成了一场体育盛会，为世界奉献了一

① 本节作者为枣林、齐晶妮。
② 新华社. 习近平在北京河北考察并主持召开北京 2022 年冬奥会和冬残奥会筹办工作汇报会 [OL]. 中国政府网，2021-01-20.

届精彩卓越的奥运盛会，全面兑现了对国际社会的承诺。国际奥委会主席巴赫高度评价了北京冬奥会，授予了中国人民奥林匹克奖杯，并称赞北京冬奥会是一届真正无与伦比的冬奥会。[①]

纵观奥运发展历史，奥运会不仅是运动员成就梦想的舞台，更是城市进行更新换代、国家实现经济社会可持续发展的"助推剂"。北京冬奥会从申办到筹办坚持绿色办奥、共享办奥、开放办奥、廉洁办奥的理念，突出科技、智慧、绿色、节俭特色，无论是场馆建设，还是赛事服务，都展示出了高素质、高水准、高质量，体现了中国的高质量发展战略。

本节以《北京2022年冬奥会和冬残奥会冬奥村（冬残奥村）科技与文化深度融合规划设计导则》（以下简称导则）为基础，高质量完成国际奥委会举办冬奥会（冬残奥会）提出的各项倡议和目标，实现从北京市到张家口市乃至国家承办冬奥会（冬残奥会）"纯洁的冰雪，激情的约会"愿景。围绕京津冀协调发展战略和北京城市功能定位，将奥林匹克文化、冰雪文化与各地区特色文化相融合，塑造2022年北京冬奥村（冬残奥村）的个性形象。导则主要为2022年北京冬奥会的冬奥村而制定，提供了应用实践的设计思路与原则。

赛会期间，场馆及冬奥村公共空间通过多种展陈形式展示国家综合国力、创新传播传统文化、展现及经济科技发展文化自信。赞助商、服务商、头部企业等品牌设立冬奥主题展示区或快闪店增加品牌的影响力和辨识度，具有一定的主题性、区域性和时效周期性。

5.2.1　展示设计原则

展示设计是以艺术设计学为依托，围绕空间，在内容、形态、色彩、材料、多媒体、照明、音响、文字插图、影像，以及模型等多方面充分利用新技术、新成果，借以全面调动观众的视觉、听觉、触觉，甚至嗅觉和味觉等一切感知能力，形成人与物的互动交流。

文化与科技一直都是社会发展最重要的两个关键部分，它们相互作用、共同发展，时时刻刻对人们的生活产生着影响。从科技角度来说，发达的科技对文化的产生、传播、发展都起着至关重要的作用。科技发展促生的新技术展示手段的应用与艺术化手段呈现文化，两相结合是为了更好地实现冬奥村（冬残奥村）展示传播目的。

1. 可持续应用性

在冬奥村（冬残奥村）展示设计规划中应充分体现冬奥村的可持续发展和文化旅游价值。根据三个冬奥村赛后规划，应用场景各有不同。北京村赛后作为北京市人才公租房项目；张家口村太子城是以"冰雪文化运动"为主题的旅游小镇项目。因此，展示设计规划上很重要的一点原则是可持续应用性，即选择展示形式及展示道具时，在服务周期、内容更换、环保性上应有所侧重。主要包括：科技文化与冬奥村公共道路设计的融合、科技文化与公共空间设计的融合、科技文化与环境标识设计的融合，以及科技文化与公共艺术设计的融合。

2. 设计与环境融合

设计实施中应强调采用先进科技手段；在内容上应注重宣传冬奥会（冬残奥会）精神，注重对冰雪运动的宣传，注重宣传富强、民主、文明、和谐的社会主义现代化中国和中华优秀传统文化；在设计与环境的关系中应注重整体性、连续性、可持续性和中国传统文化的鲜活性。

舒适、便捷、美观、循环利用是其基本要素。表现形式、展现内容、面向受众人群是科技文化与北京冬奥村（冬残奥村）环境融合设计的基本特征，为了更好地满足人类活动，这些要素常常同时发挥作用，在功能和形态上相互交织。

3. 满足残障人士需求

冬奥村同时服务于冬奥会和冬残奥会，冬奥村的无障碍设计不仅在交通流线、建材选择、室内布局和无障碍智慧服务平台等方面采用通用设计思维方式，在展示设计规划中应充分考虑符合残障人士和正常人的共同需求。

4. 秉承融合设计一致性

原则：科技文化形象在传播中的融合发展，绿色环保可持续运用，应用场景兼收并蓄和兼容并包。设计定位：简洁、大气、庄重。

---

① 郭立亚，黄丽，何焕生. 北京2022年冬奥会遗产的价值影响[J]. 北京体育大学学报，2022，45（5）：21-31.

科技文化创意设计应与冬奥村（冬残奥村）整体通道和出入口设计保持总体功能和风格的一致性，创造整体连续的冬奥村意向，创造街道景观系统的架构性特征。

依据不同广场区、运行区、居住区的街道的不同功能、走向和周边环境，创造街道科技文化创意景观个性。

融合设计应保证舒适性和安全性，打造具备多种体验的步行空间环境。应结合建筑退后范围作为整体景观设计，保证公共与半公共乃至私人空间的连贯。

尽可能采用本土、易于管理维护的材料和其他物料，并尽可能有利于维护和保育自然生态环境。[①]

应采用现代、简洁、舒适、易清洁、易养护的高品质科技文化展示融合设计配套产品。

5.2.2　北京冬奥会里的文化自信

1. 传统文化元素平面视觉展示

奥运海报是2022年北京冬奥会重要的形象展示，是营造冬奥氛围、推广冰雪运动、推进全民健身的重要手段。海报元素多为中国传统视觉元素提取并进行二次创意，如冬奥会会徽、吉祥物形象、剪纸元素、中国结、雪花造型冰雪运动等。

标识系统、站台、宣传册、地面装饰等，例如地铁奥运支线，利用青花瓷元素装饰导示系统，青花历史悠久，是中国瓷器代表之一。出入口和地面的导视系统也同样采用了青花的图案，能让大众感受到中国传统文化底蕴，也充分展现了中国文化的精髓。[②]

2. 中国文化的物态展示

1）冬奥会火种灯

冬奥会火种是从希腊雅典传运至北京的，这次冬奥会的火种灯是根据有着"中华第一灯"称号的西汉长信宫灯而设计，这件文物距今已有2000多年的历史，它集实用、美观及环保于一体，既体现了中国古代工艺的精湛，也体现着古人的智慧，宫女铜像体内中空，燃烧产生的灰尘可以通过宫女的右臂沉积体内，不会大量飘散到周围环境中。这样的环保理念在北京冬奥会的火种台设计上也被采用，无烟无毒的陶瓷涂料燃料，清洁能源丙烷，火种台的外形借用传统青铜礼器——尊，体现了"承天载物"的理念。

2）冬奥会吉祥物

北京冬奥会的吉祥物是冰墩墩、雪容融，它们分别以中国憨态可掬的国宝大熊猫及灯笼为原型。冰墩墩在设计上体现了冬季冰雪运动特点，和糖葫芦糖壳突出了中国文化元素。而雪容融在灯笼造型的基础上则是采用了拟人化的设计，顶部的纹饰有和平鸽、天坛，整体的色调为"中国红"，中国传统的剪纸艺术也被融入其中，将中国春节喜庆、祥和、团圆的节日氛围带给来自全世界的运动员。

3）冰丝带

冰丝带，是国家速滑馆的一个雅称，它是北京赛区标志性场馆和唯一新建冰上竞赛场馆。"冰丝带"的名称的由来则是与中国的"丝国"之称，以及"丝绸之路"有着很深的联系。从西汉时期开始，中国的丝织品就是通过丝绸之路被源源不断地运往国外，开启了世界历史上第一次东西方大规模的商贸交流。2000多年后，被称为"冰丝带"的国家速滑馆成为北京冬奥会的标志性建筑，运动员在高速冰道滑行时，带出的轨迹如同条条丝带，而场馆外墙由玻璃制作的22道装饰条，寓意着2022年北京冬奥会。所有丝带表面，都有冰片般的图层，因而就有了"冰丝带"的称谓，[③]将是世界运动健儿绽放激情的地方。

除此之外，不论是奥运奖牌设计、冬奥会火炬设计、还是奥运"小红人"图标套系组合平面设计……处处都能展现了中国文化元素，也是文化自信的表现。

①　许豫宏，王晓娜. 靖宇蓝图与中国县域未来 [M]. 北京：旅游教育出版社，2010.

②　陈泳全，达尔曼·阿布来提，曾忠忠，等. 传统文化在奥运场馆中的展示 [J]. 铁路计算机应用. 2021，30（9）：72-76.

③　梁昊光，钟茂华，等. 2022北京冬奥发展报告 [M]. 北京. 中国社会科学出版社，2021.

3. 公共空间文化展示

1）主题展览

（1）北京村广场区设立中国文化展示体验区，其中设置了冬奥景观与中国文化展示板块、春节文化及非遗展示板块、人文地标展示板块、传统文化数字体验板块和汉字互动体验板块，由北京市文化和旅游局提供的非遗展品，遴选老北京兔爷、京剧服饰、"燕京八绝"等代表北京独特文化魅力的非物质文化遗产100余件展品入展亮相。①这些展品以"文化中国"为主题，围绕冰雪、春节和长城进行展览展示，把红红火火中国年的喜庆年俗融入冬奥村，使各国运动员感受中国文化的温度，传递共建人类命运共同体的声音。

（2）"翰墨颂中华舞彩庆冬奥——首届中国体育艺术作品大展"100件艺术佳作亮相广场区，旨在展现出体育文化的强大精神内涵，更是传播奥林匹克美美与共的人类共同价值。10余位书画名家纷纷提笔书"福"字。除夕之夜，这些"福"字装点北京村，百"福"迎新春，为全世界的冰雪健儿们送上新春祝福。②体现出浓浓的传统春节氛围。

2）特色活动展示

由北京市中医管理局委托的、北京中医药大学承办的"十秒体验中医药"展区亮相北京冬奥村，该展区将中医药与"冬奥—科技—文化"主线紧密结合，全方位展示了中医药文化的魅力。展区位于北京村广场区的生活服务空间，是参赛运动员及随队人员参赛期间享受一站式购物、休闲和娱乐的重要场所。该展区在内容设计上紧扣"阴阳五行学说"核心理念，遵循春生、夏长、秋收、冬藏的生命轨迹，运用8K数字转播、5G通信等高科技手段，融合国风创意打造沉浸式体验。北京中医药大学作为中医药展示区唯一一项由高校承办的冬奥会展示区项目，融合传统元素与现代科技的内涵，为中医药文化传播注入新动力。③

4. 科技赋能文化元素展示

1）数字科技赋能展览活动

北京村广场区传统文化数字体验板块，通过270°沉浸式大屏，以"水墨绘中国""典籍阅中国""京剧韵中国"和"华服展中国"等多个主题，全景展示10余部经典视觉作品。④

冬奥村广场区的生活服务空间展区的"10秒探寻"板块展示了经络可视化滑轨屏与四诊仪。通过滑轨屏呈现的3D可视化经络图像，在10秒内可了解某一个穴位、某一条经络背后的奥秘。四诊仪将中医舌诊、面诊、脉诊、问诊整合在一起，提供数字化中医诊断信息。"10秒结缘"板块以"盲盒"的形式展示中医药主题的文创产品。"八卦多面屏"以8块屏幕分别呈现《易经》八卦，并于地板投影出太极八卦图，屏幕上太极八卦图旋转不停，象征不断发展的世界与生命其生生不息。"望而知之屏"上的"二十八宿"代表着中医"天人相应"的基本理念。"天人合一"体验屏为参观者带来"四季变换""云游北京""功夫打卡"3个互动式体验场景，传递了中医药文化的深刻内涵。"药食同源墙"展现了一幅生活化的健康阴阳图。此外，"中医药高光时刻"板块记录了中医药发展的光辉历史。⑤

2）"数字赋能"水墨动画彰显体育精神

据悉，开幕式"冰立方"主题展示的呈现，以中国水墨风格视觉化呈现冬奥会开幕式冰立方项目运动主题水墨人物动画，将传统毛笔手绘运用到数字水墨笔刷绘制，坚持"笔墨相生之道，全在于势"的设计原则，通过加强对书法运笔的呈现等方式，强化从纸质到数字的触感"气势"转化，在动画人形的科技感中体现中国风的水墨动画艺术。

5.2.3 材料工艺深化设计助攻吉祥物诞生

材料是设计和制造的物质基础，设计就是要依据对设计目标功能和外观的需求选择适当的材料，设计适宜的结构形式，确立合理的组合方式。材料的性质与特点是必须要考虑的因素。任何现代产品或展陈设计都需要经过特定的加工工艺制作才能完成。

① 山东电视体育频道消息 [N]. 齐鲁网闪电新闻，2022-01-20.

② "北京2022"京城迎冬奥、非遗贺新春系列宣传活动启动 [N]. 中国保护知识产权网，2022-01-14.

③ 魏雨. "10秒体验中医药"展区亮相北京冬奥村 [N]. 中国中医药报，2021-12-27.

④ 冬奥时刻 | 传统文化插上科技翅膀 北京冬奥村展示非遗展品 [N]. 齐鲁网，2022-01-20.

⑤ 北京印刷学院. 设计助力冬奥，水墨艺术＋数字科技助托冰雪五环升起——北京印刷学院设计团队完成 [J]. 工业设计，2022（2）：19.

选用不同的材料就需要采用不同的加工方法，为了保证设计的合理性和加工的经济性，在进行设计时就应预先考虑其加工技术问题。造型设计的过程实际上是对材料的理解和认识的过程，是"造物"与"创新"的过程，也是应用的过程。

"冰墩墩"和"雪容融""真身"的制作故事

1）项目制作周期短，深化设计任务重

2019年8月27日，接到冬奥会吉祥物在"体育强国"彩车上呈现的制作任务，同时拿到"冰墩墩"与"雪容融"设计稿最终版的二维效果图与3D模型，要求在9月16日前制作完毕，两个吉祥物将于9月17日正式对公众发布，整个制作过程必须保密，不能外泄吉祥物图纸。

短短20天，基础文件没有成型的产品制作模型数据，也没有视觉材质指定，更没有加工工艺指定，所有的一切都需要深化设计反复实验与推敲来确定。短短3天时间，连续72小时奋战，终于完成了技术及结构深化设计及全国范围内生产制造厂家的联络沟通，最终确定河北、天津及深圳三地厂商联合生产的制作模式，确定了生产制作材质与工艺，需三地奔波联合机动完成制作。

2）3D打印技术助力项目进度

传统的制作方案需要采用铸造技术，其耗时长、造价高，因为时间有限，传统铸造技术改为了数字分块，3D打印及连接技术（图5-27、图5-28）。也正因为时间与技术限制，确定两个吉祥物高为1.58m，"冰墩墩"臂展达到1.98m。

3）高精确度保证三地工厂协作完成

河北工厂负责模具制作、内部结构焊接、模具翻制、结构链接组装、表面彩绘涂装的工作（图5-29）；天津工厂负责"冰墩

图5-27 "冰墩墩"3D打印素模

图5-28 "雪容融"3D打印素模

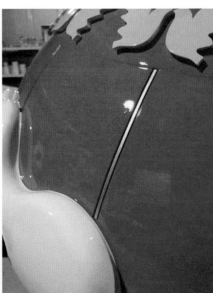

图5-29 "雪容融"表面彩绘涂装过程

图5-30　"冰墩墩"外观植绒材料

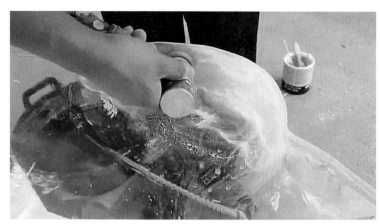

图5-31　"冰墩墩"外壳制作打磨过程

墩"外观植绒（图5-30）；深圳工厂负责透明吸塑外壳制作（图5-31）。每一个环节都需要深入一线，每一环节都不允许出现任何误差，每一个环节必须要为接下来的工艺打好基础。

4）材质和工艺选择决定最终感受

一切参考数据，都来源于电子文件，实体展示吉祥物要呈现在眼前，就需要有真实的材质赋予装置本身。以"冰墩墩"外壳为例，造型概念来源于糖葫芦的糖衣（图5-32、图5-33），那究竟使用何种材质与工艺才能完成这种"晶莹剔透"的感受呢？最终在工厂反复实验后，"冰墩墩"面部环形结构达到直径1.1m，彩色环状结构采用多曲面褶皱（图5-34），内部中空彩绘（图5-35），双层分体结构。再例如"冰墩墩""可爱"概念的表达，设计稿的形象相当抓人眼球，惹人爱，怎样还原这种视觉感受？效果图看起来更像是软软的胶体形象，而实际生产是断然不可能做成橡胶材质的（图5-36）；还原国宝真实体毛长度也是不切实

图5-32　"冰墩墩"外壳组装完成后背面

图5-33　"冰墩墩"外壳组装完成后正面

际的。经过多番周折，终于找到天津一家工厂，其生产的短绒毛手感逼真（图5-37），植置方法同时规避了难打理、易脱落的缺点，最终成为"冰墩墩"的最佳选择。

　　5）深化设计是实践制作的重点

　　很多实际问题在实践制作过程中显现。如原有吉祥物效果图为"冰墩墩"和"雪容融"憨厚独立形象，没有场景设置，视觉效果头重脚轻，脚部接触地面面积较小，对于实物重心的把控制作则是很难。应用于展示需要稳稳地"站立"于平面，第一对实体吉祥物的展示是处于移动过程中的"体育强国"国庆彩车之上，"稳"是必须要解决的问题，但吉祥物造型比例已确认，不能更改。最终决定给吉祥物加个底座，一个有实际环境的"雪堆"造型底座（图5-38、图5-39）。对主体形象并不影响，且恰当的"雪堆"烘托了吉祥物主体和冬奥主题，解决了稳定性的问题，在"雪堆"底座底部加装卡锁滚轮（图5-40、图5-41），便于移动和搬运吉祥物（图5-42、图5-43）。

图5-34　多曲面褶皱轮廓完成组件　　　图5-35　双层结构中空彩绘完成组件　　　图5-36　外壳同轮廓组件组合　　　图5-37　组合完成

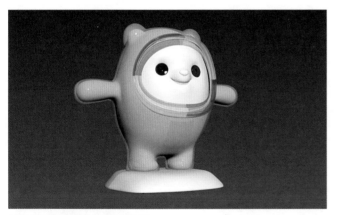 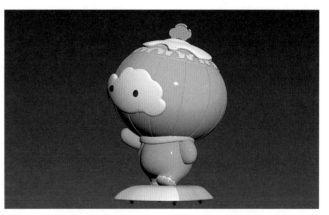

图5-38　"冰墩墩"3D模型终稿　　　　　　　　图5-39　"雪容融"3D模型终稿

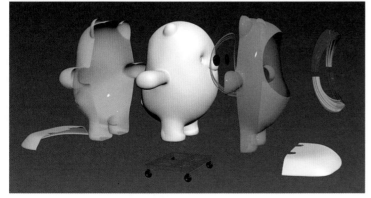 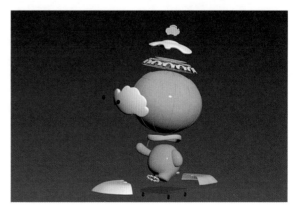

图5-40　"冰墩墩"制作结构分解图　　　　　　图5-41　"雪容融"制作结构分解图

图5-42　吉祥物在"体育强国"彩车上最终效果

图5-43　吉祥物平面设计整合项目负责人、中央美术学院设计学院副院长—林存真（中间），深化设计制作解决方案设计师—枣林（左侧）同"冰墩墩""雪容融"合影

5.2.4　冬奥村公共空间品牌快闪展陈设计

1. 主题创意与企业文化展示

品牌快闪展览其对于品牌文化展示宣传需求及主题创意策划格外重要。这类展览并非以零售为目的，不依托品牌商品进行展示，而是通过打造传达品牌理念的创意互动装置和与之相关的空间展品装置，并赋予展览主题，主题需要符合社会环境发展方向和定位，具备新颖炫目的形式和一定的社会意义，来进行品牌展览。

品牌快闪展陈除了可以提升公共空间的商业价值外，还能激活带动空间的文化氛围。打破了传统的科普式和叙述式展示方式，更加贴近大众趣味性和新鲜感的需求，从而体现公共空间的文化交流属性。

例如，北京村可口可乐休闲中心展位（图5-44）其策划策略为"看到'在一起'的力量，和全球实现'新的连接'"，展位以"TEAM UP"为主题，以"汉字"为核心视觉元素，构建可口可乐休闲中心。在"在乎体"这项兼具传统与现代的"可口可乐中国"文化中，融入科技手段，呈现定制化体验项目（图5-45），赋予有情感温度的属性，使各国的运动员和各地的观众连接在一起，让更多运动员洞见"TEAM"的可能性，在比赛间隙，享受特殊时期"轻松且有文化内涵"的品质化休憩空间。

在物料选择和内容设置上，充分贯彻可持续发展及"天下无废"的理念，制造"惊叹时刻"和"吸睛效应"。通过呈现回收瓶制作成物料的过程，以及可口可乐回收过程的科技呈现等，让可口可乐的"在乎"深入人心。

在交互机制上，利用科技手段，打消疫情带来的物理隔绝，让心与心的连接更加紧密。调动全球各地的冬奥会观众与粉丝，通过可口可乐与运动员连接在一起，扩大休闲中心的影响力。

图5-44　北京冬奥村可口可乐休闲中心展位

图5-45　北京冬奥村可口可乐休闲互动空间

2. 展览空间关系设计

品牌展览的结构与空间多为集中式框型结构，方便搭建与拆卸，并且根据所处的城市公共空间环境，可改变其框型结构的大小数量和分割层次，具有较大的灵活性。[①]也有较长时间的品牌特装展览，这类展览目的主要是突出企业的形象气质和主题表达。

例如，阿里云展位以冬季奥运会庆祝冰上运动和雪上运动为主题，健儿们在冰天雪地中挑战零度极限，燃动冰雪，志在战胜不可能。阿里云作为科技领头羊，实力赋能百年奥运会，"翻山越岭"推动技术的极限，点亮冰雪，使北京冬奥会成为科技巅峰。阿里云的硬核科技是"登顶雪山之巅"的基建基础，赋能点亮"顶峰之星"，成为北京冬奥会的科技制高点（图5-46）。

图5-46　阿里云展位冬奥会展位过程设计稿

新技术与材料的应用：快闪展览的"快闪"性质决定了该类展厅的材料选择需要注重标准化与模块化，且需控制成本。因此展览设计制作在选择材料上多为轻质材料，主要是复合合成材料，并适当加以钢材、玻璃、亚克力塑料、PVC等材料进行辅助装饰。选择贴面材料或UV喷绘，在表面进行二次装饰，[①]展示效果和成本控制达到合理平衡点，从而更好地营造出展陈空间的预设定氛围。随着科技的发展，多媒体技术的受众也越来越广泛，为了迎合人们对新鲜有趣事物的追求，展览也会在其中加入互动性较强的交互装置，比如声、光、电技术的综合应用，使观者在展览中参与互动体验，更深刻地了解品牌文化。

5.3　环境叙事中的设计形象[②]

2015年7月31日，北京成功申办2022年冬季奥林匹克运动会。在科学技术部社会发展科技司与中国21世纪议程管理中心的联合指导下，人民网人民体育推出大型科普融媒体节目《人民冰雪·冰雪科技谈》，以"中国冰雪运动的科技创新之路"为主题，主要围绕国家重点研发计划"科技冬奥"重点专项的创新成果，讲述中国冰雪运动发展和科技创新的新时代故事。科技创新，成为中国冰雪运动前进道路上"嘹亮的号角"。

北京2022年冬奥会与冬残奥会展示中心（以下简称"展示中心"）的选址定于北京石景山首钢园，展示中心全面介绍了北京2022年冬奥会与残奥会筹办工作情况，展示了中国悠久冰雪运动历史、冬奥会的基本知识点、京津冀地区在我国近代冰雪运动发展中的特殊地位，特别是北京冬奥会"带动3亿人参与冰雪运动"的发展情况。其中，展示中心的一号厅由北京工业大学艺术设计学院主题环境设计研究中心主持设计，其位于北京冬奥组委办公区西南角。经过团队数百天的精心设计与现场搭建，北京冬奥会与冬残奥会展示中心展陈项目圆满完成，并向公众开放（图5-47）。

---

① 易苏婷，晋洁芳，金璐，等. 城市公共空间中的品牌快闪展览设计研究 [J]. 戏剧之家，2020（5）：118-119.
② 本节作者为王国彬、李腾、李雅梅。

图5-47　展示中心位于首钢西十筒仓区的核心位置

5.3.1　展陈设计面临的困难

1. 场地工业遗产保护，只能利用，不能拆改

"新首钢高端产业综合服务区"（以下简称首钢园区），西临永定河，背倚石景山，是北京城六区唯一集中连片待开发的区域，是长安金轴的西部起点、西山永定河文化带的重要组成部分，也是新版北京城市总规划重要的区域功能节点在地理区位、空间资源、历史文化、生态环境上首钢园区具有独特优势，是落实首都功能定位的重要支撑。2017年11月，《新首钢高端产业综合服务区北区详细规划》（首钢园区北区）获北京市规划和国土资源管理委员会①正式批复。正在规划建设冬奥广场、石景山景观公园、工业遗址公园、公共服务配套区、城市织补创新工场五大片区。首钢园区已被纳入国家首批城区老工业区改造试点、国家服务业综合改革试点区、国家可持续发展实验区、中关村国家自主创新示范区、国家级智慧城市试点、北京市绿色生态示范区，是国内首个C40正气候样板区。2016年，北京2022年冬奥组委入驻首钢园区西十筒仓办公，成为落地首钢园区的第一个客户。首钢园作为工业遗址保护公园，如何能够在不拆毁工业遗址的前提下，腾出场地建设新的展示中心，成了一个难题（图5-48）。

2. 面积小，内容多

北京市冬奥会与冬残奥会展示中心总面积占3300m²，展示中心共有3层，分设4个展厅，一号展厅和二号展厅分别位于一层西侧和东侧，层高3.6m，面积分别为1100m²和700m²。三号展厅位于二层，层高3.6m，面积约700m²。四号展厅位于三层，层高约6m，面积约800m²。场地面积狭小，分区细致，需要展示传达的内容又多，这需要设计团队精心规划展陈的内容主题，采取合理的形式，巧妙地利用有限的空间将内容整合梳理传达出来，如图5-49所示。

3. 如何突破传统展览的脸谱化

在展陈内容方面上，目前我国传统的展览馆存在的最主要的问题是展陈内容缺乏针对性，与陈列主题相关性不强，没有形成自己的风格，只是对展品或者一些展陈资料的简单陈列，难以突出展览想要传递的文化内涵。展馆缺乏因地制宜、本土化设计，设计方案照搬照用，不考虑本地实情，造成主题雷同，形式相似，缺乏新意。其次，展品的直观性不强，一些展览馆规模较小，

---

① 现北京市规划和自然资源委员会。

1. 场地现有6根枝权型结构柱，影响展陈效果 2. 场地为工业改造建筑，非正规展厅 3. 场地现有工业遗产，破坏展厅完整性

4. 场地墙面为侧出风口，为展线利用提供限制条件

图5-48　展示中心现场条件

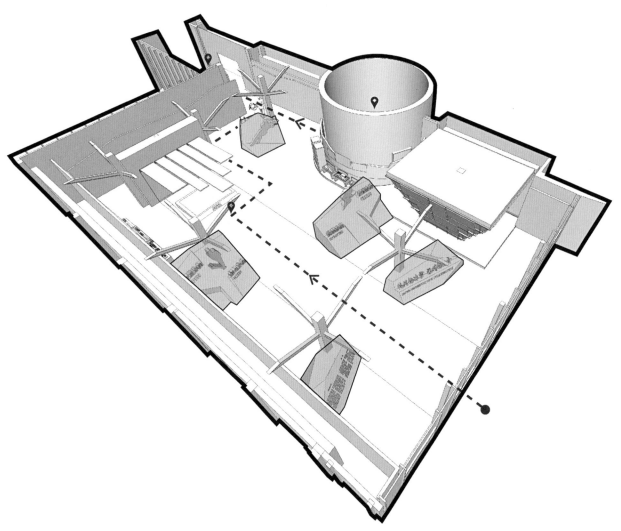

图5-49　展示中心一号厅空间布局

陈列的多为展品的复制品，很难满足观众的观展需求。在展陈形式上，由于一些展馆级别较低，展馆老旧，资金缺乏，展陈主题形式雷同无个性，介绍照本宣科、较为呆板，在展陈方式上依旧采用传统的展陈手段，设备落后，展陈效果缺乏生动性和直观性，不能满足观众的视听审美需求，难以引起大众的关注。所以，如何突破传统展览的脸谱化，将展馆的主题和核心展示理念等概念转化为清晰的、深刻的感官体验，对设计师团队来说也是一个重大的挑战。

5.3.2　主题叙事设计策略的导入

1. 何谓主题叙事

"主题"这个词来源于音乐术语，指的是音乐中最具特色和主导地位的旋律。后来这个词被广泛应用于一切文学艺术的创作之中。通俗来讲，主题就是核心价值和中心思想，是针对问题的真理性思考与解决方案，其终极意义就是表达主体的人生观、价值观和世界观。所谓叙事就是讲故事，把凌乱的细节整理出意义，使其情节化。主题叙事，主要解决"说什么"和"怎么说"两个问题。"说什么"的关键是"主题的确立"，也就是如何建立信息的必然性；而"怎么说"则是围绕主题叙事的方法与技巧编码与解码的过程。

2. 展示中心的主题叙事设计

北京冬奥会与冬残奥会展示中心的一号展厅主要展现北京冬奥会和冬残奥会筹办工作整体情况。一号展厅以"冰天雪地·山高人为峰"为设计理念，将冰雪运动之境呈现于展厅空间之内，整个空间以小见大，白雪皑皑、雪山层叠、冰晶漫天。展厅顶部悬挂中国甲骨文与各参赛国语言的文字"冰"，形成"冰"天；地面的定制白色地胶犹如"雪"地；整体形象由错落有致的雪坡造型组成，雪地之上凸起一座座雪山与山峰上矗立的不锈钢运动雕塑一起构筑了"山高人为峰"的景象，正可谓"仰观天象，俯察地理，中参人和"（图5-50、图5-51）。

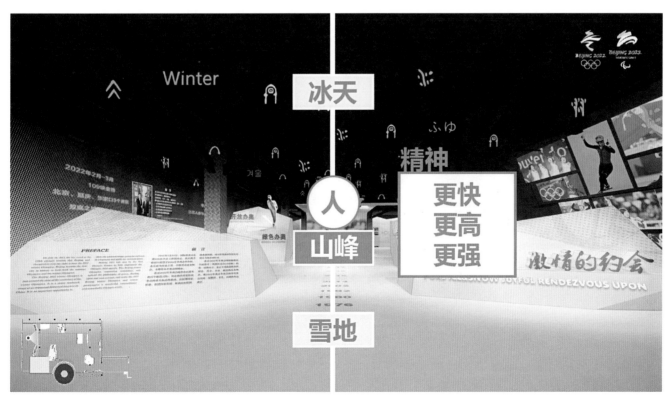

图5-50　展示中心主题叙事空间设计

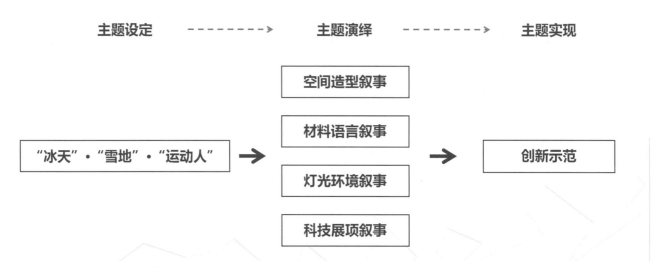

图5-51　展示中心主题设定与展线组织

5.3.3　展示中心的展线设计

一号展厅分别呈现冬奥时间轴和"四个办奥"理念，分别是："让奥林匹克点亮青年梦想""让冬季运动融入亿万民众""让奥运盛会惠及发展进步"与"让世界更加相知相融"，体现出冬奥会的历史感和冰雪运动的视觉效果。两尊代表着冰上和雪上运动的金属雕塑，包括甲骨文、韩文、俄文等各种语言中代表"冰""雪""冬"含义的各国灯饰文字，都很好地烘托起了展厅的氛围（图5-52、图5-53）。

1. 内容上的主题叙事

一号展厅"让奥林匹克点亮青年梦想"的主题单元，主要反映北京冬奥会坚持"以运动员为中心"，激励运动员全身心投入到冰雪项目中来，取得卓越成就，让奥林匹克精神感召广大青年，点燃奋斗梦想。主要内容包括叶乔波、杨扬、韩晓鹏、武大靖，以及中国轮椅冰壶队等具有代表性的运动员、运动队和其所获得奖牌、冰鞋等运动装备实物，配合图片视频资料等形式，展示中国冬奥会运动员运动队参赛的里程碑，讲述运动员在赛场上拼搏进取的励志故事。同时，通过展示以参与冬奥会建设服务的青年人为代表的中国青年群像，激励各行各业的青年人为在冬奥会舞台上实现中国梦而努力奋斗（图5-54）。

图5-52　展示中心主题叙事实现

图5-53　代表"冰""雪"运动的金属主题雕塑

图5-54　历届运动员代表人物成就历程展示

　　一号展厅的"让冬季运动融入亿万民众"主题单元，主要展现北京冬奥会带动"三亿人参与冰雪"的宏伟目标，让更多人享受到冰雪运动的快乐，为国际奥林匹克运动发展作出贡献。本单元陈列着反映我国近代冰雪运动发展的照片、实物，如1953年在什刹海举行的华北区冰上运动会的优胜奖杯、20世纪50年代的"黑龙"牌速滑冰刀、"火星"牌花滑冰刀等，以及姚明在拍摄冬奥会申办宣传片时所穿的56码冰鞋（图5-55）。

图5-55　姚明所穿冰鞋及相关冰鞋展示

为更好地展现我国悠久冰雪文化，一号厅将"水塔"改造为独立展区。借助"水塔"弧度的空间环境，展示故宫馆藏文物清代《冰嬉图》，《冰嬉图》展现的是清朝皇帝每年农历腊月在中南海冰面检阅八旗士卒冰上训练成果的场景，而士兵所进行的训练项目类似于今天的"冬季两项"。利用数字影像技术和暗场环幕让画中内容"活起来"，生动再现了我国传统冰雪运动场面（图5-56）。

一号厅的"让奥运盛会惠及发展进步"主题单元，突出呈现以冬奥会举办为牵引，促进京津冀的协同发展，同时展示了冬残奥会对残疾人事业发展的促进作用。一号厅的"让世界更加相知相融"主题单元，主要反映北京冬奥会作为东西方文化交流的重要平台，进一步推动世界的和平、友谊和团结。同时通过介绍公开招标、廉政监督等管理体系，展示有关管理制度、流程，体现北京冬奥组委的廉洁透明（图5-57）。

2. 时间上的主题叙事

展厅地面是一条延向展厅中心的时间轴，"2015"代表着北京冬奥组委成立的时间，"2022"则表示北京冬奥会举办的年份；展厅左手边展示的是冬奥会历史的时间轴，同时展厅还设置了历届运动员代表人物的历程展示。通过时间由远及近的逻辑叙事，将冬奥会的发展历史清晰生动地展示在空间当中（图5-58）。

3. 空间上的主题叙事

随着展厅两边的自动门开放，进入到一号展厅，矗立在两旁的象征着雪山的白色雕塑墙的排列形成了一个个独立空间的展示区域，每个区域中记录着每届冬奥会所发生的重要活动和历史故事。雕塑墙上的金属雕塑也吸引着参观者们的目光，它们分别代表了冰上和雪上两类运动。与此同时，雕塑旁蓝色的标语，比如"开放办奥""绿色办奥""共享办奥"等也向游客们传递着冬奥会的举办宗旨和神圣的冬奥精神。最后，当人们走到展厅的尽头，是利用屏幕再现首钢炼钢氛围。既是工业园与现代展厅的结合，也是中国传统与现代冬奥的结合，使现代展示手段完美融合于工业遗产空间中（图5-59）。

图5-56 《冰嬉图》体现中国传统文化中盛行的冰雪运动

图5-57　"让世界更加相知相融"主题单元

图5-58　地面的时间叙事轴

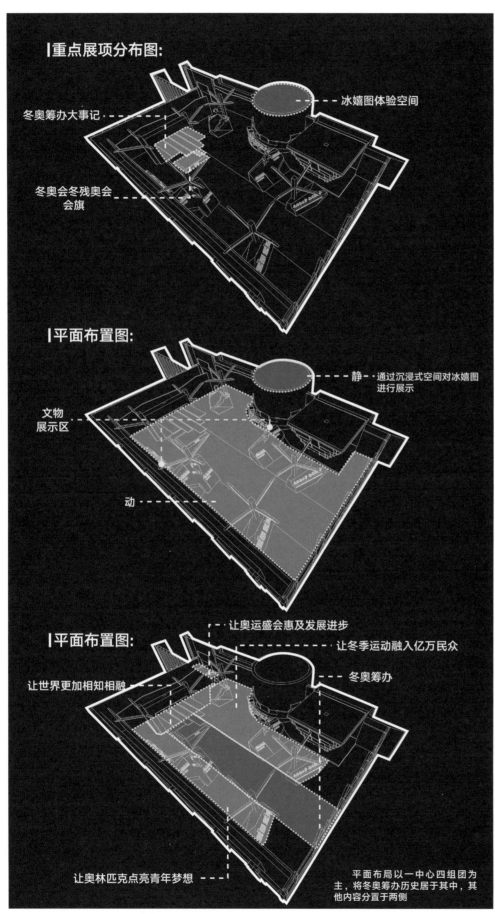

重点展项分布图:

冰嬉图体验空间

冬奥筹办大事记

冬奥会冬残奥会
会旗

平面布置图:

静 — 通过沉浸式空间对冰嬉图
进行展示

文物
展示区

动

平面布置图:

让奥运盛会惠及发展进步

让冬季运动融入亿万民众

冬奥筹办

让世界更加相知相融

让奥林匹克点亮青年梦想

平面布局以一中心四组团为
主,将冬奥筹办历史居其中,其
他内容置于两侧

图5-59 展示中心空间叙事设计

5.3.4 主题叙事设计策略的特色

1. 正观背看，塑造冰雪空间氛围

山体正面的奥运标识字与背面的具体内容形成了"正观背看"的新型展示方式，观众在展厅内犹如穿行在冰天雪地之中，步移景异，天地人合一。整个展厅形式特点突出，节奏疏密有致形成了良好的观展感受。整个方案体现了"冰"天、雪"地"、运动"人"的"天地人合一"的中国优秀传统文化的创造性转化与创新性发展，充分诠释与表达了"更快、更高、更强——更团结"的奥运精神（图5-60）！

2. 合理利用场地工业遗址

为保护工业遗产，以及响应"绿色办奥"的理念，设计团队以首钢园区内已有的老厂房为基础来改建，保留了原有建筑结构和部分设施，并未对厂房的结构进行大刀阔斧地整改，而是充分地利用了厂房现有的空间，使现代展示手段完美融合于工业遗产空间中（图5-61）。

图5-60 正观奥运标识字，背观主题内容

图5-61 筒仓工业遗址与现代技术相结合

3. 艺术与科技的结合

一号展厅左手边展示的是冬奥会历史的时间轴，而右手边的"料斗"是嵌装在工业遗存——"料斗"上的组合屏幕，原来是料仓的分料器，现在通过屏幕的组合，还原了以前首钢炼钢时的生产氛围。在一号展厅结尾处布置有"相约北京"的形象墙，以平昌冬奥会闭幕式上文艺表演的精彩段落为展示内容，通过视频重点向世界发出"2022年相约北京"的邀请（图5-62、图5-63）。

图5-62　结合工业遗产"料斗"的多媒体艺术再现首钢文化

图5-63　天地互动的多媒体视频

北京冬奥会与冬残奥会的展示中心在冬奥会期间实现了全面介绍北京2022年冬奥会与残奥会筹办工作情况，普及冬奥会知识点，讲述冬奥会故事，弘扬奥林匹克精神的展示内容；在冬奥会赛事之后又可将场地归还给承办城市的居民和全国中小学生，从而实现展厅所具有的教育意义和传递奥运精神背后的社会价值，真正实现了展厅设计的可持续性。并且，将中国传统文化与现代科技相结合，以一种疏密有致的节奏，完美地体现了中国优秀传统文化，是中国精神、中国情怀和文化底蕴的自然传达，并在此理念上充分诠释与表达了奥运精神！

5.4　传统与现代的设计融合 [①]

当今时代，科技高速变革，对各国发展产生了不同程度的影响，特别是在艺术文化领域，同质化现象更加突出。随着AR技术、数字媒体和虚拟现实等科技不断成熟，文化领域正逐渐迎来一个全新的发展阶段，深度融合的趋势也日益明显。在这种背景下，艺术文化与科技的深度融合已成为新的发展方向之一。北京冬奥会的成功举办恰恰证明了"艺科深度融合"在中国的发展成果，并为向全世界展示中国科技和文化实力提供了重要契机。冬奥村的形象具有重要性，更富有独特性。在北京冬运会期间，冬奥村以其独特而又新颖的方式展现了北京城市魅力、中华民族精神，以及奥林匹克精神。在我国经济发展新常态下，如何更好地利用冬奥村提升城市形象成为一个重要课题。冬奥村以覆盖人群最广和展示功能最强为特色，成为全面体现"绿色、共享、公开、清廉"理念的一个窗口，也成为北京2022年冬奥会举办成功与否的重要指标之一。冬奥村作为赛时居民（运动员、随队官员等）的"家"，通过艺科融合使居民能够深入感受到各种环境、设施、活动，以及服务等，冬奥村更是一张传播中国风范、中国形象、中国智慧、中国设计的亮丽名片，需要对其进行系统的研究。

借助艺术与科技的深度融合，冬奥村进一步提升了北京作为全球首个"双奥"城市的吸引力，并丰富了北京城市文化与中国冰雪文化。在冬奥会期间，冬运村展示其独特的景观和人文内涵，成为展示城市形象的重要窗口。此外，在冬奥会后，一些建筑和设施将被保留下来，成为文化遗产和纪念性建筑，传承和弘扬奥林匹克精神和中国文化。冬奥村作为重要的公共空间资源，提供多种服务，包括休闲娱乐、教育和文化价值。未来，冬奥村将深度融入城市经济、社会和文化功能，带动重点区域的转型发展，为北京城市规划和发展作出贡献。

5.4.1　冬奥会及冬奥村发展历史沿革与北京赛区冬奥村现状

1. 冬奥会发展历史沿革

奥运会一般被视作一个全球范围内的体育盛会，而冬奥会则是一个专门针对特定地区的体育盛会，它的发起者与组织者都来自国际奥林匹克委员会。1924年，顾拜旦首次将奥运会的概念引入了欧美，并将其作为一个全球范围内的体育盛会，从而开启了一个全新的奥运历史。在1908年伦敦奥运会中，花样滑冰项目被提出，而在1920年的第七届安特卫普奥运会中，冰球项目被纳入其中。这两项运动的出现激发出了人们的强烈兴趣，然而，由于当时的恶劣的天气状况，奥运会的举办受到了一定的影响。随着时间的推移，人们对于将冰雪运动与其他运动区隔开，并且只在冬季进行奥运会的要求日益提升。

截至2014年，已举办冬季奥运会22次，共有19个市（区）主办冬奥会。自1924年德国夏蒙尼奥运会即第一届冬季奥林匹克运动会上，来自16国294位运动员争夺4项冠军，到如今2014俄罗斯索契冬奥会上，来自88国2873位运动员争夺15项冠军。无论从规模或影响力来看，在不到1个世纪的时间里，冬奥会历史的影响力非常之大，挪威著名学者丹尼尔·斯科特博士就曾经将冬季奥林匹克运动会的历史发展划分为适应自然（1924—1956年），科技革新（1960—1984年），现代化适应（1988—2014年）3个时期。[②]

2. 奥运村与冬奥村发展变革

奥运村在现代奥林匹克运动中占有重要地位，被称为奥林匹克运动之心。奥林匹克的名言——"参与比胜利更重要"，其在奥运村得到最好的诠释，由于主办城市之间存在着文化、社会、经济等差异性，使各届奥运村具有着不同特征，也体现出奥林匹克运动多元性与国际性。[③]奥运村的存在丰富了奥林匹克运动会的内涵，为奥林匹克运动会作出了积极的贡献，同时促进了主办

---

① 本节作者为宋凯凡、杨忠军、张爱莉。
② 邢建宇. 冬奥会发展历史及未来展望研究 [D]. 北京：首都体育学院，2017：2.
③ 黄若涛. 奥运会的多重媒介价值研究 [J]. 新闻界，2008（5）：21-23.

方城市的建设和发展。

在冬奥村的历史进程中，冬奥村整体上也从早期为运动员提供舒适的休息场所与提供优质的服务的场所，逐渐转变成为一个具有一定社会文化意义和经济价值的多功能综合体，并开发了更为多元而丰富的职能：①冬奥村首先为运动员及随队官员们提供了每日的生活、休息、运动、医疗，以及商业等服务并提供了相应的运营及保障；②冬奥村作为一个临时性国际化的社区，为跨文化沟通及运动员之间建立友好的关系提供了可能；③冬奥村成为一个展现及加深奥林匹克活动及精神的地方；④冬奥村在主办国及城市营造了浓厚的气氛及愉悦感；⑤冬奥村是文化与科技融合并应用和展示的场所；⑥冬奥村是相关利益方与客户产生交集，需要协调复杂工作的空间；⑦冬奥村是积累和延续大型国际化社区管理经验的场所。这些不同的功能、用户需求和相应的职能部门都需要整体协调和组织，服务于北京冬奥会的整体目标，而"艺科融合"可以作为一种有效介入的方式。

3. 北京赛区冬奥村现状探究

北京是中华人民共和国的首都，是全国政治中心、文化中心、国际交往中心及科技创新中心。2008年北京成功举办了第二十九届夏季奥林匹克运动会；2022年，北京成功举办了第二十四届冬季奥林匹克运动会，是世界上唯一的双奥之城。在多元文化共存的时代语境下，文化符号与中华民族共同体意识的构建有着极强的联系。[①]《不列颠百科全书》将北京形容为全球最伟大的城市之一，并作出结论，"这座城市是中国历史最重要的组成部分。在中国过去的8个世纪里，不论历史是否悠久，几乎北京所有主要建筑都拥有着不可磨灭的民族和历史意义"。北京的辉煌不仅在于它是一座具有深厚文化底蕴和丰富文化内涵的古城，更因为它是一座充满魅力的现代化大都市。北京赛区冬奥村（以下简称北京村）是国际化的家园，古老和现代、东方与世界兼容的城市微缩，它代表着全球化背景下快速流动的人文和文化的短暂汇集与和谐共处。

北京村承担运动员和随队官员的接待工作，提供居住、餐饮服务和配套商业服务，以及整体运行服务和保障工作。目前已经基本形成服务运动员日常生活、休闲、娱乐、文化交往和商业服务的基础设施，具有国际化的生活社区基本成型，建筑主体与住宅环境基本确立。目前居住区由2个区域构成，共新建20栋公寓楼，870套房间，2338个床位和1040个为冬残奥会准备的床位。在冬奥村内设立一座核心的商业与文化综合体：奥运广场，用来为运动员、官员、随队媒体、访客提供综合服务，是一个具有文化交互意义的空间。其中包括一系列配套商业服务，包括邮政、银行、干洗、赞助商展示空间和文化空间，目的是建设包含"美美与共、文明互化"的空间，将中国文化和地方文化展示给运动员与各国官员。

5.4.2　艺科融合背景下北京村文化氛围营造方式

1. 北京村文化与氛围

人们对于环境和空间特征的判断涉及多种因素，这些因素综合在一起，被理解为对整体氛围、感知和情绪的认知。单一地域的氛围是用户或访客在空间环境中可以感知和体验到的某种独特性和身份。这种氛围通常具有统一性，由一个单独的品质构成，尽管它的组成部分各有不同。文化，无论从广义的定义还是狭义的定义来看，都因其地域性特征或原创性和表达力，能够有效地创造场所感和空间氛围。文化活动是文化的表征，以多感官卷入的方式，富于参与性和互动性的实践，给人带来积极、愉悦、放松或幸福的感受。创造北京村的氛围，需要融合冬奥会文化和冬奥村文化。这可以通过共同营造地理空间、自然环境、视觉传达、景观设计、文化活动、宣传海报和各项服务等多种手段来实现。同时，还需要考虑虚拟空间的氛围营造，并将真实与虚拟环境整合。北京村位于北京繁华地带，经济文化底蕴深厚，具有多样化的人文和社会环境，需要策划具有中国特色的文化氛围，营造出别样的"艺科融合"。

2. 艺科融合之"在环境中融合"

1）北京村住宅区营造策略研究

位于朝阳区奥林匹克中心的北京村，拥有3个功能区，分别是居住区、运行区和广场区。当运动员们完成登记激活后，便可入住公寓。居住区分为东、西两部分，每个区域都有完善的基础设施，环境宜人。观察周围，橘黄、银白两种不同颜色的建筑错落有致地排列在一起。

公寓楼的设计相当考究。从外观看，它与普通公寓楼并无太大区别。但仔细了解其设计理念才能觉查出诸多细节，如

---

① 马惠兰，王超辉. 中华文化符号在铸牢中华民族共同体意识中的作用和运用 [J]. 学校党建与思想教育，2021（13）：46-48.

图5-64　公寓楼建筑细节（图片来源：由北京冬奥组委，提供）

图5-64所示。为了适应冬季赛事的特点，北京村的设计采用了冷暖色彩的巧妙搭配。12栋公寓楼的外立面以橘黄色为主调，其余公寓楼为银白色，与周围环境协调。由于北方地区冬季气温偏低，设计团队在充分考虑采光和保暖需求后，新建了一条透明玻璃幕墙的"暖廊"，贯穿于每一栋楼宇之间，以保证建筑的通风和舒适性。

　　院落整体的设计理念来自中国传统庭院的院落形式，如图5-65所示，20栋建筑围合成6到7个合院，其中有两个比较大的院落，其余两三栋楼各自组成小的院落。通过围合和开放的变化，形成私密与共享巧妙结合的现代院落空间。北京村作为容积率为3.0的新建筑，虽名为"庭院"却与传统庭院的尺度不同。它位于北京的北中轴线，其三大功能区——居住区、运行区和广场区沿着这条轴线展开，每个功能区的中心都作为公共空间，从而形成矩阵式层层围合的布局。这样的"现代庭院"设计将各国运动员的居住区分散、均衡性布局，从而体现了奥林匹克的"公平"精神。北京村所有沿街面都面向城市开放，北侧及东西向沿街设置底层架空商业，为城市退让出一片活力共享空间；内部院落则会根据季节的变化，呈现出四季特有风景。北京村作为独具"现代院落"精神的项目，参加了威尼斯建筑双年展，获得世界赞誉。

　　2）传统园林景观在北京村的运用

　　传统园林景观自古至今一直是中国传统文化的重要载体，展现了人与自然、自然与社会之间的和谐共生之美。随着现代社会城市景观和住宅景观审美水平的不断提高，有机地融合住宅空间设计和传统园林景观已成为一种趋势。这种做法有助于构建和谐宜居的社区环境，同时也更加贴近绿色设计理念的实践。北京村总体设计在中式传统园林和意境营造方面取得启发，利用围合和空间变化的手法，创造出"楼楼有园、户户有景"的社区归属感。这些庭院富含中国文化元素，彰显了冬奥文化与中国优秀传统文化的完美结合。

　　建筑是传统园林景观结构中的一个重要元素，它既能实现划分空间与限定空间的作用，又能达到增加景深的效果。建筑通常承担着焦点的作用，它是园林整体构造的构图中心与重要标志，维系着园林整体景观空间结构。

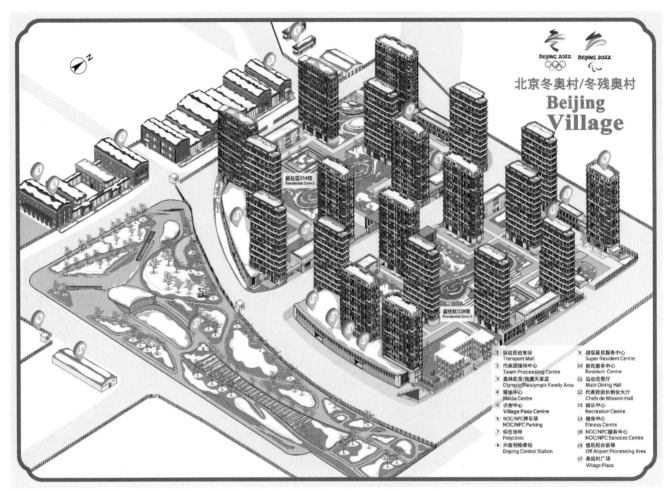

图5-65　围合、开放的整体院落布局（图片来源：由北京冬奥组委，提供）

　　北京村总体布局强调心理上的亲近，从大规划出发，不仅居住区总体设计理念源于中国传统庭院院落的形态，而且将清乾隆年间的《冰嬉图》元素融入两个中心绿地园林景观，如图5-66所示。"冰嬉"亦称"冰戏"，是我国传统的冰上运动。清代宫中有冬季冰嬉的习俗，并将其称之为"国俗"。乾隆年间，宫廷画家张为邦和姚文翰所作《冰嬉图》即取材于当时宫廷冰上表演盛况。北京村设计团队以《冰嬉图》作为灵感与设计理念，并据此设计"冰道"，从运动员房间则可以鸟瞰冰道景观的全貌，感受"冰嬉"之乐，再结合其他景观植物，创造出中国古典园林的意境，如图5-67所示。[①]

　　植物是园林景观中活跃的组成部分之一。合理运用植物可以增强建筑和园林之间的联系，从而实现整体园林景观的和谐统一，提高整体布局的系统性和科学性。[②]植物的配置方式多种多样，可以采用夹景、隔景、障景和框景等手法来实现，从而营造出空间的变化和整体园林的感染力效果。植物在不同季节的变化可以为园林景观增添生机，创造出"三季有花、四季有景"的古典园林意境。

　　在北京村中，设计团队对景观种植考量颇为考究，如图5-68所示，园区内以竹子和梅花等耐寒植物，营造踏雪寻梅的中国古典园林意境，力图彰显中国北方民族冰雪项目趣味感。冬奥盛会前夕正值我国传统节日春节，来自各国的运动员不仅在这个具有"中国味道"的新庭院中感受到传统，还能通过灯光及软装等感受到中国文化。步入公寓，采用国际化标准设计的房间给运动员们提供舒适体验，通透的采光、合理的空间布局，以及优美的自然环境都为这些海外宾朋的中国之旅留下了最美好的记忆。

①　王孺杰. 当冰嬉遇上冬奥北京传统体育运动冰嬉掠影 [J]. 中国民族，2022（1）：45-47.
②　祝自东. 园林设计在城市景观中的创新理念探究 [J]. 南方农业，2020，14（2）：36-37.

图5-66 《冰嬉图》

图5-67 北京村住宅园林景观（图片来源：由北京冬奥组委，提供）

图5-68 北京村景观种植配置（图片来源：由北京冬奥组委，提供）

图5-69 由旧厂房改造而来的运行区—室外（图片来源：由北京冬奥组委，提供）

3）北京村中的绿色建筑的运用

北京村运行区是由一批历经翻新改造的旧厂房所构成。如图5-69、图5-70所示，为了保留原有建筑物的特色，设计理念秉承了"节俭办奥"的原则，对12 600m²的外立墙面进行了改造。同时，采用了绿色低碳新技术来提高建筑的环保性和可持续性。

一方面，北京村采用了装配式钢结构作为主楼的结构形式。这种结构具有自重轻、绿色环保、易于控制质量、施工快捷，以及抗震性能强等优点。

另一方面，在室内空间方面，采用隔声构造进行优化，提高了空气质量，营造出健康宜人的室内环境。此外，还通过利用自然采光等技术，有效提高了室内温度的舒适程度，并减少二氧化碳的排放。此外，结合人体生理要求进行合理设计，调节室内环境参数。

图5-70 由旧厂房改造而来的运行区—室内（图片来源：由北京冬奥组委，提供）

在建筑屋顶上，构建了丰富的室外活动空间，改善了当地小气候，为城市提供了绿色生态的第五立面。此外，在适当的位置还安装了太阳能板，以提供多达70%的生活热水，进一步降低了对传统能源的依赖。

综上所述，北京村运行区在保留历史建筑特色的同时，融入了绿色低碳新技术，提高了建筑的环保性和可持续性。这不仅符合当下世界对节能环保的要求，也展示了北京冬奥会举办方对可持续发展的重视。

北京村以绿色低碳新技术为基础，采用了多种创新技术，例如装配式钢结构作为主楼结构形式，其自重轻、绿色环保、质量易控制、施工快捷、抗震性能强等优点，得到了广泛应用。同时，在室内空间设计中，卧室、起居室等空间的隔声构造得到了优化，从而提高了室内空气质量，营造出了健康宜人的环境。此外，建筑屋顶的设计充分考虑了室外活动需求，不仅提供了多样化的活动空间，而且改善了当地小气候。

北京村已成为可持续人居环境的典范，它展示了绿色、健康、宜居和智慧化的特点。冬奥村的新兴技术，不仅提高了居住环境的舒适性和健康性，还为我国建筑行业的可持续发展提供了经验借鉴。这些技术将在未来城市的建设中得到广泛应用。

3. 艺科融合之"在服务中融合"

1）运动员住宅科技服务策略探究

冬奥村的科技服务水平主要体现在细节之处。它注重简洁的外立面和宽阔的玻璃窗，为各国运动员提供更优质的视觉感受，如图5-71所示。与普通住宅不同的是，北京村公寓的外立面窗户采用了与实体墙分离的设计，开启扇不位于玻璃窗上，而是位于实体墙上。这种设计使建筑更加稳固，通风更加隐蔽。此外，每个房间都建立了独立的新风系统，持续为室内提供新鲜空气，为运动员营造更舒适的居住环境。

同时公寓楼的第五立面也不同于以往建筑，它并没有将机房水箱等暴露在外，设计团队通过屋面花园及第五立面系统将太阳能需求及第五立面需求进行整合，即使从空中视角来看，整个建筑的屋面系统也是精心考虑和设计的。此外所有的建筑首层都是从其作为公共及交流空间角度来考虑设计，进入空间感觉通透、舒适，这与100年前勒·柯布西耶提出的首层架空、屋顶花园、自由平面、自由立面等理念不谋而合，是在现代建筑背景下融入先进技术和材料、与国际接轨的一种全新探索。

为了打造一个温馨幸福的家居环境，北京村的每个房间都别具匠心。如图5-72所示，在运动员公寓内，床铺配备遥控器，可调整不同的睡姿、坐姿，以提供最佳的脊柱支撑，保证运动员在比赛期间获得充足的睡眠和减压。为了增加舒适度，床上用品采用记忆棉材质，柔软结实。在整个公寓的设计中，墙壁为白色、床头为天青色、窗户和地板采用浅色的复合木材，而家具则选用深色系，使得整个空间呈现出温馨家居的氛围。

北京村的公寓内，不仅设置了专门的住宿空间，还为各国代表团提供了会议室和办公室等功能空间。同时，为了充分考虑残障运动员的需求，所有房间均设置了完备的残疾人服务设施。这些措施不仅保障了运动员的居住和工作需求，也彰显了冬奥村在可持续发展方面的社会责任。

2）运动员广场区文化服务探究

北京村除了运行区和居住区之外，还设有一个广场区。冬奥会期间，各国代表团的旗帜在此处展示，休战壁画签名也将在此举行，营造出浓浓的奥林匹克国际大家庭氛围。广场区内设有22处生活服务空间，包括餐饮、娱乐、商业配套和文化体验等多项内容。这些区域是运动员和随队官员互动交流的主要场所之一。在闭环管理的疫情防控条件下，广场区将作为运动员娱乐、休闲和购物的重要场所，为他们提供各种优质服务和保障尤为重要。

走进广场区的内部，长廊和观景梯给人留下深刻的印象，这些区域极具设计感。柔和的灯光与洁净的地面相得益彰，让人感到十分敞亮和惬意。此外，广场区内还设有中国传统文化、中医文化等展示区。冬奥会期间，恰逢春节和元宵节，北京村广场区将结合冬奥主题和冰雪元素，举办一系列中国传统文化的展示活动，如汉语学习等。其中，中医药展示区是重要的展区之一，由北京中医药大学承办。该展区以阴阳五行的学说理念为主线，沿着春生、夏长、秋收、冬藏的生命轨迹，通过多功能沉浸式展厅，展现中医之美妙、四季变换沉浸、人体经络构造，以及二十八星宿和后天八卦等传统文化内核，引导观众体验天人合一的内涵，并在体验中医文化的同时领略中华优秀文化。

图5-71　公寓楼外立面（图片来源：由北京冬奥组委，提供）

图5-72　运动员公寓室内空间（图片来源：由北京冬奥组委，提供）

5.4.3　艺科融合背景下北京冬奥村的发展总结

本节以北京村为例，通过对其艺科融合的落地与文化氛围营造方式与策略的研究，阐述了艺科融合在冬奥村的实际运用及其贡献，探索了艺科融合在发展过程中适应中国本土化的新形式。[①]基于中国传统园林文化与居住景观的有机结合，并搭配北京传统院落的住宅形式，使文化氛围在北京村得以完美地展示出来。针对艺术文化与科学技术的深度融合，以及传统优秀文化的氛围营造在北京冬奥村中的应用，具体得出的研究结论包括以下几个方面：

1. 文化氛围营造需要结合中国优秀传统文化

冬奥村作为赛时各国运动员的休憩场所，是一个展示中国科技发展与文化氛围的优秀平台。在初步构思中，将北京的传统院落规划形式运用到冬奥村的设计中。20栋公寓楼通过不同围合方式，形成6~7个院落，基于围合开放的传统院落空间，为运动员提供私密、共享的社交空间。北京村不仅在规划形式上独具匠心，在景观设计上也更具一格。中国传统园林景观一直是中国传统文化的承载者，它象征着古时人们对于自然与人和谐共处的理解与成果并延续至今。通过将清代盛行的冰上运动与传统园林景观有机结合，在展现东方园林之美的同时，更能体现出中国的冰雪文化源远流长。

本次北京村的亮点之一是将中国传统文化融入住宅设计和景观中。如何将优秀的传统文化与环境场地建设，以及文化氛围营造有机地结合起来是我们需要进一步探索的方向。在场地精神和文化氛围营造方面，我们通过研究北京村的营造策略，得出了"以主题为起点、以文化形式为基础、以人文格局为指导"的设计理念，为中国住宅景观规划提出了文化氛围的营造策略。以北京村为例，其在环境设计方面，以"冰雪文化"为主题，将传统院落布局和传统园林设计文化作为基础，"绿色、共享"为人文命题，运用传统院落空间和传统园林设计在住宅空间中体现两者的一体化手法，构建了具有"围合、开放"特色的传统现代结合的聚落空间。通过以上的设计策略，能够在提高场地精神的同时不失文化氛围，为未来的地域性文化氛围营造路径作出了重要示范。

2. 艺术+科技的深度融合为文化氛围的营造提供形式

艺术和科技的深度融合在北京村的设计中得到了充分展现。在公寓楼的整体设计中，绿色建筑理念纳入重要考量，为北京实现碳中和目标作出重要贡献。运动员房间的设计也体现了科技服务的核心理念，结合人体工程学和服务设计，并运用多种新兴科技，提供多样化的服务，让来自世界各地的运动员体验到了中国式的温暖。广场区作为运动员赛时的休闲娱乐主要场所，同样展示了艺术和科技的完美结合。优秀的中华传统文化与现代科技的有机融合，进一步加深了运动员对本次冬奥会的整体印象。

艺术文化作为表达内涵的手段，需要依赖于一定的物质表现形式。随着科技进步，物质表现形式不断更新换代，从而催生了艺术文化和科学技术，作为内涵和表现形式的两极之间的天然融合。科技的兴起推动了艺术文化的表达方式从二维转向三维、从实体转向虚拟，并且不断推动着文化氛围营造的形式朝着更加多样化、具体化的方向发展。艺术文化和科学技术之间相互作用、相互影响、相互融合已成为当今时代发展的必然趋势，对于文化氛围营造的影响也愈加深远。艺术文化和科学技术之间的深度融合可以提升艺术在科技发展中的软性助推作用，而科技的不断进步也将反作用于艺术，推动文化氛围的营造方式和呈现形式更加多元化。

尽管冬奥村不是冬季奥运会中万众瞩目的焦点主角，但其仍然为运动员的起居与备战提供了坚实的基础。基于传统园林文化在北京村住宅景观中的氛围营造，为运动员们提供一个静谧、雅致，以及愉悦身心的户外空间。通过艺术与科技的深度融合，保障了运动员们的赛后休憩，并为其提供更加未来化、智能化的服务。在让各国参赛运动员感受中国优秀传统文化底蕴的同时，更能让他们认识到中国作为科技强国的优势，以及对世界艺科融合发展的贡献。

5.5　冬奥会休战墙壁画设计 [②③]

在1992年巴塞罗那奥运会时，国际奥委会就恢复了古希腊的奥林匹克休战的精神，并且联合国大会通过并签署的了奥林匹克休战的协定。之后每届夏奥会及冬奥会的主办国都会在奥运村设立的休战墙，奥林匹克休战墙一般被设计成壁画墙，可以让奥

---

① 王小茉. 艺科融合，知而行之——清华大学美术学院院长鲁晓波教授的学术探索之路 [J]. 装饰，2016（10）：58-63.

② 本节部分引自：邹锋，王文毅. 虚拟仿真　3D打印打造北京冬奥会奥林匹克休战墙 [N]. 中国建材报，2022-02-21.

③ 设计师：邹锋、赵健磊、张翀、王文毅。

运会的运动员、官员和工作人员都能够在休战墙上签名或者涂鸦，让来自世界各地的运动员表达对奥林匹克精神的支持，祝愿世界和平。2022年第二十四届冬季奥林匹克运动会和第十三届冬季残疾人奥林匹克运动会在北京举行，因此这次冬奥会休战墙壁画是主要由一个直径6m、高3m的"灯笼"造型作为主体，地面上还有一块直径1.5m的象征奥运精神的金牌铜雕。这样设计显然是把具有中国文化的特点和具有国际化奥林匹克精神的特点融合起来。这样的一件具有重大意义的设计方案，从创作构想、概念草图、设计风格、设计理念，再到艺术造型、电脑虚拟仿真、3D打印等科技手段的运用，都是以邹锋教授为核心的设计团队，经过精心严谨而细致系统设计创作而成的。最终的休战墙壁画不仅是对中国传统文化传承，也是对于中国现代也应该以中国文化、北京文化为价值中心的设计理念的一种呈现。同时还为国家重大题材在设计中运用科技，探索新的设计方法与途径，提供了新的思路和方向，并起到了示范作用。

5.5.1　奥林匹克休战墙壁画

"奥林匹克休战墙"（以下简称休战墙）是现代奥林匹克运动的组成部分，在奥运村设立休战墙是奥运会的一个传统，而其本身又与国际政治相关联。古代的停战协议规定，希腊各城邦不管任何时候进行战争，不允许侵入奥林匹亚圣区。即使是战争发生在奥运会举行期间，交战双方都必须宣布停战，准备参加奥林匹克运动会。停战期间，参加奥运会的运动员、艺术家及其家属，以及前往奥林匹亚朝圣的人都能在绝对安全的情况下出入该地区。

1. 奥林匹克休战墙的历史和沿革

为了纪念天神宙斯，古代奥林匹克运动会每4年在古希腊城市奥林匹亚举行一次，从公元前776年举行第一届，到公元393年结束，持续1169年，共举办了293届。在将近1200年中，古希腊的200多个城邦之间的战争更是此起彼伏，从未停止过。这主要是归功一个"休战协定"——"奥林匹克休战"。古希腊3个交战城邦国王伊菲托斯、克莱奥斯特内斯和利库尔戈签订的历史上持续时间最长的和平协定——《"奥林匹克休战"协定》（Olympic Truce）（图5-73）。此协定规定，各交战城邦在奥运会期间和奥运会前后各一周内停止战争，从而保证参赛运动员和观众能够安全往返于自己的家乡和奥林匹亚。从那以后，凡每届奥运会召开前一年的春天，一些使者们就被派往各个地区，以宙斯的名义请求各地确保即将前往参加

图5-73　《"奥林匹克休战"协定》（Olympic Truce）（图片来源：官方资料）

奥运会比赛或者观看比赛的运动员和观众在来往途中免受攻击，使运动员和观众获得一条安全通道穿过交战地区，顺利到达奥林匹亚。此后这个希腊城邦间的和平协定就成为默认的传统。奥运会举办期间，人们举着火炬，在古希腊境内传递，告诉世人和平到来，交战各方必须停战。这就是"奥林匹克休战"的起源。

2. 奥林匹克休战墙的和平象征

从1896年的第一届希腊雅典现代奥林匹克运动会到现在也经历了100多年的发展。1912年于斯德哥尔摩举办第五届奥运会时，欧洲上空战云密布，大战一触即发。顾拜旦依据古代奥运会神圣休战精神，提出将1916年第六届奥运会举办地放到当时的战争策源地柏林，以此来消除这场灾难。德国政府还是接受了顾拜旦的提议，同意在柏林举行奥运会。然而，1914年萨拉热窝事件导致第一次世界大战爆发，8月的枪声击碎了顾拜旦"神圣休战"的梦想，甚至柏林奥运会也被迫取消。此后，1940年于东京举办第十二届和1944年于伦敦举办第十三届奥运会均因战争而被取消。直到第二次世界大战后，奥运会开始恢复，甚至也逐渐在澳洲、南美洲、亚洲国家开始举办奥运会。现代奥运会上的"奥林匹克休战"概念是在1992年巴塞罗那第二十五届奥运会前夕，国际奥委会根据古希腊共和国奥运会神圣休战的做法，设计了一项国际和平活动。1993年由184个国家或地区奥委会联合签署，国际奥委会向联合国递交了"奥林匹克休战"议案。在当时的联合国秘书长加利的支持下，出席联合国第四十八次大会的121个国家一致通过了该议案，"通过体育运动建设一个更加美好的和平世界"，要求联合国各成员国在每届奥运会开幕和闭幕前

图5-74　里约热内卢奥运会休战墙设计（图片来源：官方报道）　　　图5-75　东京奥运会休战墙设计（图片来源：官方报道）

后各一周，以及奥运会期间，根据国际奥委会的要求遵守"奥林匹克休战"，签署联合国大会通过的奥林匹克休战的协定。之后每届夏奥会及冬奥会的主办国都会要求参与国签署休战协议。

最早的在2006年意大利都灵奥运会即第二十届冬奥会，运动员村内就曾设立休战墙，呼吁人类通过对话与和解实现追求和平的奥林匹克精神。直到2016年里约热内卢奥运会即第三十一届夏奥会开始在奥运村设立的休战墙，并且让奥运会的运动员和随队官员都能够在休战墙上签名，此后在奥运村设立奥林匹克休战墙是奥运会的一个传统，目的是让来自世界各地的运动员为世界和平留下他们的祝愿，表达对奥林匹克休战理念的支持。如果说古代奥林匹克休战意味着奥运会期间停战的传统意义，那么现代奥运会休战则象征着通过体育，积极构建一个沟通、和谐、和平的世界。

3. 奥林匹克休战墙设计的文化传播作用

2016年里约热内卢奥运会，就是用具有巴西特色的蓝色、绿色组合的抽象色块组成的休战墙，对于里约热内卢奥运会休战墙而言，重要的是通过色彩、明度，以及这里不同种族文化相融合的美来体现巴西的文化特色（图5-74）。而受到疫情影响推迟到2021年于日本东京才举办的第三十二届夏季奥林匹克运动会，奥林匹克休战墙是由东京多摩地区生长的丝柏和杉树组合制作而成（图5-75），用纯木质制造休战墙也是代表的日本文化价值一种体现，日本东京很多建筑都是木质结构，用本地的柏树和杉树既能代表一种环保概念，也能表达出日本的本土文化。从每届奥运会的价值文化特性来看，举办国、举办城市的文化价值观会被凸显出来，其奥运会的相关设计带有明显的当地文化特征。休战墙的设计也大都体现出以举办地的文化为中心理念。

5.5.2　北京冬奥会、冬残奥会休战墙设计的文化价值

国家民族的强盛总是以文化兴盛为支撑的，中华民族的伟大复兴需要以强大的文化自信汇聚中国力量。当前，文化自信成为中国特色社会主义的第四个自信，我们的文化自信来源于中华民族源远流长、生生不息的文化生机与活力，5000年的中华文明培育了中国人独特而悠久的精神世界，内涵了中华民族最深层的精神追求。文化自信更多的是强调中华民族凝聚力向心力、创造力、爆发力的自信，是中国人内心精神世界和价值观的自信，将道路自信、理论自信、制度自信、文化自信的广度和深度进一步拓展，让道路自信更加有鉴别力、理论自信更加有认同感、制度自信更加有保障性。

1. 全世界的体育盛会，国际化的设计标准

虽然新冠疫情全球的持续蔓延，给举办北京冬奥会造成了很多不利因素，但我们相信北京冬奥会一定能够取得成功。也许由于新冠疫情的影响，有很多国家不能参加，但是北京冬奥会仍然是全世界的体育盛会。所以北京冬奥会奥林匹克休战墙的设计标准一定是国际化的，首先要设计要体现出奥运精神，奥运精神的"更快、更高、更强——更团结"，这是一种不断进取，永不满足的奋斗精神。当然奥运精神不仅是一种竞争精神，更是一种对和平的追求，追求"和平之光"，就是此次奥林匹克休战墙的设计的主题。在设计功能上要有世界各国运动员和国际奥委会的官员在此奥运休战墙上签字留名，或者写下祈福的愿望。

北京2022年冬奥会和冬残奥会是在北京、延庆和张家口三地进行比赛，所以休战墙实际安装地址也是在上述三个地方，要考虑到三地的环境、气候、地理位置等因素，配合施工安装进行合理地设计。还要考虑到休战墙的造价成本不能很高，不能给当地政府加大造价成本的负担。所以这个休战墙的设计要考虑上述这些设计要素，还要考虑更多的中国文化价值的设计元素（图5-76）。

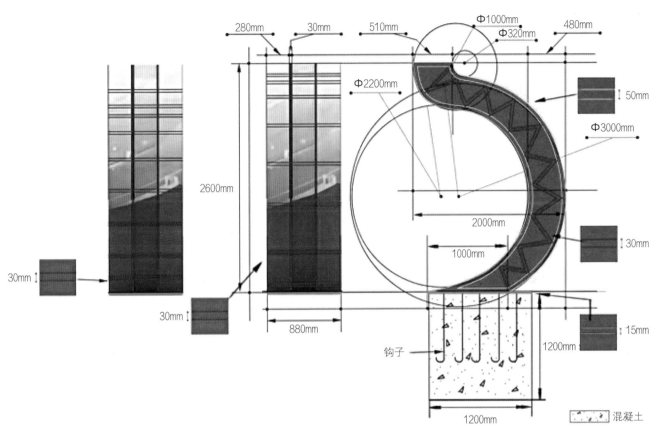

图5-76 北京冬奥会奥林匹克休战墙设计

2. 中国是主办国，北京是主办城市，要传达出中国文化价值与传播符号

北京2022年冬奥会和冬残奥会举办时间正值中国春节期间，所有中国人在团圆过节的时候，还能观赏到这项国际体育盛会，是何等幸事。所以利用中国传统文化中的"春节文化"作为奥运休战墙的设计元素是更加贴合的。中国春节文化元素有很多，但是符合冬奥会休战墙的元素，最终被定为"灯笼"来呼应前面的设计主题"和平之光"，这是从传统文化提取出来的具有代表性的元素，也是传统"春节文化"的代表。"灯笼"元素既能融入现代生活中来，又能起到传承中华文化的作用。在设计全球化的今天，"中国设计"应该借助传统文化的力量，使中国设计反映中国文化价值。

目前国内相当多的设计倾向于不加变化地直接使用传统元素，简单地处理结构和式样，认为只要运用传统纹样或者直接将代表传统文化的造型运用上，就具有民族性、国际化，这只是将传统文化元素流于表面的行为表现，是一种形而上的设计。而北京冬奥会奥林匹克休战墙的设计汲取了中华文化中蕴藏的宝贵民族文化又结合当今人们的审美情趣、现代科技使其与奥运精神相符，变化与统一相协调，不仅给人形式上的美感，而且完美地展示出中国文化价值。

3. 北京文化，传统文化元素在休战墙中的体现

北京冬奥会奥林匹克休战墙主体造型源于中国传统的"灯笼"，构成造型主体的六瓣造型；"灯笼"代表着喜庆与欢悦，体现出中国人民的对于冬奥会的期盼与热情；"玉龙"代表中华民族精神象征，体现出希望与力量；休战墙体现出全世界爱好和平的人们共享盛会的美好愿景。

休战墙的设计只用一个简单的灯笼造型是不够丰富的，所以在休战墙的设计中，设计团队没有采用以往设计的单一形态，而是在试图不断地打破"墙"的形态对设计思维的束缚。重新组合并进行造型语言的抽象化升级，通过对奥运精神的凝练和造型语言的重组来突破"墙"的概念，使之延伸到"画"的形式逻辑理念。休战墙呈现出的抽象的灯笼造型，其俯瞰是一个围合而成的雪花造型，而每一个雪花侧面都采用了来自新石器时代的中国"玉龙"作为造型元素，"玉龙"的腾飞升华，"石榴"的紧密相连，都象征着国家繁荣昌盛，展示了对国家发展的美好期许。休战墙诠释出"张开怀抱，彼此理解，求同存异，共同为构建人类命运共同体而努力"的理念。

图5-77　北京冬奥会奥林匹克休战墙设计效果图

　　同时，休战墙整个造型还具有"发散与汇聚"的内涵意蕴：每间隔一瓣向心汇聚，在地面构成圆形核心，以橄榄叶环绕，并镌刻冬奥会标志和"一起向未来"的口号，意寓在和平之光照耀之下，全世界不同文化背景的民族都感召凝聚，诠释出"天下一家"的理念。六瓣的造型也与雪花相一致，符合冬奥会的主题（图5-77）。

5.5.3　虚拟仿真与3D打印的科技手段的创新应用

1. 虚拟仿真三个奥运村实景模拟真实效果

　　历届奥运会休战墙壁画建设在落成在奥运村中，北京村、延庆村、张家口村三个落成地点的实际环境和建设面积都不太一样，而休战墙主体设计和建筑建材的原料、安装标准、设计的尺寸、视觉效果都需要统一。所以在休战墙设计时就要提前考虑施工建设环节。设计团队利用虚拟现实仿真技术，在三维软件中根据北京、延庆和张家口三地的照片和卫星图片，用三维模型模拟当地的周边环境，然后再把做好的休战墙的三维模型放置在三维虚拟环境中进行设计和测量。这个流程大大缩减了试错成本，使得设计可视化更加直接有效。在虚拟仿真的软件环境中，建筑的材质也进行了虚拟化，并且有专门的建筑材质库，建筑材质的物理属性均被设计成参数，配合虚拟软件中的模拟灯光、环境光，可以制作出完全仿真的照片级效果（图5-78、图5-79）。

　　由于疫情肆虐，休战墙的施工制作单位，并不在建成本地，而是需要统一在工厂制作完成后，运输至北京、延庆和张家口三地，运输完成后当地承建单位就地安装。所以设计、施工、监理等各个部门都是在线上联系沟通，多方协作，各个部门联合作战协调，随时联系、随时修改是一种常态。

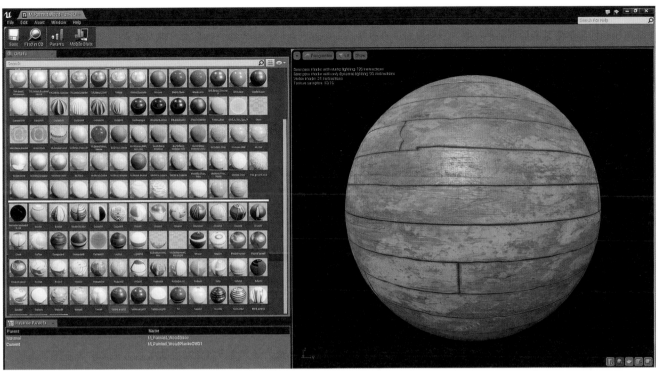

图5-78　效果模拟

北京冬奥会奥林匹克休战墙
延庆村虚拟现实效果

北京冬奥会奥林匹克休战墙
张家口村虚拟现实效果

北京冬奥会奥林匹克休战墙
北京村虚拟现实效果

图5-79　北京冬奥会奥林匹克休战墙在冬奥村效果图

2. 新科技3D打印技术助力数据测试

3D打印技术早在20世纪80年代就已经发明，到如今已经是非常成熟的制造技术，并且在航天、航空、医疗、工业领域得到了很好的应用。虽然在设计领域中，3D打印只能发挥出打样与验证的技术功能，但在此次的北京冬奥会奥林匹克休战墙及壁画设计过程中发挥了重要作用。在休战墙壁画设计中首先要考虑的是一个立体造型，整体和局部的比例关系，甚至是工艺与材料的问题，休战墙的效果图并不能完全解决立体问题，所以需要根据虚拟仿真的三维数据中获得休战墙壁画的三维数据。不过由于3D打印的技术要求，从虚拟仿真引擎导入过来的模型，并不能完全适配3D打印，需要在新的三维软件中进行三维模型网格拓扑，把模型边界封闭，制作成一个真正的实体可以打印的三维模型，再根据3D打印机的尺寸，调整模型的比例。然后再将三维模型导入三维切片软件中进行切片计算，最终把制作好的切片文件在3D打印机中运作打印出来。休战墙模型的3D打印采用了我国珠海赛纳的全彩色打印机和彩色打印材料，在三维模型设计中，要先把模型的每个点颜色进行贴图设置并进行匹配，根据软件中三维模型点颜色数据，通过全彩色3D打印成型技术，进行树脂喷射最终打印成型。而整个3D打印过程非常高效，在设计方案调整与反馈过程中起到了非常重要的作用（图5-80）。

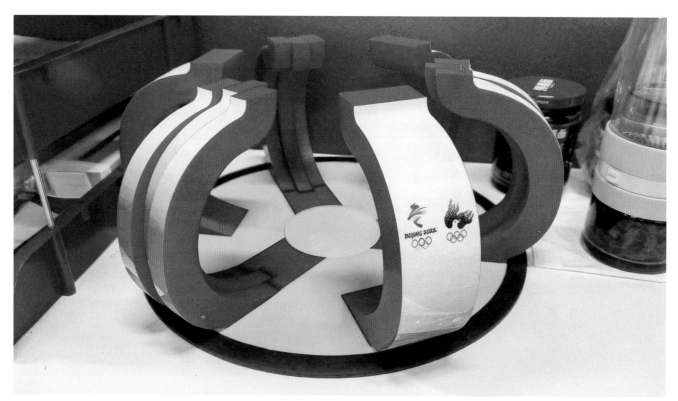

图5-80　北京冬奥会奥林匹克休战墙3D打印模型

5.5.4　国家重大项目休战墙壁画设计创新启示

"奥林匹克休战墙"项目是国际奥委会体现奥运精神的和平项目，中国作为2022年北京冬奥会的主办国，完成该项目的各项规定动作并积极推进该项目，不仅有利于传播中国文化和中国价值观，还能推广中国和平外交的政策，扩大中国新时期外交思想的影响，又可以扩大和平发展的国际阵营，壮大和平力量，为中国创造更加有利的发展环境。这些无疑将使2022年北京冬奥会的意义更加深远。

2022年2月1日，国际奥委会主席巴赫先生为"和平之光"北京冬奥会奥林匹克休战墙壁画揭幕并在上面签名。在冬奥会开幕之后，来自全世界的运动员和国际奥委会、中国奥委会的工作人员都纷纷在这里签字、涂鸦、写下对冬奥会送上祝福，留下期盼和平的美好愿望（图5-81、图5-82）。

图5-81　北京冬奥会奥林匹克休战墙揭幕及签名（图片来源：国际奥委会官方）

图5-82　北京冬奥会奥林匹克休战墙实景图（图片来源：国际奥委会官方）

5.6　冬奥娱乐服务设计研究 ①

　　本研究为规范北京冬奥会冬奥村（冬残奥村）中的娱乐服务，提出北京2022年冬奥会（冬残奥会）背景下的娱乐服务设计原则。通过桌面研究、一手资料调查研究筛选经典案例进行案例分析，总结归纳各娱乐分项设计要点。最终针对北京冬奥村（冬残奥村）中的影音播放、游戏、健身、现场表演、现场体验活动等服务提出具体设计原则。

　　正如《奥林匹克宪章》中所言，奥林匹克运动会诞生2000多年以来始终秉承着"更快、更高、更强——更团结"的奥林匹克格言，"通过没有任何歧视、具有奥林匹克精神——以友谊长久、团结一致和公平竞争精神互相了解——的体育活动来教育青年，从而为建立一个和平的更美好的世界作出贡献"。②因此，奥运会在发挥人们追求健康积极的体育竞技精神的同时，对促进不同国家不同种族之间的文化传播、平等和平交流起到了不可或缺的作用。随着网络社交媒体的发展，对于奥运会举办国而言奥运会所承载的文化传播作用更加举足轻重，同时，奥运会幕后的奥运村也成为人们关注的焦点，成为对外展示国家文化、国家精神、国民修养，甚至综合国力的重要窗口。

　　2022年北京迎来了冬季奥林匹克运动会和冬季残疾人奥林匹克运动会，秉承着上述理念，北京工业大学展开了为制定《北京2022年冬奥会和冬残奥会冬奥村（冬残奥村）科技与文化深度融合规划设计导则》的研究。本节主要针对其中的"娱乐服务"设计原则进行研究，旨在通过大众文化、传统元素与新材料、新技术的应用，打造中国特色的冬奥村娱乐活动服务，满足运动员、随队官员、媒体、访客和工作人员等各类利益相关方在冬奥村内的娱乐活动需求，为奥运村运动员及随队官员提供更多有趣的奥运村体验。冬奥村服务的相关者包括冬奥村管理部门、冬奥村的设施服务、冬奥村服务团队、冬奥村的零售服务商、商业合作伙伴与承包商、冬奥村志愿者等。通过冬奥村服务流程的相关者的协调和共同努力，使娱乐服务成为文化的表达，由此展现国家形象、体现冬奥精神，最终形成承载着文化和科技深度融合的全新表达。

　　根据《奥林匹克运动会奥运村指南》，③北京冬季奥运会背景下的娱乐服务设计的研究内容包括北京村的影音播放、游戏、健身、现场表演、现场体验活动。在设计中应充分考虑彰显中国设计价值观，宣传构筑人类命运共同体。所涉及的娱乐内容必须积

---

①　本节作者为金鑫。

②　中国奥委会官网. 奥林匹克宗旨 [OL]. 中国奥委会官方网站. 2004-03-19.

③　国际奥林匹克委员会. 奥林匹克运动会奥运村指南 [Z]. 2018.

极健康，要符合"相互了解、友谊长久、团结一致和公平竞争"的奥林匹克精神，应考虑尊重不同国家、不同种族、不同宗教信仰的奥运村居民的需求，同时，应当充分考虑冬残奥会参与者的需求，在设计原则中应明确无障碍设计需求。再有，鉴于新冠疫情的发生，应在设计原则中对防疫相关内容进行明确规定。

5.6.1　娱乐服务案例分析

1. 案例筛选条件

根据《奥林匹克运动会奥运村指南》，活动应致力于弘扬奥林匹克精神，宣传推广中华优秀传统文化、奥林匹克精神，与"绿色、共享、开放、廉洁"的办奥理念相契合，与城市战略功能定位契合，服务人民群众日益增长的精神文化需求，促进地区文化文明发展，反对过度商业化和以营利为目的的活动。注重运用5G通信、人工智能、全息技术等现代科技手段和无障碍辅助技术，通过群众喜闻乐见的方式提供了丰富多彩的中华优秀传统文化、冬奥文化展示和冰雪运动体验。因此，在方案参考案例筛选过程中，应符合上述指南要求。

此外，娱乐活动所涉及的区域大部分处于冬奥村室内区域，因此在参考案例的筛选时应符合适合室内条件。并且，秉承"相互了解"的奥林匹克精神，应着重研究能够促进团队成员之间、团队与团队之间互动的案例。

基于上述原则针对影音播放、游戏、健身、现场表演、现场体验活动等领域的优秀案例进行调查研究。

2. 典型案例分析

1）影音播放空间案例

现有的影音播放一般为家庭空间和公共空间两种不同的使用场景。家庭影音播放模式更适合小范围的团体观影体验，并拥有私密性、个性化等优势，同时也可以为观众带来更舒适的观影环境（可配备按摩座椅、茶几等），以及更好的音响效果。家庭影音所占据空间较小，适合在一定空间范围内的多个区域设置独立影音播放空间，供不同群体或个人用户体验影音娱乐服务而互不影响。公共空间影音播放方式可以容纳更多的使用者，对于残障人士，尤其是对于乘坐轮椅的残障人士来讲场地更加宽裕，移动相对方便。现有的公共影音播放场所基本都设有残疾人座椅、方便轮椅、供导盲工具使用人群通行的坡道等，并在出入口处配有扶手（表面处配有盲文）。目前残疾人座位或轮椅座位都设置在出入口附近，在与出入口的坡面相连的平面上。并且，有些影音播放空间在每个座位的前方配有小桌面，可以让观影者放置零食、饮品、个人物品等。

由此带来的启示是：①家庭影音播放模式适合人数较少的团体，可以满足团队预约包场服务；②舒适性是使用者在影音播放服务中非常重要的体验，可以考虑增设按摩椅、用于放置饮料零食的小桌面等设施；③目前影音播放空间服务中的无障碍设计并不完善、包容性较差，需要完善残障人士的使用流程；④不同的影音播放场景对影音播放空间布局和相关设施数量不同，需综合考虑实际需求。

2）游戏服务案例

从游戏体验手段来看，VR（Virtual Reality）是目前游戏领域的热点项目，从便携3D眼镜Lenticular Stereoscope被发明开始，VR有强烈的代入感、沉寂感的交互形式一直饱受人们的关注。日本南梦宫游戏公司开设了VR游乐体验馆MAZARIA，集合了大量不同形式、不同规模的VR设备，可以为参观的用户带来独一无二的体验，并且MAZARIA体验馆还积极与各类IP和其他领域的形象合作，为观众带来多样化的体验。南梦宫游戏公司还在VR体验馆之内与多家科技企业进行合作，意在展示目前消费科技领域最高的成果。

另外，从游戏内容和形式上来看，目前桌面游戏（以下简称桌游）作为一种广受青年人喜爱的娱乐形式，具有娱乐、益智、休闲放松、促进互动等多种优点，而桌游作为一种传播力强、受关注度高的娱乐形式，也逐渐成为文化的传播载体，例如桌游《敦煌》就体现了这种设计理念。敦煌主题在此桌游里特指敦煌莫高窟。敦煌莫高窟又名千佛洞，位于河西走廊西侧，始建于前秦，后经历代朝代的修建，形成了具有735个洞窟、超过4.5万m²的壁画、2415尊彩塑的世界最大佛教艺术群。内部绘画及彩塑造型优美，工艺高超，描绘水平惟妙惟肖，体现了中国古代绘画艺术、佛教艺术的最高水平。[①]桌游《敦煌》把敦煌莫高窟优秀的艺术资产应用到桌游当中，让桌游的各个元素都充满了敦煌莫高窟的要素，让玩家在游戏过程中欣赏到敦煌莫高窟的艺术魅

① 敦煌学信息资源库 [OL]. 敦煌研究院.

力，并且游戏的玩法也与敦煌莫高窟的建设深度结合，能够让玩家了解到敦煌莫高窟的建设过程，加深对敦煌莫高窟文化及其价值的理解。

由上述案例带来的对游戏服务的思考有：①设备的选择应该保证技术质量和设计质量；②游戏内容的选择应适当与流行文化接轨；③可以尝试使用游戏等更为年轻人所接受的方法让用户了解文化；④选择游戏美术设计优异的游戏更有助于文化传播效果；⑤应该搭配有充足的说明，方便用户游玩；⑥对于一些易损坏、丢失的部件应该添加备用部件，保证用户使用；⑦游戏应该具有充足的趣味性；⑧作为人流密集的场所，应该经常进行消杀，保证场地整体的安全和卫生。

3）健身服务案例

本研究所涉及的健身服务是除运动员日常训练以外，作为休闲活动进行的健身活动，与日常生活中普遍见到的健身场所的设备选择定位基本一致，因此不做过多案例展示。目前室内健身运动所需设备主要包括：力量型运动设备，主要满足仰卧位腹肌运动、俯卧位腰背肌和臀肌运动、哑铃操等运动需求；耐力型运动设备，主要满足长距离跑步和骑行、游泳等有氧运动需求；静态平衡运动设备，主要满足瑜伽、普拉提、平板支撑等运动需求；球类运动，主要包括壁球、网球、羽毛球、乒乓球等运动需求。此外，受到冬奥会的宣传影响，近年来室内冬季运动也因其独特的趣味性引起年轻人的兴趣，例如室内滑冰、室内滑雪等场地或设备的引进，在商业设施中也经常见到。因此，在冬奥村的健身服务中，可根据具体的环境条件，对上述设备和场地进行筛选引入。

4）现场表演案例

在韩国首尔仁川机场常年设有传统仪式、民俗音乐等表演。例如：通过"王室出行表演"再现朝鲜时代王室日常活动，演员们身上的宫廷服饰和手中的仪仗物品都是根据古代文献资料复制的，使来自世界各地的旅客了解并感受朝鲜时代的宫廷文化，演员在表演结束后会与观众进行合影、交流；"民乐常设表演"以民俗乐、融合音乐等室内乐为主，使海外旅客在仁川机场就能够欣赏到韩国传统民乐表演。[①] 现场表演不仅能够起到传播传统文化的作用，同时还能够舒缓运动员由比赛产生的紧张情绪，为奥运村提供活跃的气氛。

上述案例带来的启发有：①选择表演内容时应兼顾具有代表性和具有一定普及必要的项目，同时应避免由于不同文化、宗教信仰等差异可能带来误解的项目；②所需设备、道具尽量轻便、易于移动；③表演形式、服装、道具等应能够体现传统文化的审美内涵；④可以选择观众能够参与或能够进行互动的表演活动；⑤考虑到众多冬残奥会参赛选手，现场表演应兼顾多感官通道属性的项目或交互方式。

5）体验活动案例

与上述现场表演的案例相同，体验活动的典型案例也来自韩国。位于首尔的"韩食文化馆"中设有多种韩国传统文化体验活动，包括泡菜制作、韩服试穿体验、传统手工艺制作体验等，如图5-83所示为笔者前往韩国考察时所拍摄的"螺钿韩服冰箱贴制作体验活动"的照片。下文便以其中的传统手工艺制作体验活动为例进行说明。"螺钿"在中国唐朝时期传入韩国，[②] 逐渐形成了自己独特的工艺与风格，后伴随着韩国经济的起飞，以及文化遗产保护意识的觉醒，使韩国的传统漆艺受到了前所未有的关注，[③] 如今已成为韩国最具有代表性和识别性的传统手工艺之一。在韩食文化馆中的螺钿手工艺品体验区域，运营者将螺钿手工艺品制作载体设置为"冰箱贴"，免费提供场地、所需材料、教程及现场指导、作品包装等服务，制作时长约30～45min，完成后体验者可以将个人作品带走，整个体验活动不收取费用，且在服务场地、材料，以及工作人员的服务等方面都会得到良好体验。

上述案例带来的启示是：①体验活动时间不宜过长，例如60min以内为宜；②体验项目不宜过于复杂，由此能够保证教程较为简单，人工服务成本低，同时使完成后的作品能够保证其在功能和审美两方面均具有较高的完成度，保证体验者的成就感和体验乐趣；③完成后的作品应该便于携带或低成本邮寄，例如明信片等；④体验活动所用材料应易于加工，且避免使用锋利的金属工具；⑤体验活动尽量免费或收取少量费用。

①　文化活动 [OL]. 仁川机场官方网站，2022-06-28.

②　长北. 韩国螺钿漆器工艺 [J]. 中华手工，2018（10）：47-49.

③　何振纪. 韩国螺钿漆艺源流与现代教学实践 [J]. 中国生漆，2019，38（1）：25-29.

图5-83　螺钿韩服冰箱贴制作体验

5.6.2　冬季奥运会娱乐服务设计规划

详见本书第2.5.5节"娱乐和休闲服务形象设计规划方案"。

5.7　数字媒体教学服务冬奥 [①]

2022年2月，第二十四届冬季奥林匹克运动会和第十三届冬季残疾人奥林匹克运动会在北京成功召开，北京成为世界唯一的"双奥之城"。运动员在赛场上的奋勇拼搏精神，充满"中国式浪漫"的四场开闭幕式，奥运村舒适便捷的环境氛围，志愿者无私的奉献精神等，为世界人民留下了无数难忘的历史瞬间。

在冬奥会、冬残奥会筹备和举办期间，中国高校师生积极响应国家的号召，不仅从志愿服务等社会风貌角度参与其中，更多的高校专业团队发挥自己的专业特长和人才优势，从人文、艺术、科技等多方位服务冬奥会、冬残奥会，取得了卓越的成效。这是和高校教育改革，始终坚持创新实践育人理念密不可分的。

5.7.1　高校创新实践育人的必要性

《中华人民共和国国民经济和社会发展第十四个五年规划和2035年远景目标纲要》指出"建设高质量教育体系"，[②]坚持立德树人，增强学生文明素养，社会责任意识、实践本领，培养德、智、体、美等全面发展的社会主义建设者和接班人。

高校教育的核心工作是培养合格的青年人才，为社会主义建设输送核心力量。随着教育改革的不断深化，传统的知识传授型教学，以教师课堂教学为主的模式已经不能适应社会发展的全方位创新型综合型人才需求。以综合类课程为例，大力推进基于能力培养纵向驱动形式的课程设计思路，即基于案例驱动和问题导向的教学方法，力求将教学从"知识导向型"和以"教师为主体"的灌输式教学形式向"成果导向型"和"以学生为主体"的探索式主动学习方式转变。[③]

高等教育模式坚持探索新的教学模式和方法，推进教学改革，提高教学质量，积极将新的成果应用到高等教育教学工作中。一直以来，坚持创新实践育人是各高校教学改革的重要内容之一，取得了丰硕的成果，培育了很多成功的实践案例。

5.7.2　创新实践育人服务北京冬奥取得丰硕成果

众多高校也积极参与到北京冬奥会中，发挥了重要的作用，体现了坚持创新实践育人的巨大的成果。

如北京理工大学计算机学院数字表演与仿真技术团队原创的"智能化创编排演一体化"系统（图5-84），能根据导演创意自

---

① 本节作者为李颖、吴伟和。

② 新华社. 中华人民共和国国民经济和社会发展第十四个五年规划和2035年远景目标纲要 [OL]. 中国政府网，（2021-03-12）[2021-03-13].

③ 丁晓红，李郝林，钱炜. 基于成果导向的机械工程创新人才培养模式 [J]. 高等工程教育研究，2017，（1）：119-122+144.

动生成排练方案，为北京冬奥会、冬残奥会的开闭幕式设计编排提供了有力保障。[①]

北京2022年冬奥会和冬残奥会的颁奖服装，服装分为"瑞雪祥云""鸿运山水""唐花飞雪"三个系列，分别在雪上场馆、冰上场馆和服务颁奖广场颁奖穿着。

中央美术学院及北京服装学院的三个创作团队完成了这项设计。团队创作紧紧围绕中国传统元素，不仅有"瑞雪""祥云"的吉祥图样，还有《千里江山图》为"鸿运山水"创作带来的灵感，而"唐花飞雪"则是引入了唐代织物图案（图5-85）。[②]

图5-84　北京冬奥会开幕式《雪花》表演预演可视化（图片来源：丁刚毅，李鹏，黄天羽，等. 北京冬奥大规模活动仿真技术的应用实践[J]. 科技智囊，2022（5）：16-18.）

图5-85　颁奖服装"瑞雪祥云""鸿运山水""唐花飞雪"系列（图片来源：陈晨，本刊资料库. 扮美北京冬奥，2022年冬奥会和冬残奥会颁奖礼仪服装的"幕后细节"曝光[J]. 服装设计师，2022（Z1）：61-63.）

①　丁刚毅，李鹏，黄天羽，等. 北京冬奥大规模活动仿真技术的应用实践 [J]. 科技智囊，2022（5）：16-18.
②　陈晨，本刊资料库. 扮美北京冬奥，2022 年冬奥会和冬残奥会颁奖礼仪服装的"幕后细节"曝光 [J]. 服装设计师，2022（Z1）：61-63.

北京工业大学的邹锋教授团队完成了北京冬奥会奥林匹克休战墙——"和平之光"。不同于传统平面壁画的概念，最终作品呈现为立体作品，在创作过程中使用了3D打印和虚拟仿真技术作为辅助（图5-86）。

5.7.3 数字媒体艺术专业创新实践育人服务北京冬奥的优势

2022年5月，中共中央办公厅 国务院办公厅印发了《关于推进实施国家文化数字化战略的意见》（以下简称《意见》），《意见》明确了"到'十四五'时期末，基本建成文化数字化基础设施和服务平台，形成线上线下融合互动、立体覆盖的文化服务供给体系。到2035年，建成物理分布、逻辑关联、快速链接、高效搜索、全面共享、重点集成的国家文化大数据体系，中华文化全景呈现，中华文化数字化成果全民共享"。[①]

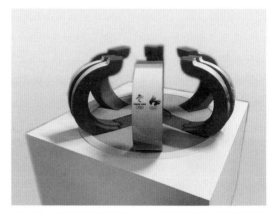

图5-86 奥林匹克休战墙——"和平之光"3D打印模型

数字媒体艺术专业的诞生发展源于科技尤其是数字技术的发展，同时它也具有设计艺术的深厚基础。数字媒体艺术是集数字技术应用与艺术创作为一体的学科，是一个跨自然科学、社会科学和人文科学的综合性跨界学科，集中体现了"科学、艺术和人文"的多项理念，且伴随社会科技人文的不断进步，赋予了它更多的发展空间与理论内涵。如"艺术与科学"概念的提出让数字媒体艺术有了更广阔的未来。

与此同时，随着科技的发展和众多科技成果的产业化，社会大众对数字媒体产品接受度得到了巨大的提升。从智能手机普及的浪潮到今天以5G通信技术为代表的网络硬件平台建设，以虚拟仿真AR、VR技术为基础的数字化城市、数字博物馆等虚拟平台建设，以及带有更多社会人文色彩的"元宇宙"概念，都为数字媒体艺术的发展提供了更多的空间和可能。

习近平总书记指出"中国冰雪运动必须走科技创新之路"。[②]数字艺术的发展离不开科技硬件发展的支撑。以开幕式传递出的中国美学意趣和山水美感的数字地幕为例，如果没有超高清地面显示系统规模，以及支撑显示系统的超大光学校正算法，是完全不可能实现的。

2022年北京冬奥会、冬残奥会的成功举办，不仅是中华民族强大的社会凝聚力的具体体现，也是一场科技创新的耀眼实践。在北京冬奥会、冬残奥会举办过程中，冬奥村里的人工智能机器人、开闭幕式彩排的虚拟现实仿真系统、流畅的5G平台、奥运会历史上的首次8K转播立体成像、实况互动云转播等一系列数字创新科技崭露头角。科技的发展、人文艺术的进步，为数字媒体艺术创作提供了更多的可能。

5.7.4 充分发动学生主观能动性服务北京冬奥

在这一主观环境下，数字媒体艺术专业团队在《北京2022年冬奥会和冬残奥会冬奥村（冬残奥村）科技与文化深度融合规划设计导则》（以下简称导则）的制定这一实际课题中，与课程相结合，努力坚持创新实践育人，服务北京冬奥会。

1. 认真分析冬奥会导则相关主题内容，选择适当的创作方向

数字媒体艺术团队主要负责导则的"科技呈现设计"部分。经过团队的调研和论证，确立了"坚持绿色办奥、共享办奥、开放办奥、廉洁办奥"为科技呈现的基本原则；高科技的表现形式、以冬奥会（冬残奥会）精神为中心的展现内容、以受众人群体验为中心是科技呈现部分设计的基本特征；为了更好地满足参与者参与各项活动，这些要素需要同时发挥作用，且在功能和形态上相互交织。

科技呈现设计总则主要包括：科技呈现与冬奥村街道融合的设计、科技呈现与公共空间设计的融合、科技呈现与环境标志设计的融合，以及科技呈现与公共艺术设计的融合。

科技呈现设计实施中强调采用高科技手段；在内容上应注重宣传冬奥会（冬残奥会）精神，注重对冰雪运动的宣传，注重宣传富强、民主、文明、和谐的社会主义现代化中国和中华优秀传统文化；在设计与环境的关系中应注重整体性和连续性。

① 新华社. 中共中央办公厅 国务院办公厅印发《关于推进实施国家文化数字化战略的意见》[OL]. 中国政府网，2022-05-22.
② 新华社. 习近平：中国冰雪运动必须走科技创新之路 [OL]. 中国政府网，2021-01-20.

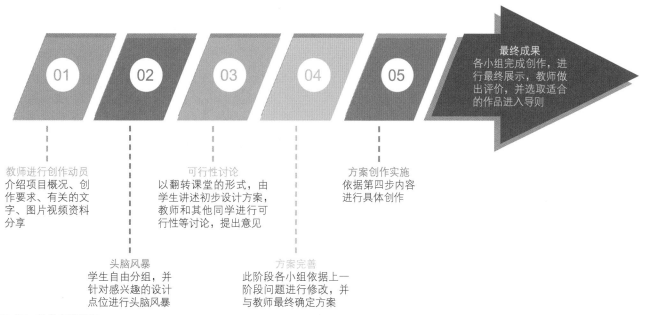

图5-87　教学实践流程

综上所述，团队主要将学生的创新实践结合定位在交互产品设计、数字媒体艺术短片，以及和冬奥会配合的静态视觉呈现作品中。相对应的，在"交互设计方法""影视后期""动画造型应用设计"课程中予以实现。

2. 深化以冬奥导则驱动的OBE课堂教学模式

成果导向教育（Outcome Based Education，简称OBE，亦称产出导向教育），作为一种先进的教育理念，于1981年由斯派狄（Spady）等人提出后，很快得到重视与认可，并已成为美国、英国、加拿大等国家教育改革的主流理念。[①]

针对导则科技呈现设计总则要求，团队内部对学生课程结束时应达到创作水平有统一的共识，并根据不同的课程内容和设计要求设计适当的教学流程来帮助学生达成目标。在这一过程中，团队在教学培育过程提出若干共性问题并分别进行探究：

（1）到底要让学生在导则中到底创作具有什么特征的作品？

（2）这些作品的关键特征是什么？可以从哪些渠道获取？

（3）在学生创作过程中如何帮助学生培养思考和创作能力？

（4）如何让学生了解这些创作的意义和价值从而产生主观能动性？

3. 教学实践流程

依照如图5-87所示，教师在课堂中应控制主要流程（可以不仅限于此流程）。主要流程包括：介绍导则科技呈现模块的项目背景，作品落地展现的地块位置、地块特点（面积、层高、人流量预计等）；向学生展示有关的不同类型优秀设计案例，并分析优点和不足；按照作品创作流程设定课堂讲授章节课程内容，设置问题引导学生进行创作和创新思维训练，加深学生对理论知识和创作的理解；进行思维导图训练及头脑风暴，小组内部讨论、交流，使学生多角度分析问题，学会换位思考，酝酿作品创意思路；学生进行方案汇报，师生反复交流讨论、分析归纳；学生经过反复修改最终完成作品创作。

5.7.5　服务北京冬奥的创新实践

通过与冬奥会结合，有意识地培育学生创新实践能力的课程实践，涌现出一批优秀的作品，我们选取其中适当的内容，编排进入导则。学生在这一过程中，不仅提升了自己的专业能力水平，同时也提高了团队协作、分析问题、解决问题的实践创新能力。能够将自己的作品作为导则的一部分，成为北京冬奥会的科技文化融合创意的一部分，也大大提升了同学们的荣誉感与自豪感。

---

① 杨苗苗. 新工科背景下基于 OBE 理念的概率论与数理统计课程教学创新案例设计 [J]. 高教学刊，2022，8（17）：22-25.

1.《畅游冬奥》——以北京冬奥村科技文化融合展项的设计为基点进行的冬奥交互宣传系统设计

"北京冬奥会是我国重要历史节点的重大标志性活动，是展现国家形象、促进国家发展、振奋民族精神的重要契机"。科技文化融合越来越成为奥运会展现国家形象的重要手段。通过科技文化融合，中国在重要国际赛事和活动中向世界展现了中国形象。

北京冬奥村作为赛时居民的家，其各类环境、设施、活动和服务的深度体验感对于居民来讲尤为重要，同样北京冬奥村展馆也是中国风范、中国形象、中国智慧、中国方案的靓丽名片。在展现文化景观、科技成果的同时，也可以突出科技冬奥的整体形象，形成文化符号，向世界展示中国形象和冬奥村的独特魅力，弘扬中国文化，促进国际交流。

团队希望通过此宣传系统激发国内外民众对冬奥会的兴趣，让他们愿意了解冬奥会项目和历史，并给予冬奥村运动员休闲娱乐竞技的互动区（图5-88），让不同国家的运动员通过趣味互动游戏建立友谊，通过此宣传互动系统鼓励全民运动，全世界人民加强锻炼，拥有健康的体魄。

1）基于畅游冬奥项目的熊猫IP形象设计（作者：冯怡帆、程子萱、崔鑫璐、邓峪、吴伟和，北京工业大学艺术设计学院）

设计理念：大熊猫是中国特有的物种，也是中国的国宝，有着可爱、憨态可掬、健康、活泼的形象，深得全世界各国人民的喜爱，同时它也象征着冬奥会运动员强壮的身体、坚韧的意志和鼓舞人心的奥林匹克精神。此外，熊猫本身是一种很温和的动物，有和平、团结的含义，是中国形象的良好代表（图5-89、图5-90）。

2）H5交互界面（一级、二级界面，中英文）

在创作中，学生将在图形软件中设计好的页面导入到交互软件中进行交互预览。之后导入到云平台上进行H5网页制作，制作出的H5页面（图5-91），可以实现多设备跨平台、自适应网页设计和及时更新的目的。同时，利用二维码、公众号、短视频号、视频号等多个社交媒体进行运营科普。

2.地屏交互科普游戏

《畅游冬奥》地屏互动游戏（作者：冯怡帆、程子萱、崔鑫璐、邓峪、吴伟和，北京工业大学艺术设计学院），作品有效地将多元化科技元素与冬奥会内容结合进行设计。

互动地砖屏原理是在LED地砖屏基础之上，增加感应互动功能。地屏装载有压力传感器设备，当人在地砖屏上移动时，传感器能感应到人的位置并输出相应的显示效果。玩家可以通过身体动作来与地面的图像进行互动，通过游戏中的图像与冬奥会会徽

基于北京冬奥村场馆的实际应用

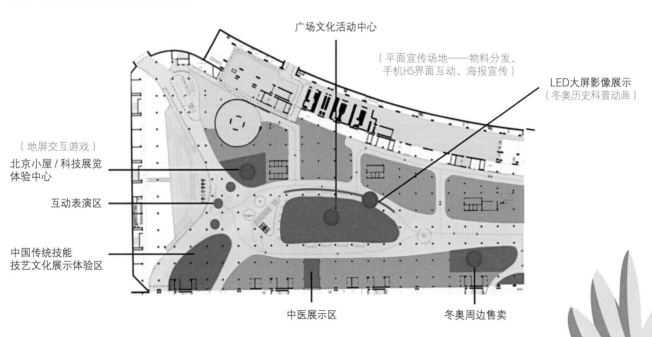

图5-88　北京冬奥村平面图及功能分析（图片来源：由北京冬奥组委，提供）

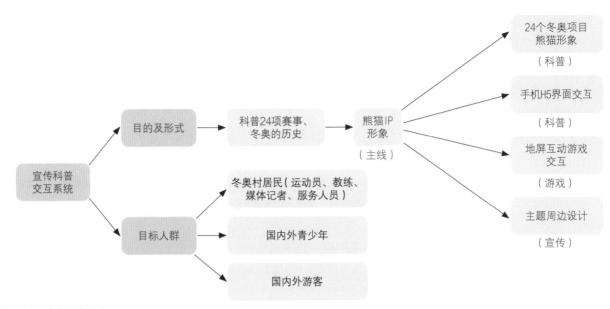

图5-89　系统设计形式

图5-90　熊猫IP形象设计（24项赛事）

图5-91　H5交互界面

进行匹配，可以在活跃展厅气氛的同时增加大家对冬奥会的认识，并且可以增加展览的科技含量，给玩家带来一种新奇的体验（参见第2.6.2节"冬奥村科技呈现设计导则方案"中图2-113、图2-114）。

地屏互动科普游戏系统，可应用在冬奥村科技展览体验中心区域附近的互动区之内。在此区域，可以为冬奥村的国内外运动员、工作人员、参观者提供冬奥会相关互动娱乐项目。本系统的交互装置安装、拆装和运输方便灵活，既适用于长期展览，也满足短期展厅的移动需求。

3. 数字媒体艺术短片作品

数字媒体艺术短片作品《竞逐冬奥》（作者：贺采、冯怡帆、刘雨辰、史馨雨等，北京工业大学艺术设计学院）作品灵感来源于底蕴深厚的中国古代传统文化和现代奥林匹克精神："相互理解、友谊长久、团结一致和公平竞争"；作品意图介绍中国传统运动和2022年北京冬奥会的运动项，传承中国古代运动风尚，呼应并号召冬奥会精神，体现古今一脉相承的精神境界。作品可配合多种展示形式播放。

短片作品通过时光之旅贯通古今，以朝代为线索，将历史典故与文化意象串联起来。内容上以古代体育运动为主，在形式上偏重现代设计感，以古灵精怪的风格创意创新，更加符合现代年轻人的审美趣味。

短片片头以原创的手绘长卷展开，将北京冬奥会主要场馆和象征中国的长城景观融创其中，展现了大境门、张家口奥林匹克体育中心、国家跳台滑雪中心（"玉如意"）、北京五环廊桥、国家速滑馆（"冰丝带"）的壮丽景象。皑皑白雪飘落，童稚的原创古诗词朗诵为观众营造了一个美轮美奂的冰雪世界，让人心生向往。长卷过后，短片进入古代体育运动场景部分，作者通过对中国古代体育运动进行梳理，以朝代为线索，兼顾体育项目与人文精神，寻找与现代奥林匹克精神内在联系，进行了创作（参见第2.6.2节"冬奥村科技呈现设计导则方案"中图2-111）。

作者将中国传统体育项目的文化底蕴、选取的相关史料依据和亘古的精神风尚通过视频逻辑和情节思路进行镜头顺序的设定依据，并依照对有关资料搜集整理进行人物形象设计，尤其值得一提的是对趣味情节的设计，形成了非常好的转场效果。比如龙舟从静止到突然滑动滑出画面引入下一个场景，又比如蹴鞠飞出画面打到一个正在站岗的士兵头上从而引出下一个场景等，增加了影片的趣味性，也打破了影片的惯性节奏，提升观众的注意力。尤其在片尾处的中国风蒙版动画与冬奥标志的流畅转换起到了画龙点睛的作用。

短片的实际创作过程中克服了很多创作难点和技术难题，总结起来可以归结为六点。第一，如何设计出新奇有趣的场景和镜头转换方式；第二，有效地梳理文化脉络，展现文化传承；第三，如何在动画的可解读性与积极价值观的传播中找到平衡；场景设计彰显特色；第四，短片中出现的大量人体运动要保证连贯性、合理性；第五，骨骼绑定要求对技术有额外学习与突破。

4. 学生创作案例

整体创作过程中还涌现出了一批优秀的学生创作案例：如数媒静态设计《冬狮夺魁》系列设计，开发出了一系列以珐琅胸针为主的冬奥会周边，包括滑板、丝巾、帽子，以及动态表情包、静态表情包，不但可以传播冬奥精神，还可以提高使用者日常社交生活中的趣味感，促进IP形象的传播。北京小屋——《四合院文化》，作品通过光影秀在实体的四合院场景中展现不同的年代场景与内涵，让观众在冬奥村中领略"北京四合院"文化。互动影像装置《窗外的北京》的灵感来源于"车窗雾气"，运用显示屏触摸和感温技术，在展区模拟冬季车窗上的雾气。通过观众哈气、擦拭屏幕，使屏幕上的雾气散去，展示北京风景，使人身临其境等。

5.7.6 在设计实践中实现人才的培养

坚持创新实践育人，有利于培养学生独立研究能力、提高开拓创新的能力，能够切实有效地提高学生社会竞争实力，同时在不同的专业领域拓展学校的知名度与成果转化率。

1. 以数字媒体艺术不同学科方向建立指导教师团队

数字媒体艺术是一门跨学科的设计专业，其行业影响力十分广泛，要求任课教师拥有不同的教育背景和知识结构。创新实践活动要求往往十分专业具体，只有合理进行团队设立和建设，才能获得成功。目前专业团队建设取得初步成效，形成了交互设计团队、3D打印设计团队和动漫影像及游戏周边团队相对成熟，在实践创新活动中屡创佳绩。

2. 以高年级学生为创作主力，传帮带低年级学生骨干

数字媒体艺术专业是艺术与技术的结合，因此它的创作要求作者不仅有着良好的艺术修养，也要求具备强大的技术手段作为创作支持。这种情况导致学生只有在三四年级的高年级才能创作出完整的数字媒体艺术作品；同时数字媒体艺术作品的创作周期相对其他设计专业更长，其涉猎面更广。如何能够提高创作效率是我们面对的另一个难题。经过研究与尝试，"传帮带"的理念为我们提供了一种解决方式。在创作中的重点和技术难点由高年级同学来解决，而一些简单的内容如UI设计等则可以由低年级的学生来协助完成，既提高了工作效率，又促进低年级同学提前进入创作语境，相得益彰。

3. 实践教学基地作为参与学科竞赛的强力外援

教育部对数字媒体艺术专业建设要求中明确指出"应在国内外建设数量足够和相对稳定的校内或校外实践教学基地以满足实践教学需要"。这不仅是购置先进教学设备，更是引进行业先进技术，打造创作理念的教学基地。在实践创作中积极引入校外实践基地的人员和设施支持，可以极大地提高学生的实践创作水平和信心。

通过师生团队的共同努力，在《北京2022年冬奥会和冬残奥会冬奥村（冬残奥村）科技与文化深度融合规划设计导则》制定工作实践中取得了一定的成绩，这是与专业建设多年来始终坚持的创新实践育人教学理念密不可分的。导则的制定工作为师生团队展示实践创新能力和成果搭建了重要舞台，是实践育人工作重要的成功标志之一。

第6章　冬奥村（冬残奥村）科技与文化融合公共艺术设计实践

6.1　北京2022年冬奥会与冬残奥会奥林匹克休战墙壁画设计

1. 区位分析

奥林匹克休战墙作为象征促进世界和平的标志性建筑，每次都在奥运村中设立。对于北京2022年冬奥会而言，比赛场馆分布在北京、延庆和张家口赛区三个地方，因此需要在各个奥运村中设置相应数量的奥林匹克休战墙（以下简称休战墙）壁画。作为奥运村的重要特色之一，休战墙承载了向全世界展示中国对和平与团结的承诺。通过在奥运村中修建休战墙，可以提醒参与冬奥会的运动员和相关人员时刻保持友好合作的心态，共同追求竞技精神，并为观众传递积极向上的价值观。通过在不同地区修建多个休战墙壁画，能够确保在每个奥运村都能充分展现休战墙的象征意义，让所有参与者都能感受到和平与团结的力量，并为共同创造一个和谐、友好的竞技环境作出贡献。

2. 设计思路

通过不断的创新和重组，休战墙的设计以抽象的"灯笼"造型为基础，形成了一个具有艺术感和象征意义的"雪花"造型。其中融入"玉龙"元素和紧密相连的"石榴"象征着国家的繁荣与发展，传递出对国家美好未来的期许（图6-1）。休战墙所呈现的设计思路体现了共同体理念，强调人类命运共同体的构建和合作的重要性（图6-2、图6-3）。

图6-1　奥林匹克休战墙设计意向图分析

3. 材质工艺

休战墙的主体墙体采用钢架龙骨结构和不锈钢彩绘镀膜工艺，奖牌铜雕使用黄铜材质并采用腐蚀雕刻工艺制作，同时还配有中英文的设计说明。这些材质和工艺的选择旨在营造出具有艺术感和耐久性的墙体结构，并突出了对奥运精神的象征意义（图6-4~图6-6）。

4. 呈现效果

休战墙以其独特的造型、材料和工艺呈现出一种富有艺术感和象征意义的效果，这个视觉效果也令人印象深刻，展现出强烈的艺术感和象征意义。设计将传统与现代相结合，将中国元素融入奥林匹克精神中，向世界展示了中国对奥运精神的诠释，彰显了国家的自豪感和文化底蕴，展示了对国家繁荣昌盛和奥林匹克精神的美好期许（图6-7~图6-9）。

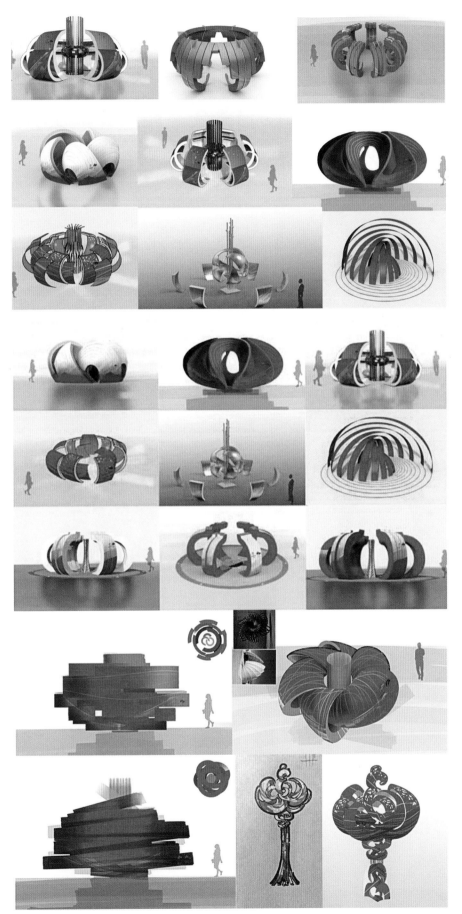

图6-2 奥林匹克休战墙设计方案研究

图6-3　奥林匹克休战墙在三个冬奥村虚拟现实效果方案推演过程

图6-4　奥林匹克休战墙呈现方案（一）

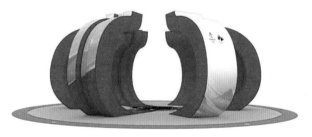

图6-5　奥林匹克休战墙呈现方案（二）

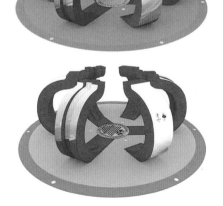

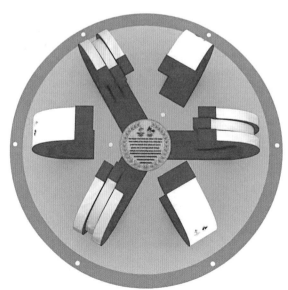

图6-6　奥林匹克休战墙呈现效果

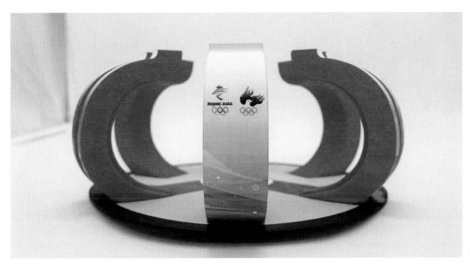

图6-7　奥林匹克休战墙材质呈现效果小样

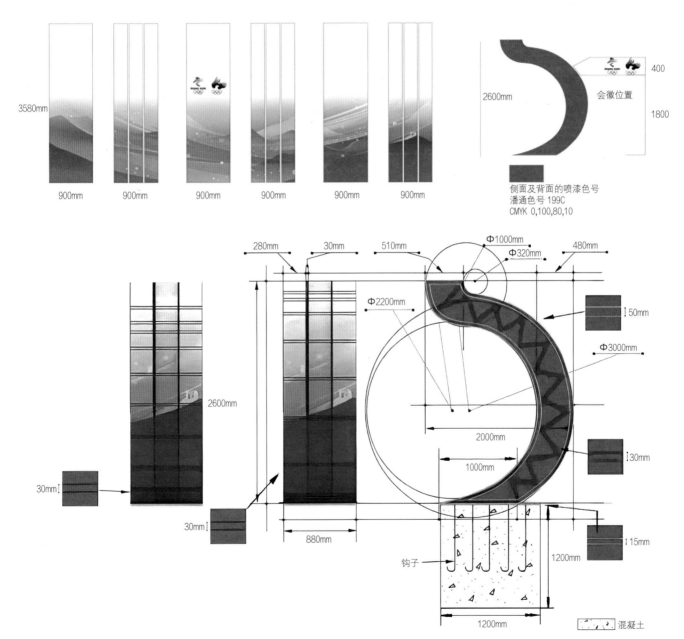

图6-8　奥林匹克休战墙图纸

图6-9　奥林匹克休战墙实际效果

6.2　北京赛区广场空间公共艺术设计案例

6.2.1　《冰山一角》艺术装置设计①

1. 区位分析

本案例位于奥林匹克公园中心区内国家游泳中心南侧开放场地，该位置毗邻地下冰壶体验馆的东侧入口和西侧采光天窗（图6-10～图6-12），在北京冬奥会期间该场地设置冰壶体验等项目，案例设计应与水立方主场馆和谐相望。同时《冰山一角》的自发光综合光影效果，应充分考虑大客流时夜间光环境，设置可互动的功能性装置从而达到最佳效果。

2. 设计思路

《冰山一角》设计思路为模拟出"衍生态"中冰封气泡的排列样式，以冰川起伏效果和洞穴中回声的波谱可视化图形作为创意出发点，配合不同材质形成独特的视觉效果，从而创造出一件具有多样功能的公共雕塑作品（图6-13、图6-14）。

在形式上，该雕塑借鉴了冰洞的肌理，起伏、盘旋、扭转的金属管则是根据冰洞内搜集的声音进行的实体可视化。顶部为形态的模仿，底部为声音的物化，使自然的形态与秩序美融合，像一个个气泡在冰中凝结留下的一串上升轨迹。冰封的气泡与冰洞的回声同样蕴含着未知的神秘，作品中半透明的材质和带有韵律感的线条烘托着冰山下更大的力量，使秩序的线条与平静厚重的顶面形成了强烈的对比，模拟出冰层之下的氛围，展现人身临其境的状态，构成永恒的迸发瞬间。地面上的起伏、盘旋、扭转的不锈钢方管就像冰山之下，遵循着某一旋律节奏荡漾漾的水波纹，又像海底反射至海面那有规律有秩序的声波，象征着奥运精神的无限回荡（图6-15）。

---

① 本节作者为李冕、汤锐、雷宗杰、张钰清、曹雨晴。

图6-10　国家游泳中心意向图（图片来源：北京冬奥组委官方网站及项目资料）

图6-11　国家游泳中心南广场（图片来源：北京冬奥组委官方网站）

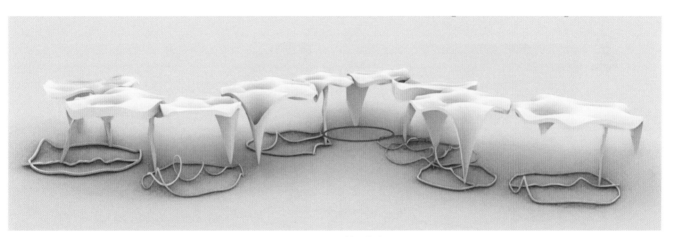

图6-12　《冰山一角》模拟出的冰封气泡的排列样式（图片来源：项目资料与作者自绘）

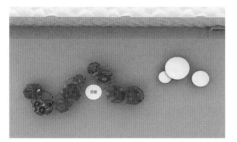

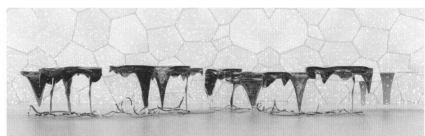

图6-13　《冰山一角》的冰封气泡式排列顶视图

图6-14　《冰山一角》艺术性转化的水波纹、声波纹

作品在功能方面，除艺术效果外还兼具休憩、遮阳、照明、引流等实用功能，并围绕冰壶体验馆天窗的位置进行了景观点位的考量。在保证不影响地下场馆采光的同时，将整体的排列分为四组，以天窗处作为景观兴趣点进行布局使其融入整体作品中，采用较为轻量的不锈钢空心方管设计成"座椅"，避免承重出现问题（图6-15）。

夜间以主体的自发光效果为主，配合外部功能性的辅助照明，透明材质的自发光与水立方形成了和谐相仿的效果。主题中的蓝色与水立方的本色稍有区别，是为了突出冰与水的内涵差异（图6-16）。

图6-15　《冰山一角》的天窗景观位布局效果

3. 材质工艺

《冰山一角》主要采用与水立方一致的膜结构材料，在降低重量的同时还可兼具艺术效果，尤其实现透明材料与夜间灯光的呈现效果。作品内核采用钢结构支撑，下部所有"座椅"（图6-17）均采用轻量空心方管不锈钢材料，不仅减轻了作品重量，还具有耐用及易维护的优点。

4. 呈现效果

作品以《冰山一角》为名，是为了展现给观者，在冰层之下仍有沉睡亿万年的故事和蕴含生命力的节奏是可以不断挖掘的。作品寓意蓄势待发的中国能量，在象征着人类精神文明具象化的2022年北京冬奥会中，将作为人类发展进程中的专属烙印，展示属于中国自己的审美与奥运精神（图6-18~图6-20）。

图6-16　《冰山一角》的自发光效果

图6-17　《冰山一角》的材料效果与功能性示意

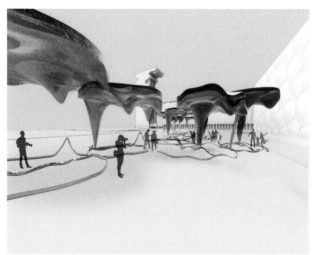

图6-18　水立方入口视角白天最终效果图

图6-19　天窗景观位视角白天最终效果图

图6-20　黄昏时《冰山一角》的整体效果图

6.2.2 《冰火之歌》艺术雕塑设计①

1. 区位分析

首钢园的滨湖绿地，紧邻群明湖，遥望大跳台，工业遗存与中式园林合二为一。通过冰雪—火花体现出自然—工业、工业—运动之间的密切关系，简单的图形变化，结合周围环境，形成新的景观，使工业景观更具有观赏性与互动性（图6-21～图6-23）。

图6-21 首钢园区意向图（图片来源：北京冬奥组委官方网站）

图6-22 群明湖东北角滨湖绿地备选点位（图片来源：北京冬奥组委官方网站）

图6-23 滨湖绿地场地周边环境（图片来源：北京冬奥组委官方网站）

2. 设计思路

本方案的灵感来源于冰与火的碰撞。首钢本身具有工业时代的意味，不仅承载着历史，也正在为世界工业区域的转型创立了一个新标杆。自然的冰雪与工业的火花结合，实际上是自然界与工业界的结合，自然之力与机械之力的统一。首钢园从搬迁停产后，再到冬奥会场馆的建立，它的使用功能的转换也正是火与冰的转换（图6-24）。

图6-24 《冰火之歌》艺术雕塑—动态轨迹方案

---

① 本节作者为姜维、刘旺旺、孙家宝、彭显越、梁琛媚、高杉。

3. 材质工艺

《冰火之歌》艺术雕塑主体采用透明树脂。作品意在呈现高温下泼洒出绚烂的钢水，与怒放的冰花相互交融，达到美轮美奂的视觉享受。通过冰雪、火花的对比，完成了自然、工业、体育、文化理念之间的成功转换。本方案运用了声、光、电、水、机械运动等现代科技手段，追求视觉效果带来的交互、速度与运动感，体现了自然之美，把首钢与冬奥之间的内在联系呈现出来（图6-25、图6-26）。

4. 呈现效果

作品整体具有运动和变色的功能。"火花"被概括为放射与旋转的元素，三层递进，呈橙红色系，"冰花"呈透明质感。"火花"会不断旋转和改变位置，"冰花"则从凝结到绽放，二者的相对运动与环境变化令视觉图像具有无限可能。"火花"自晚间20时22分开始移动发光，逐步靠近冰花，最终将盛开的"冰花"融为火红的"钢水"，再慢慢退回原位。二者的节奏变化，在水面的衬托下具有更复杂、多样的韵律。在冰雪的环境下，这一挑战被放大，产生最强的戏剧张力。冰与火在展现自然之美的同时，更体现了人对自然潜力的追寻与回归（图6-27～图6-31）。

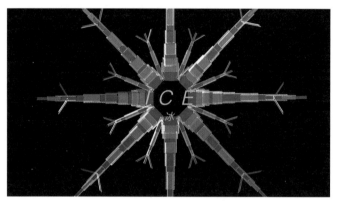

图6-25　《冰火之歌》艺术雕塑—冰花造型透明树脂、机械伸缩呈现方案

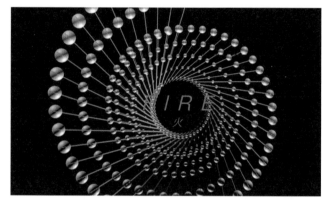

图6-26　《冰火之歌》艺术雕塑—钢水的透明树脂、机械旋转呈现方案

图6-27　《冰火之歌》艺术雕塑—组合呈现方案（一）

图6-28　《冰火之歌》艺术雕塑—组合呈现方案（二）

图6-29　《冰火之歌》艺术雕塑—正面夜间发光、运动呈现方案

图6-30　《冰火之歌》艺术雕塑—背面夜间发光、运动呈现方案

图6-31 《冰火之歌》艺术雕塑—模拟全景呈现效果

6.2.3 《火树银花》艺术雕塑设计[①]

1. 区位分析

崇礼西湾子庆典广场与冬奥会冰雪博物馆相邻，与冰雪博物馆的线条感、流线型外观相呼应，并配以五环色渐变，整体呈圆形的展示空间。方案将传统民俗"打树花"所形成的视觉效果与烟花、雪花相结合，意在突出这种碰撞。人们在远距离观察大型文化主题雕塑，感受传播非物质文化遗产与奥运的寓意，而当人们走近之后，又可以穿梭其间，与之互动（图6-32、图6-33）。

2. 设计思路

烟花与灯光是庆祝现代奥运会的主要形式。本方案的灵感来源于张家口非遗"打树花"的元素，是北方庆典最具有代表性的传统形式，同时又展现了烟花盛开、雪花飞舞、火树银花的盛典场面。传统与现代，非物质遗产与竞技体育的激烈碰撞，产生不一样的庆典美学，借冬奥会这一契机结合在一起（图6-34）。

3. 材质工艺

《火树银花》艺术雕塑主体采用耐高温金属材质。作品运用了声、光、电、水、机械运动等现代科技手段，考虑奥运会之后的景观特征以及季节气候的因素，利用喷水与喷火两种不同的形式，凸显、再现了"打树花"的传统习俗，具有典型的张家口传统北方地区独特的庆典模式（图6-35、图6-36）。

图6-32 崇礼西湾子庆典广场意向图（图片来源：北京冬奥组委官方网站）

图6-33 西湾子场地施工现场

---

① 本节作者为姜维、刘旺旺、孙家宝、彭显越、梁琛媚、高杉。

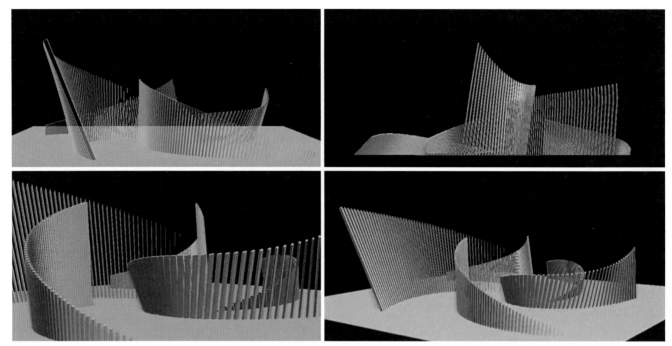

图6-34 《火树银花》艺术雕塑—形态方案初稿

图6-35 《火树银花》艺术雕塑—渐变色局部镂空方案

图6-36 《火树银花》艺术雕塑—渐变色呈现效果

4. 呈现效果

作品整体以奥运五环的五色为主，依次旋转变化色系。主体呈花瓣绽放的形状并伸展出五个曲面，具有一定倾斜和变化。中心形状的设计是以手拉手的图形进行的演变，体现奥运友谊与团结的理念。晚间20时22分，带有色彩的喷泉开始表演，随后喷泉以"打树花"形式展现，把庆典推向高潮，晚间21时整恢复原初位置。白天观众可以穿梭其间，与之互动。作品最终体现出欢乐、轻松、热情与奋进的主题，使地方性民俗色彩与国际盛会合二为一，交相辉映（图6-37～图6-41）。

6.2.4 《寻梦冰湖》公共艺术设计①

1. 区位分析

作品拟选场地位于国家游泳中心南侧开放场地。国家游泳中心南广场位于奥林匹克公园中心区内，冬奥会期间拟在此设置冰壶体验项目，能够吸引巨大客流，有极佳的展示效果。

此选址毗邻地下冰壶体验馆的东侧入口和西侧采光天窗，与以《冰山一角》为主题设计一件公共艺术作品相呼应。作品综合

---

① 本节作者为张翀。

图6-37 《火树银花》艺术雕塑—模拟呈现效果

图6-38 《火树银花》艺术雕塑—喷泉呈现效果

图6-39 《火树银花》艺术雕塑—冬季日间呈现效果

图6-40 《火树银花》艺术雕塑—喷泉转化"打树花"呈现效果

图6-41　《火树银花》艺术雕塑—"打树花"呈现效果

考虑两组设计的功能和形式关联;设计应与水立方主场馆形成和谐相望的关系。并充分考虑夜间光环境的艺术效果并注意承重问题。

2. 设计思路

作品取名《寻梦冰湖》，意为以科技手段营造的梦幻冰湖场景，既与"冰壶"谐音，又再现了冰壶运动的起源环境，呼应了场地主题。同时，无限深邃的视觉空间，和人在此被激发出人的探寻欲望，也代表了不断突破、不断超越的奥林匹克精神和人勇于探索的精神。

作品整体呈扁平形态铺设于地面。形态选取泰森多边形进行重新排布，一方面与水立方的建筑表面形态呼应；另一方面能够以抽象的语言描绘出"湖面浮冰"的意象（图6-42）。

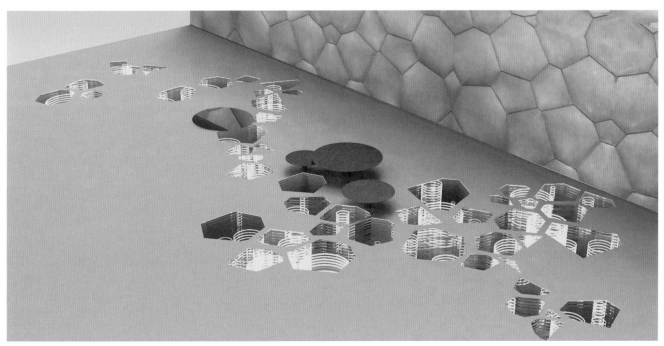

图6-42　《寻梦冰湖》公共艺术—环境意向图分析

3. 材质工艺

《寻梦冰湖》作品突破传统环境雕塑对空间实体的占用，尝试利用特殊材质和科技手段，探索地面以下空间表现的可能性。

材质选用与"冰"的意象特征较为契合的"玻璃"材料进行设计制作。底层采用镜面玻璃，上层选用单向玻璃，并将大小不一的环形LED"气泡"随机放置于两层玻璃之间，利用上层玻璃的单向透光特性，使光线在两层玻璃间进行多次反射，进而向下形成无限延伸的"视错觉"（图6-43、图6-44）。

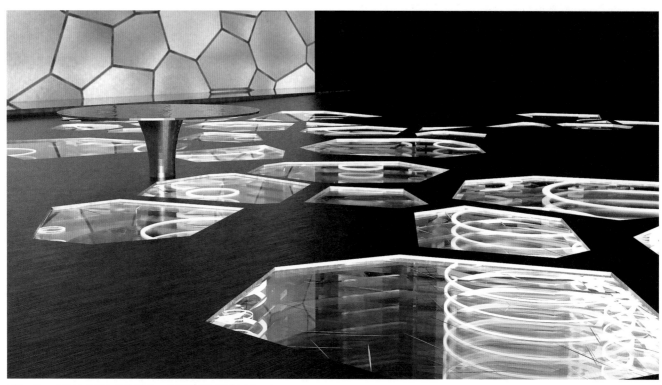

图6-43　《寻梦冰湖》公共艺术—玻璃材质呈现效果（一）

图6-44　《寻梦冰湖》公共艺术—玻璃材质呈现效果（二）

4. 呈现效果

　　本作品利用有限的实体空间，来营造无限延伸的视觉空间。当置身作品之中，观者能够看到作品内部蕴含的无限深邃、无比神秘的空间。随着观者的移动，作品的不同角度能够给人以不同的奇幻视觉感受，从而增加作品的交互性、趣味性（图6-45、图6-46）。

图6-45　《寻梦冰湖》公共艺术—环境呈现效果（一）

图6-46　《寻梦冰湖》公共艺术—环境呈现效果（二）

6.2.5 《滑雪》艺术雕塑设计

1. 区位分析

此处为国家雪车雪橇中心1号出发区入口旁的边坡上，是雪车赛道起点，也是雪车项目观众观看区域之一。赛场建设工程形成大面积的山体护坡挡墙，需要进行艺术化的处理。该场地位于整个场馆最高处，其景观视野良好，与京礼高速出口和延庆冬（残）奥村入口广场均可形成视线廊道（图6-47、图6-48）。

2. 设计思路

作品以大地艺术的形式对护坡进行了空间分割，重新构成全新的艺术景观环境。将奥运五环的色彩延展为五彩的丝带，逶迤缠绕，打破了护坡原有横平竖直的呆板构成方式，几名滑雪运动员的造型以不同姿态分布在不同位置。整体造型也兼具了设施的功能（图6-49）。

图6-47　国家雪车雪橇中心意向图（图片来源：北京冬奥组委官方网站）

图6-48　国家雪车雪橇中心1号出发区山体护坡点位

图6-49　《滑雪》艺术雕塑—主题环境意向图

3. 材质工艺

《滑雪》艺术雕塑主体采用不锈钢板材锻造制作，也可以采用钢板喷漆制作。人物采用镜面不锈钢材料，表面与环境景色互相映衬，色彩的引入使得该点位更加引人注目。护坡部分采用图案结合LED电子屏幕构成形态的变化，在夜间形成夜景的视觉景观点（图6-50、图6-51）。

4. 呈现效果

线性的抽象的形体与具象的运动人物相互结合，通过材质对比将运动场地给予提升和艺术呈现，感受滑雪运动的力学与美（图6-52、图6-53）。

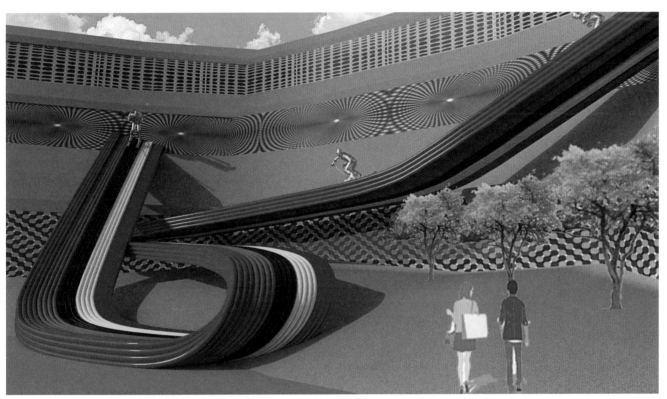

图6-50 《滑雪》艺术雕塑—不锈钢呈现效果

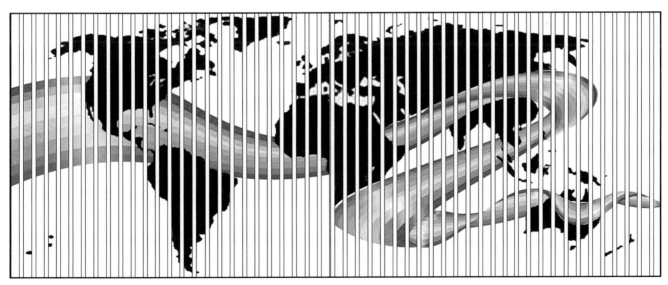

图6-51 《滑雪》艺术雕塑—护坡装饰图形呈现效果

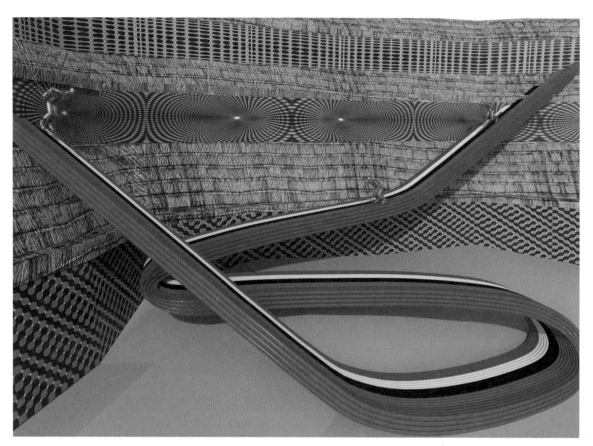

图6-52 《滑雪》艺术雕塑—环境效果（一）

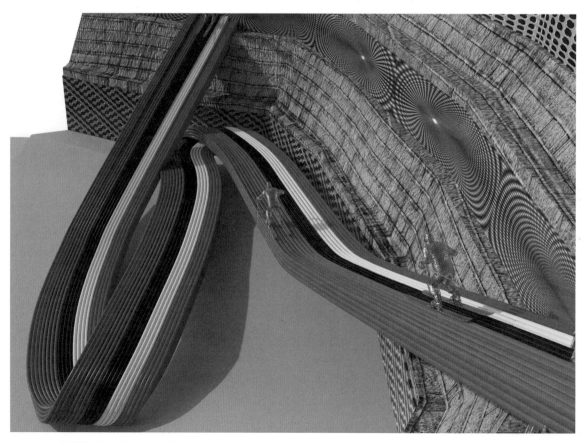

图6-53 《滑雪》艺术雕塑—环境效果（二）

6.2.6　《交相辉映》艺术雕塑设计

1. 区位分析

太子城环岛作为四条规划道路的交点，该场地位于太子城冰雪小镇西北侧，东侧为太子城遗址公园，北接梧桐大道。此处艺术雕塑定位为位于城市重要交通节点的大型景观雕塑。在设计作品时，需要统筹考虑各向交通，以简洁有力的构成性雕塑语言，表现空间、运动和速度的主题。考虑到该节点的空间尺度和雕塑视域，该雕塑设计高度应在20m以上（图6-54、图6-55）。

2. 设计思路

《交相辉映》艺术雕塑以外侧四条滑道作为基本构成元素，相互交叠，构成雕塑的基本造型。中心五个彩球色彩取自奥运五环的基本色，寓意五洲四海的运动员在此汇聚竞技，相互交流。作品的位置位于几条道路的汇聚处，根据环岛的特殊地理条件，雕塑整体造型应挺拔高耸，从而起到地标和美观的双重作用。

作品在形象上兼具"凤凰之眼"的意象，在此选址可很好地带动整个赛区的冬奥会氛围（图6-56）。

3. 材质工艺

《交相辉映》艺术雕塑主体采用不锈钢板材镀钛制作，也可以采用钢板喷漆制作。采用不锈钢材料时，表面做镜面处理，从而与环境景色互相映衬，中部球体按照时间有规律地升降，通过动态变化给人留下难忘的印象（图6-57）。

4. 呈现效果

具有意象效果的凤与花卉造型的形体构成艺术雕塑主体，中间代表奥运五环的五色球体通过机械传动升降，实现了雕塑的静态与动态相互结合的表达，随着时间的变化和形体的运动，形成不同时段的不同视觉效果（图6-58、图6-59）。

图6-54　太子城冰雪小镇意向图（图片来源：北京冬奥组委官方网站）

图6-55　太子城环岛备选点位（图片来源：北京冬奥组委官方网站）

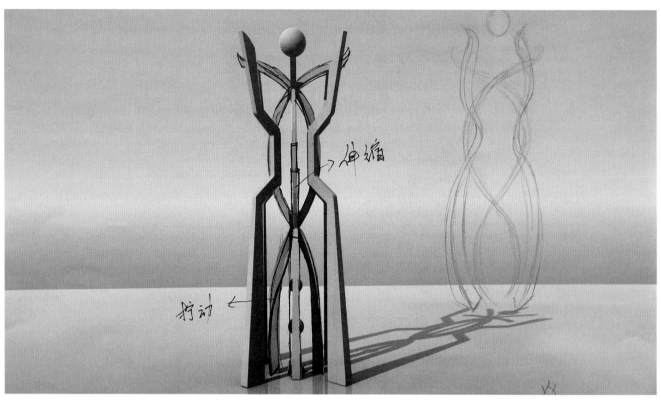

图6-56 《交相辉映》艺术雕塑—主题环境意向图分析

图6-57 《交相辉映》艺术雕塑—不锈钢呈现效果

图6-58　《交相辉映》艺术雕塑—环境效果（一）　　　图6-59　《交相辉映》艺术雕塑—环境效果（二）

6.3　延庆赛区颁奖广场公共艺术设计案例

6.3.1　《雪跃》艺术雕塑设计

1. 区位分析

作为延庆赛区主入口的大型标志性雕塑，设计团队需要结合雪上运动的主题进行创作，并且应该注意远景的观赏性（气势感）与近景的互动性（细节）之间的关系，且应考虑雕塑与茫茫大雪相呼应的色彩材质关系，力图实现静中有动的总体效果（图6-60、图6-61）。

作品区位于延庆村西南侧入口广场，南侧为大巴停车场。雕塑场地位于广场大台阶之间的平台上，需要考虑平台高差，场地为实土基础；该场地是运动员观众进入延庆赛区的重要节点，其视野开阔、门户形象较佳（图6-62）。

图6-60　北京冬奥会延庆赛区意向图（图片来源：北京冬奥　　图6-61　《雪跃》艺术雕塑备选点位（图片来源：北京冬奥组委官方网站）
组委官方网站）

图6-62 《雪跃》艺术雕塑—场地周边环境

2. 设计思路

雪上运动的核心是运动员借助一系列力学势能与物理空间作用的互动关系，所呈现出来的动态美感。某一个具体的定格动作，虽然也能反映出运动者的瞬间美，但比在空间中的韵律轨迹与速度感，还是要略逊一筹。所以本次设计通过前期对滑雪运动轨迹的大量分析与提炼，试图重点表现滑雪运动的运动过程与轨迹，将运动过程的力量张力与旋转韵律表达出来（图6-63、图6-64）。

3. 材质工艺

主体采用不锈钢板材或管材制作，也可以采用防腐木框架制作。当采用不锈钢材料时，表面做镜面处理，可以与环境景色交相辉映，表面高光会随着人的步入移动而韵律流淌，给人留下难忘的视觉印象（图6-65～图6-67）。

4. 呈现效果

凝固的具象的瞬间形体与流淌的动态的运动轨迹相结合，实现了静态雕塑的动态表达，随着环境景色的变化，以及观赏角度的变动，反射高光会在运动轨迹上实现动态的呈现，在以静态为主的茫茫雪域中很容易吸引住人的注意力。人们走近后又可以在期间流连互动，感受滑雪运动的动态瞬间与力学张力（图6-68～图6-76）。

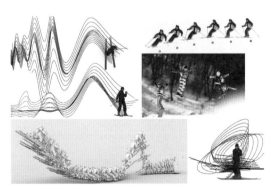

图6-63 雪上运动动态轨迹研究

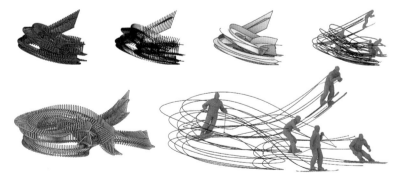

图6-64 《雪跃》艺术雕塑—动态轨迹方案推演过程

图6-65　《雪跃》艺术雕塑—不锈钢板材呈现方案

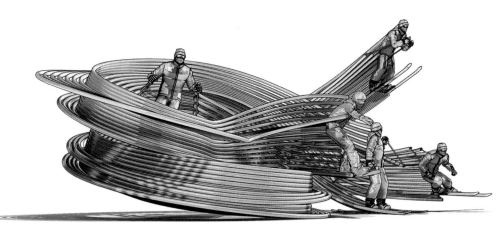

图6-66　《雪跃》艺术雕塑—管材呈现方案

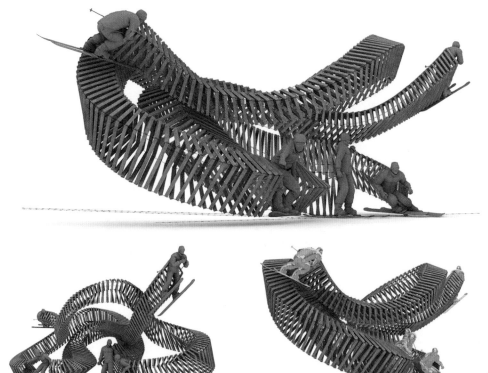

图6-67　《雪跃》艺术雕塑—防腐木呈现方案

图6-68 《雪跃》艺术雕塑—不锈钢钢板呈现效果（一）

图6-69 《雪跃》艺术雕塑—不锈钢钢板呈现效果（二）

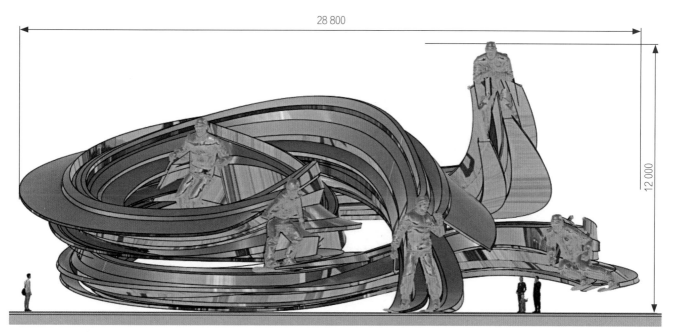

图6-70 《雪跃》艺术雕塑—不锈钢钢板呈现效果（三）

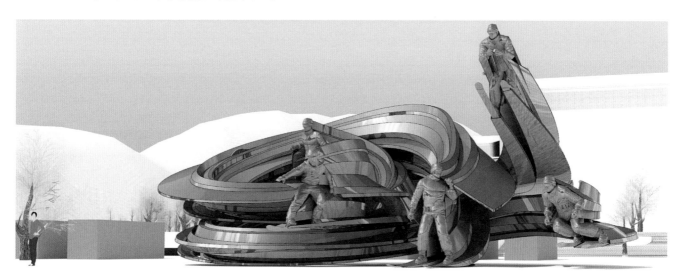

图6-71 《雪跃》艺术雕塑—不锈钢钢板呈现效果（四）

图6-72 《雪跃》艺术雕塑—不锈钢钢板呈现效果（五）

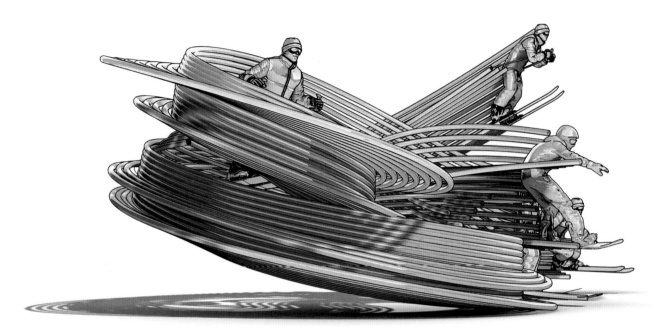

图6-73　《雪跃》艺术雕塑一管材呈现效果（一）

图6-74　《雪跃》艺术雕塑一管材呈现效果（二）

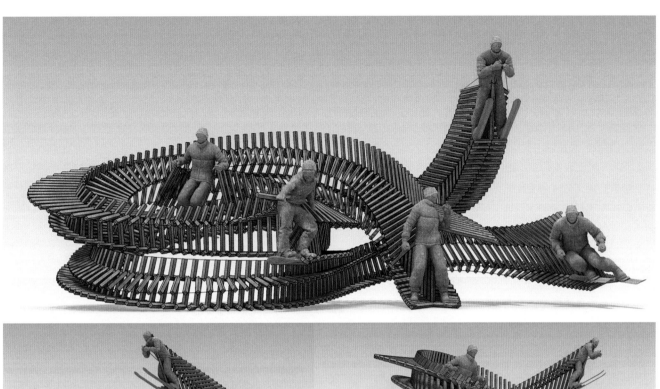

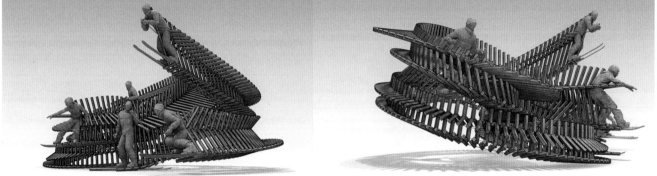

图6-75 《雪跃》艺术雕塑—防腐木呈现效果（一）

图6-76 《雪跃》艺术雕塑—防腐木呈现效果（二）

6.3.2　《冬字》艺术雕塑设计

1. 区位分析

作为延庆赛区主入口的大型标志性雕塑，设计团队需要将北京冬奥会主题与滑雪运动主题结合进行创作，让观众或游客产生对北京冬奥会的抽象认知，以及与滑雪运动产生具象的互动。色彩设置也可以结合北京冬奥会识别色，且与茫茫大雪相呼应的色彩关系，突出滑雪运动的绚丽多彩。

2. 设计思路

北京冬奥会会徽是由中国传统书法"冬"字演变而来，很好地契合了"北京冬奥会"的主旨，而本雕塑也是基于"冬"字书法的笔势而来，且将书法笔势进行了空间化处理，盘旋上升或下降的运动轨迹也与滑雪运动的动态轨迹相互契合，表现出滑雪过程的韵律美和运动张力。从而表达出运动员借助一系列力学势能与物理空间作用的互动关系，以其所呈现出来的动态美感。另外，雕塑正面轮廓与"北京冬奥会"会徽近似，起到点题的作用（图6-77～图6-79）。

3. 材质工艺

《冬字》艺术雕塑主体采用悬挑结构不锈钢板材，以及彩色喷涂。色彩为渐变喷涂，表面高光烤漆，可以与环境景色交相辉映，表面高光会随着人们的步入移动而韵律流淌，从而留下难忘的视觉印象（图6-80、图6-81）。

图6-77　围绕书法"冬"字和"北京冬奥会"会徽的研究，以及三维化推演过程

图6-78　围绕书法"冬"字和"北京冬奥会"会徽的研究，以及三维化推演过程（一）

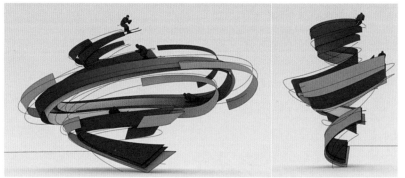

图6-79　围绕书法"冬"字和"北京冬奥会"会徽的研究，以及三维化推演过程（二）

图6-80　《冬字》艺术雕塑—尺寸标注（单位：mm）

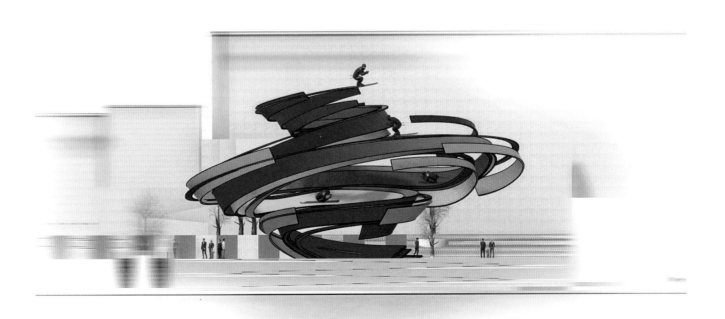

图6-81　《冬字》艺术雕塑—环境关系

4. 呈现效果

《冬字》的效果呈现与《雪跃》有着异曲同工之妙。《冬字》特点在于冬奥会识别色组成的色彩群组，在雪域背景下呈现出年轻激昂的雪上运动特色（图6-82～图6-85）。

图6-82　《冬字》艺术雕塑—呈现效果（一）

图6-83　《冬字》艺术雕塑—呈现效果（二）

图6-84　《冬字》艺术雕塑一呈现效果（三）

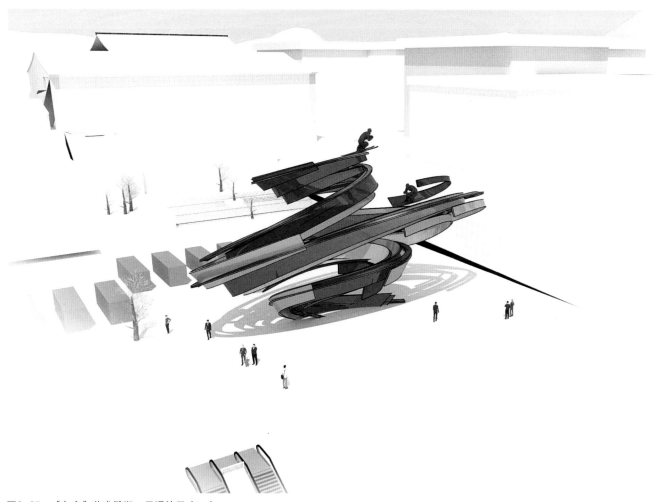

图6-85　《冬字》艺术雕塑一呈现效果（四）

6.4 张家口赛区颁奖广场公共艺术设计案例

《望雪》地标塔设计

1. 区位分析

此点位为张家口赛区最具标志性的核心位置，作品定位是张家口赛区地标性、纪念性大型冬奥主题雕塑，建议设计高度10m以上，且注意与周边复杂环境及功能协调；拟选场地位于颁奖广场中心，场地直径30m，为实土基础；正对太子城高铁站。张家口颁奖广场作为张家口赛区的门户，在此选址可丰富观众及游客对冬奥会艺术氛围的感知。

《望雪》地标塔位于颁奖广场东南角，俯瞰整个太子城小镇，仰望西北滑雪道，功能设想为景观观赏性与内在功能性结合的地标式艺术装置，将赛时与日常的环境变化与功能需求，融合在艺术装置设计中，实现形式与功能的完美结合（图6-86、图6-87）。

2. 设计思路

本作品采用滑雪运动器械"滑雪板"作为创作元素，将单双板及雪杖元素进行延伸变化与盘旋向上的楼梯相结合，以"奖杯"的轮廓抽象形态进行凝练提取，创作出具有外在形式感和内在功能性的公共艺术作品。造型形态不但借鉴了运动器械的形，还提炼了器械在使用中受力的弹性形变，以及运动轨迹螺旋飞跃的运动张力（图6-88）。

3. 材质工艺

《望雪》地标塔主体为符合力学结构的钢结构网架，内嵌钢结构螺旋楼梯，实现总体轻量化的同时，达到很高的结构刚性及强度；框架外覆GRG异形板材，并采取模块化装配工艺。板材表面烤漆及彩色喷涂，光滑圆融的造型语言与"冰雪"呼应，且可最大化地降低风阻，增强环境适应性（图6-89）。

4. 呈现效果

在赛时，顶部观景台为媒体架设机位的重要点位，以及重要嘉宾的观赏（颁奖礼）位，且可结合高度优势，常设机位及信号发射接收设施。而在平时，可作为游客步入及互动景点，中间盘旋向上的楼梯可供观众游览观景（图6-90），当观众一步一步踏上楼梯时，不仅能直观感受到运动健儿们为了比赛历尽千辛万苦，纵有再多曲折始终迎难而上努力拼搏的昂扬斗志，同时也增强了观众与艺术作品之间的互动性和情感体验。

以抽象奖杯外观形式的地标呈现，与颁奖广场内涵相呼应，似乎正告诉运动健儿们："时间在流逝，赛道在延伸，而成功在你们面前！让最光彩，最鲜亮的一面，在人生的轨迹中铭下深刻印记！"可持续发展的材料特性及造型语义的采用，契合"绿色、共享、开放、廉洁"的北京冬奥会理念（图6-91~图6-97）。

图6-86 北京冬奥会张家口颁奖广场意向图（图片来源：北京冬奥组委官方网站）

图6-87 《望雪》地标塔点一位周边环境

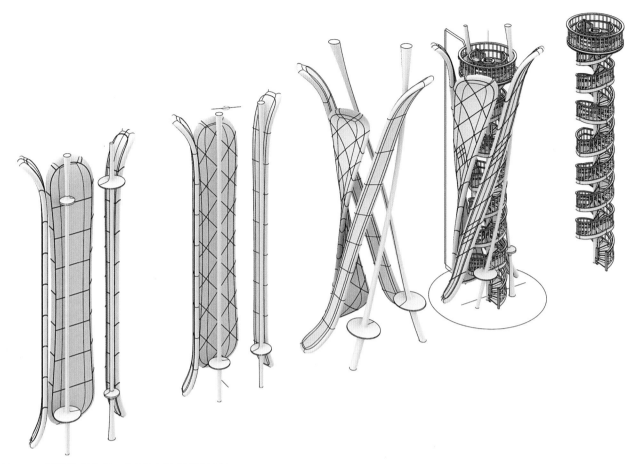

图6-88 《望雪》地标塔—方案抽象提炼设计过程

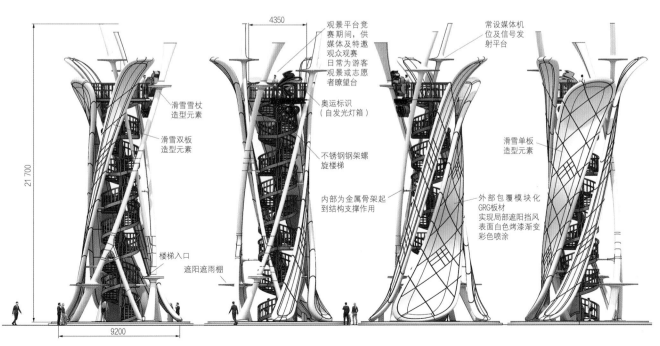

图6-89 《望雪》地标塔—方案细节及功能描述（一）

图6-90　《望雪》地标塔—方案细节及功能描述（二）：楼梯入口

图6-91　《望雪》地标塔—方案细节及呈现效果（一）

图6-92　《望雪》地标塔—方案细节及呈现效果（二）

图6-93　《望雪》地标塔—方案细节及呈现效果（三）

图6-94　《望雪》地标塔—方案细节及呈现效果（四）

图6-95 《望雪》地标塔—方案细节及呈现效果（五）：彩色玻璃方案

图6-96 《望雪》地标塔—方案细节及呈现效果（六）：彩色玻璃方案

图6-97 《望雪》地标塔—方案入选模型制作